제2판

통계학 헤드스타트

HEADSTART FOR **STATISTICS**

배득종 | 정성호

박영사

머리말

2013. 7. 16.
에덴동산에서
배 득 종

내가 학창시절에 가장 싫어했던 과목이 통계학이었다. 그러나 인생이란 게 묘해서 이제는 통계학을 가르칠 뿐 아니라, 날이 갈수록 매력이 소록소록 찾아진다. 다시 태어난다면 통계학만 오롯이 공부하고 싶다.

이 책은 통계학을 처음 배우는 학생들을 위해 쓴 것이다. 그래서 이름도 headstart로 붙였다. Headstart는 원래 미국 뉴욕 주의 유치원 프로그램이다. 따라서 이 책도 통계학의 유치원 과정 정도 되는 셈이다. 이 과정을 배운 다음에는 통계학 입문, 중급, 고급 통계학 등으로 등급을 높여나갈 수 있다.

통계학 자체는 매력적이지만, 이것을 사회과학 계열 학생들에게 가르치는 데는 고충이 많다. 사회과학 계열 학생이라는 의미는 수학이 싫어서, 또는 수학을 못한다는 것인데, 이들에게 고도의 수학 응용 과목인 통계학을 배우라는 것은 무리다.

그래서 지난 20여 년간 내게 주어진 과제는 가능한 한 수학을 쓰지 않고 통계학을 가르치는 것이었다. 천만 다행히 여러 시행착오를 거쳐 나름대로 개발한 방법들이 생겨났다. 그래서 10여 년 전에 초판을 발행하였다.

그런데 이것도 교육을 하다 보니 미진한 점이 몇 가지 있어서, 이번 기회에 개정판으로 보충할 수 있게 되었다. 예전보다 훨씬 편하게 머리를 깨우칠(headstart) 수 있게 구성을 하였다.

이번에도 출판을 허락하여 주신 도서출판 박영사에 감사드리며, 개정 작업에 힘을 실어준 정성호 박사에게도 고마움을 전한다. 특히 맑은 머리로 집필할 수 있게 도와주신 박찬현내과 여러분들께 감사드린다.

머리말

2013. 7. 16.
호반의 도시에서
정 성 호

통계를 활용한 실증연구는 합리적 추론과정을 거치기 때문에 그 분석결과를 일반화하는 데 크게 기여한다. 그러한 만큼 통계의 원리를 제대로 학습할 필요가 있다. 통계의 원리를 정확히 이해하지 못하면 실증분석결과는 무용지물이 되고 말기 때문이다. 다양한 통계원리를 꿰뚫고 있어야만 합리적 추론이 가능하다는 이야기다.

금번 개정판은 초판에서 다루지 못했던 '표준화와 t-분포', '가설검정과 t-검정', '요인분석'부분에 관한 내용을 추가하였고, 'STATA를 활용한 사회과학통계'에 관한 내용을 추가하였다. 초판이 통계학적 추론방식의 기본원리 "깨닮음"을 제공해주었다면 이번 개정판은 그 다음단계로 나아가기 위한 디딤돌이라고 할 수 있을 것이다.

개정판은 실제 통계분석에서 다양하게 활용되는 변수의 모수값 추정으로부터 변수 간 인과관계를 추론할 수 있도록 구성하였다. 그동안 PASW SPSS 프로그램은 초판 집필당시와 많은 변화를 거듭하여 version 21.0까지 발전하였다는 점도 개정의 한 이유이다. 또한 독자들에게 프로그램을 더욱 쉽게 활용할 수 있도록 하기 위해서이다. 특히 내용의 폭넓은 이해를 위해 '말풍선(Step)'을 활용하여 보완하였고, 장별로 예제를 추가하여 이해도와 학습효과를 높이고자 하였다.

초판의 장과 절은 가급적 살리되 1부와 2부로 구분하여 내용을 다루고 있다. 1부는 변수의 모수값에 관한 추정기법을, 2부는 변수 간 인과관계를 추정할 수 있는 기법을 다룬다. 초판과 다른 점이 있다면 1부 6장에 '표준화와 t-분포'에 관한 내용을 새로이 추가하였다. 부록에 구성되었던 'SPSS의 기본적인 사용법'은 1부 7장에서 다루고 있고, 1부 8장에 '가설검정과 t-검정'에 관한 내용을 새로이 추가하였다. 2부에서는 13장에 '요인분석'에 관한 내용을 새로이 추가하였다. 또한 14장에는 최근 각광받고 있는 'STATA를 활용한 사회과학통계'에 관한 내용을 새롭게 추가하였다.

끝으로 개정판 출간을 허락해주신 박영사의 안종만 회장님, 우석진 부장님, 좋은 책을 만들기 위해 여러모로 애써주신 편집부의 전채린 대리님, 제작디자인팀의 김지은 님, 항상 큰 가르침을 주시고, 개정작업에 참여하게 해주신 배득종 교수님께 무한한 감사의 마음을 느끼며 이 모든 분들께 이 책을 바친다.

차 례

제 1 부 통계학의 기본원리: Statstic으로 Parameter 추정하기

제 1 장 통계학이란?

제 2 장 오렌지 압축과정(1)

제 3 장 오렌지 압축과정(2)

제 4 장 복원과정 1: 정규분포

부록 Excel로 정규분포 도출하는 맛을 보기

제 5 장 복원과정 2: 신뢰구간 추정법

제 6 장 표준화와 t-분포

제 7 장 SPSS의 기본적인 사용방법

제10장 다중회귀분석

제11장 교차표분석

제 1 부

통계학의 기본원리: Statstic으로 Parameter 추정하기

제 1 장 통계학이란?

제 1 절 붕어빵 속엔 붕어가 없다

저자가 출근하는 길가에는 오렌지 주스 공장이 하나 있다. 우리나라 전국에 오렌지 주스를 공급하는 대표적인 음료회사이다.

전국에 주스를 만들어 공급하기 위해서는 막대한 양의 오렌지가 필요하다. 그렇다면 오렌지 껍질도 엄청난 양이 배출될 것이다. 그런데 어찌된 일인지 오렌지 껍질과 관련된 이야기는 한 번도 들어본 일이 없다. 도대체 무슨 사연이 있을까?

한국에서는 오렌지가 생산되지 않는다. 전량 외국에서 수입해오지 않을 수 없다.

오렌지 하면 가장 먼저 생각나는 것이 캘리포니아 오렌지로서 맛과 향이 참 좋다. 이런 오렌지를 듬뿍 짜서 주스를 만든다는 생각만 해도 입 안에 군침이 돈다. 그러나 캘리포니아산 오렌지는 품질이 좋아서 주스로 만들어 팔기에는 너무 비싸다. 그래서 대부분의 주스 공장들은 플로리다산 오렌지를 원료로 쓴다. 플로리다 오렌지는 껍질이 잘 안 벗겨지고, 향이 다소 떨어지기 때문에 가격이 싸다. 그러나 과즙은 더 많아서 주스 만들기에 적격이다.

우리나라에서 플로리다 오렌지를 수입하려면 보통 일이 아니다. 대서양 연안에서 화물선에 선적을 하고, 파나마 운하를 건너서, 태평양을 횡단하여, 부산항을 거쳐, 고속도로로 운송을 해 와야 한다. 그러므로 한 번 수입할 때 엄청난 양을 대량으로 수입하는 것이 비용이 절감된다. 따라서 오렌지 주스 공장에는 거대한 창고가 많이 있을 것으로 기대된다.

•• 그림 1-1 **오렌지 농축액 수입경로**

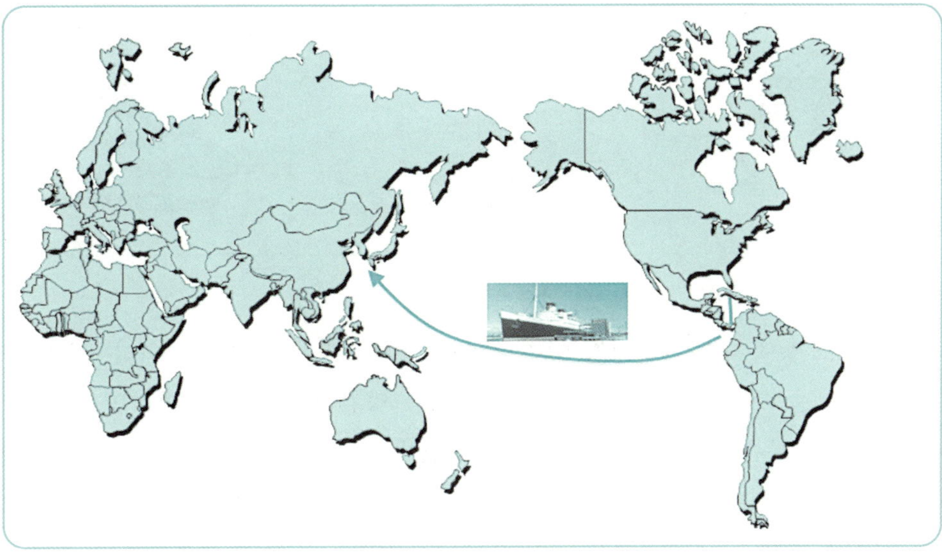

하지만 내가 출퇴근 길에 보는 주스 공장은 겉보기에도 그리 크지 않다. 거대한 창고가 즐비하게 늘어서 있지도 않다. 오렌지 주스 공장에는 붕어빵 속에 붕어가 없듯이 오렌지가 없다. 오렌지를 수입하는 것이 아니라 오렌지 농축액(concentrated orange)을 수입하기 때문이다.

고농도 농축액에 물도 타고, 맛을 내는 다른 요소들도 첨가하여 오렌지 주스를 만드는 것이다. 이렇게 만든 주스는 실제 오렌지를 압착해서 만드는 신선한 과즙하고 맛이 아주 똑같지는 않다. 그렇지만 상당한 정도로 원액의 맛을 복원해준다. 이런 농축-복원 방식을 통해 대량으로 주스를 생산해낸다. 만일 이런 농축-복원 제조방식이 없었다면, 우리들 식탁에 그렇게 싼 가격으로, 또 수시로 오렌지 주스가 제공되지 못할 것이다. 약간의 맛의 손실은 있지만, 플로리다로부터 오렌지를 직접 수입하고, 창고에 저장하고, 썩지 않도록 보관해야 하는 수많은 노력에 비하면, 엄청나게 편리하고 효율적인 주스 제조방법이다.

통계학도 주스 제조방법과 유사한 방법으로 지식(knowledge)을 만들어 낸다. 복잡한 사회현상(자연현상도 마찬가지)을 몇 개 안 되는 간단한 수치로 압축한 후, 이를 다시 해석하여 원래 현상과 유사하게끔 복원시키는 것이다.

••그림 1-2 오렌지 주스 제조과정

그리고 농축시킨 과즙처럼 아주 간편한 방식으로 지식을 전파한다. 물만 타면 맛있는 음료수를 즐길 수 있게 된 것처럼 약간의 해석만 추가하면, 가보지 않은 곳에서 무슨 일이 일어나는지 알 수 있게 해준다. 만나보지 않은 사람들의 생각도 알 수 있다. 동양식으로 하면, 천리안(千里眼)이 되는 것이고, 서양식으로 하자면 눈이 1,000개 달린 Argus가 되는 것이다. 이것이 통계학을 사용하는 존재의의이다.

하지만 오렌지 농축액을 희석하면 원래 오렌지 과일 주스 맛과 유사해져야 한다. 만약 그 맛이 복원이 안 된다면, 주스 회사는 존립하기 어려울 것이다. 컴퓨터로 압축한 파일을 다시 풀었을 때 원래 파일로 돌아오지 못한다면 문제가 있다. 이와 마찬가지로, 간단한 통계학 수치로 압축한 (사회)현상을 해석하여 풀었을 때 원래 현상과 상당한 정도로 유사해져야 한다. 그렇지 않으면 통계학의 존재의의가 없어진다.

이런 불상사를 막기 위해, 우리는 통계학을 "기초부터" 잘 배워야 한다. 그리고 압축과 해석에 필요한 적절한 절차와 기준을 잘 준수해야 한다. 기본을 확실히 이해하여야 하는 것이다. 이런 기본을 이해하지 못할 때 통계학에 대한 오해와 불신이 싹 튼다.

제 2 절 통계학에 대한 불신과 오해

세상에는 통계학에 대한 불신과 오해가 의외로 널리 퍼져 있다. 다음은 저자가 어느 학술 세미나에서 발표자로부터 들은 내용이다.

> "나는 통계학을 믿지 않는다. 예를 들어, 대학원에 여학생이 세 명 있었는데, 이 중에 한 명이 교수와 결혼하였다. 따라서 '대학원 여학생의 33.3%는 교수와 결혼한다'는 추정이 가능하다. 우리는 이런 통계 수치가 허구라는 것을 모두 알고 있지 않은가? 그래서 나는 통계학적 분석을 사용하지 않는다."

이런 불신은 사실 합리적인 근거가 없는 것이다. 통계학을 조금이라도 제대로 배운다면(특히 이 책을 잘 학습한다면), 통계량을 발표할 때는 대상이 되는 표본의 숫자, 평균값 등 주변 정황을 짐작케 해주는 관련 자료를 동시에 제시한다는 것을 알게 된다. 따라서 위와 같은 어이없는 오해를 야기할 리가 없다.

통계학에 대한 또 다른 오해는 예상 밖의 분야에서 제기된다. 우리 주변에는 사주팔자, 손금, 관상, 족상, 주역 등등을 이용하여 미래를 예측해주는 사람들이 많다. 몽매한 사람들뿐 아니라, 유명한 기업인들 및 대통령 후보까지 이들에게 자문을 구한다고 한다. 그런데 이들의 미래 예측에 대하여, 근거와 논리가 무엇이냐가 물어보면, "통계가 그러하다"는 답을 곧잘 듣곤 한다.

여기서 통계란 과거의 경험이 축적된 것 또는 거기서 발견된 상관관계 등을 뜻하는 것 같다. 점쟁이들은 통계학을 배우지도 않고 모두 다 천리안 또는 Argus가 되었나 보다. 그러나 통계란, 차차 배우겠지만, 단순히 과거의 사실들을 모아 놓은 것은 아니다. 더더구나 점쟁이들처럼 "통계"란 경험상 잘 맞는 것이니까 이것 저것 생각하지 말고 믿고 따르라는 그런 예측방법은 아니다.

풍수정치 대 점괘정치

2004년 사상 처음으로 대통령에 대한 소추안이 헌법재판소에 접수되는 사건이 일어났다. 국민과 정치권은 엄청난 충격에 빠졌고, 이 와중에 제17대 국회의원을 선출하는 총선이 치러졌다. 우여곡절이 많았지만, 열린우리당은 과반수가 넘는 152석을 차지하게 되었고, 민주당은 9석밖에 못받는 대참패를 당하였다. 한나라당 역시 상당수 의석을 잃는 패배를 하였다.

치열한 선거전이 끝난 후, 열린우리당은 족집게 풍수전문가를 만났다는 비화를 밝혔다. "총선 직전 풍수가 선거에서 열린우리당이 152석을 확보할 것이라고 했는데 정확하게 맞아떨어졌다"는 것이다.

그런 반면, 민주당의 점괘정치는 완전히 빗나갔다. 당시 민주당의 조순형 대표에 대해 "적장의 목을 베는 괘라는 예언과 함께, 총선 결과에 대해서도 "민주당 의석이 80~90석은 될 것이다"는 점괘가 나왔다고 한다. 그러나 결과적으로 민주당 의석수는 예상 의석의 10분의 1인 9석에 그쳤다.

경제규모로 세계 12위권에 진입한 한국의 정치가 아직도 점쟁이 말에 솔깃하고 있는 형편이라니 매우 실망스럽다. 미래를 잘 못 맞추는 엉터리 점쟁이보다 더 위험한 것은 어떤 땐 맞추고 어떤 땐 못 맞추고 하는 점쟁이다. 점 치는 데 일관성이 있을 리 없다.

사회가 발전한다는 것은 초자연적 힘에 의지하는 경우가 줄어들고, 그 대신 합리적 예측에 근거한 행동이 많아지는 것을 뜻한다.

제 3 절 사회발전과 통계학적 지식의 활용

이 밖에도 통계와 통계학에 대한 이해와 불신의 사례는 수도 없이 많다. 그럼에도 불구하고 시대가 발전할수록 통계학의 활용사례는 점점 더 늘어만 가고 있다.

우리나라에서는 5년마다 대통령 선거가 있고, 4년마다 국회의원 선거가 있으며, 3년마다 자치단체장 및 지방의원 선거가 있다. 이런 선거 때마다 사회조사와 통계분석을 실시하지 않는 후보가 없다. 기업에서도 새로운 제품을 기획하거나 판매할 때 마케팅 조사를 하지 않는 경우는 거의 없다. 정부에서 중요한 정책을 수립할 때 국민들의 반응을 알기 위해 수시로 통계분석을 한다. 개인의 경우에도, 중요한 결정을 할 때에는 통계학적 분석을 거친 자료들을 검토하여 행동하곤 한다.

그런데 각종 조사와 통계분석들에 대해 우리는 때론 믿고, 때론 믿지 않는다. 즉, 반신반의(半信半疑)한다고 할 수 있다. 어찌 보면, 이런 반신반의란 말 한 마디가 통계학에 대한 일반인들의 태도를 가장 잘 대변한다. 반은 믿고, 반은 안 믿는다. 사실 통계분석을 이 정도나마 쳐주는 사람은 통계분석에 후한 점수를 주는 편이다. 오히려 통계학적 결론을 "믿거나 말거나" 수준에서 바라보는 사람들이 더 많다. '쪽집게 과외'를 좋아하는 한국 사람들의 일반 성향을 볼 때, 반신반의란 오히려 믿을 수 없다는 의미가 더 강하다. 이런 상황에서 통계분석을 사용한다는 것은 그저 겉보기가 멋있도록 만드는 '포장용'이기가 쉽다. 즉,

•• 그림 1-3 정부의 물가 통계를 못 믿겠다

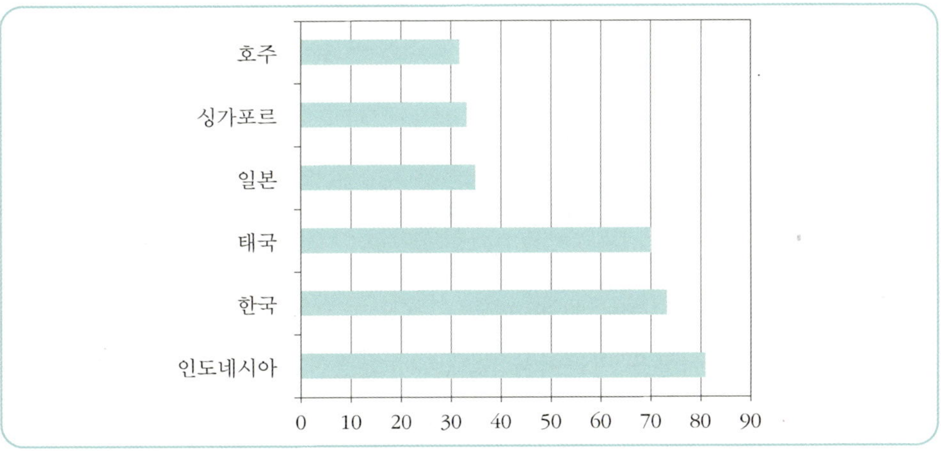

출처: Far Eastern Economic Review, 1996.10.1.

주: 우연인지 모르겠으나, 위의 표에서 정부통계에 대한 불신이 높았던 태국, 한국, 인도네시아는 위 발표가 나온 1년 뒤 심각한 외환위기를 겪었다. 반대로 정부통계에 대한 불신정도가 낮은 나라들에서는 그런 위기가 없었다.

무늬만 과학인 셈이다.

통계학에 대한 불신에 일리가 없는 것은 아니다. 엉터리 조사 방법으로 수집된 자료들, 자의적이고 부적절한 해석, 유리하면 발표하고 불리하면 숨기는 관행, 그리고 발표된 조사 결과에 대한 비평과 후속 검증이 결여된 상황 등등 우리가 통계학을 믿고 의지할 수 없도록 만드는 요인들이 도처에 널려 있다.

하지만 이러한 불신에도 불구하고, 통계학의 사용 사례는 날로 늘어만 가고 있다. 사회가 진보하고 복잡해질수록 합리성(rationality)이 더 중요해지기 때문이다.

현대 사회에서 합리적으로 행동하지 않는 사람은 반드시 값을 치르게 되어 있다. 합리성은 현대를 살아가는 하나의 준칙이다. 만일 공산주의 사회에서 그들의 준칙을 따르지 않으면 반동으로 몰려 목숨이 위태로워진다. 자본주의 사회에서 자본주의 준칙을 따르지 않으면 금전적으로 손해를 보게 되어 있다. 합리적인 세상에서 합리성이 뒤쳐진 행동과 선택을 한다면, 그 결과는 뻔하다.

합리성이란 것도 엄밀히 따지자면 여러 가지 종류가 있지만, 통계학은 이런 합리성을 향상시키는 중요한 도구 중 하나다. 지난 200~300년간 세계의 수많은 천재들이 받아들이고, 발전시켜 온 논리적 사고(思考) 방법이기 때문이다.

다음 장부터는 합리성이란 "오렌지 주스"를 천천히 마셔 보기로 하자. 그러면서 오렌지 주스를 우리 식탁에 올라오게 해준 압축과 복원의 기법(arts: 예술)을 하나 하나 배워나가도록 하자.

제 4 절 통계학을 배우는 이유

통계학을 배우는 이유는 무엇일까?

새로운 통계학 이론을 만들어서 학자로서 유명한 이름 석자를 남기기 위해서? 물론 그럴 수도 있다. 하지만 이 목적을 달성할 수 있는 사람은 아주 소수에 지나지 않는다.

통계학이 재미있어서? 이 대답이 정말이라면, 아주 놀랍다. 흔히 있는 일이 아니기 때문이다.

통계학은 다른 학문의 기초이기 때문에? 너무 점잖은 답변이 아닐까? 통계학을 배우기에 앞서, 다음 질문에 답을 할 수 있는가 알아보자.

질문

본 장에서는 사회가 발전할수록 합리성이 강조되고, 그에 따라 통계 또는 통계학적 추론이 많이 사용된다고 하였다. 한국도 경제규모가 세계 12위권에 도달하였고, OECD 국가의 일원이 되기도 하였다. 그렇다면 오늘날 한국 사회에서 "통계학으로 돈 벌 수 있는 방법"도 있을 법하다. 과연 한국에서 통계학으로 돈 벌 수 있을까? (잘 모르겠는 경우는, 인터넷 포털사이트에 가서 〈지식찾기/질문하기〉 등의 방법을 활용하기 바란다)

아마도 위 질문에 대한 답을 찾기는 쉽지 않을 것이다. 그렇다면 우리는 왜 통계학을 배우는가?

사람들이 통계학을 접하게 되는 것은 자의반 타의반, 사실상 거의 다 타의에 의해 접하게 된다. 통계학이 좋아서라기보다 꼭 배워야 하는 어떤 이유가 있어서, 꾹 참고 배우는 것이 대부분의 경우인 것 같다.

그러나 배울 목표가 분명하지 않으면, 학습효과가 제대로 나올리 없다. 비유컨대, 활 쏘는 사람이 표적도 정해 놓지 않고 연습해 봤자 실력이 능률적으로 향상될 수 없다.

따라서 여기서는 통계학(보다 정확하게 말하면 통계학 기초 원리)을 배워야 하는 이유들을 찾아보기로 하자. 특히 현대 사회에서 보통 생활인이 통계학을 배우면 뭐가 좋은지 찾아보기로 하자.

미래 사회를 표현하는 말들이 많다. 정보화 사회, 세계화 사회, 21세기, 무한 경쟁의 시대, 과학 기술의 시대 등등. 그런데 이런 표현 중에 꼭 빠지지 않고 등장하는 것이 지식(知識) 사회라는 말이다. 지식 사회란 무엇인가?

노나카는 「지식경영」이란 책에서 지식 사회를 다음과 같이 정의하고 있다.

> "농업 사회에서는 사람과 동물의 에너지를 이용하여 토지자원을 유기물과 물건으로 전환하였다. 산업 사회에서는 시장과 금융을 이용하여 에너지자원(석유, 천연자원)을 기계를 통해 상품으로 전환하여 산출했다. 이에 반하여 지식 사회에서는 지식을 이용하여 정보자원을 서비스 상품으로 산출한다.
>
> 그런데 정보산업과 지식산업은 전혀 다르다. 정보산업은 통신, 컴퓨터 등 정보처리와 네트워크 인프라로 이루어지는 정보자원 산업이고, 공업사회 후기에 비약적으로 발전한 산업이라 할 수 있다. 이에 반하여 지식산업이란, 지식의 창조·유통을 도모하는 매개·변환의 산업이다."[1]

이상은 지식 사회를 품위 있게 설명한 것이다. 그러나 그것을 좀 더 쉽게 이해하자면, 펀드 매니저의 사례를 들 수 있다. 펀드 매니저란 여러 사람들로부터 위탁받은 돈을 주식이나 채권 등 다양한 금융상품에 투자하여 이익을 올리는 전문 직종을 말한다. 이들 중 연봉이 억 대를 넘는 사람들이 많아서 남들의 부러움을 사곤 한다. 그런데 펀드 매니저는 도대체 무엇을 생산하길래 그렇게 많은 연봉을 받을까? 그들은 아무것도 생산하지 않는다. 공장도 없고, 특별한 생산수단도 없다. 단지 경제 상황과 산업 및 금융시장의 변동, 그리고 사람들의 기대심리라는 지식을 남보다 더 많이 접하는 활동을 할 뿐이다. 노력이나 자산이 아니라 지식이 돈을 버는 주요 도구가 되는 세상이 바로 지식 사회이다. 그리고 미래 사회는 이런 지식 사회로 더욱더 깊이 빠져 들어가는 사회인 것이다.

지식 사회가 피할 수 없이 다가오는 미래라면, 독자 여러분들은 다음과 같은 질문을 심각하게 생각해 보아야 한다. 나는 지식을 만들어 낼 수 있는가? 내가 현재 지식이 많다, 적다 하는 것은 그렇게 큰 문제가 되지 않는다. 내가 지식을 만들어 내는 도구를 가지고 있다면, 앞으로 지식 사회의 핵심이 되는 지식을 계속 창출해 낼 수 있을 것이다. 만약 내가 지식을 만들어 내는 도구를 갖고 있지 않다면, 현재 지식을 많이 보유하고 있다고 해도 조만간 이들을 다 소모되거나 쓸모 없이 낡은 지식이 되고 말 것이다.

---

1) 노나카 이쿠지로 저, 나상억 역, 「지식경영」, 21세기북스.

즉, 여러분이 스스로 지식을 만들어 낼 능력이 있느냐 없느냐 하는 문제는 곧 여러분이 미래 사회에 살아나갈 대비를 하고 있는가 아닌가를 판가름한다. 그렇다면 지식은 어떻게 만들어 낼 수 있는가? 이 질문에 답하기에 앞서, 지식을 창출하는 방법을 갖추지 못하면 어떤 일이 일어나는가를 먼저 살펴보자.

> "자본주의 사회에서 자본이 없는 사람을 프롤레타리아라고 한다. 프롤레타리아는 열심히 일을 해서 가치를 창출해내지만, 자신이 창출해낸 가치의 상당 부분은 자본가인 부르조아들이 착취해 간다. 이와 똑같은 상황이 지식 사회에서도 되풀이 될 것이다. 지식 사회에서 지식이 없는 사람들은 지식 프롤레타리아이다. 열심히 일을 해서 가치를 창출하려고 하지만, 잘 되지도 않을 뿐 아니라 그나마 생산해낸 가치를 지식 부르조아들이 착취해간다. 지식 프롤레타리아는 지식 부르조아의 횡포를 막을 길이 없다. 오직 당할 뿐이다."

"너희가 지식을 만들 줄 아느냐?"

당신은 지식 사회에서 생존해 나갈 수 있는가? 지식 사회를 살아가기 위해 준비해둔 게 뭐 있는가? 좀 더 구체적으로 당신은 지식을 만들어 내는 방법을 아는가?

지식을 만들어 내는 방법은 매우 여러 가지다. 책을 많이 읽어 깨닫든지, 주변 사람으로부터 지식을 얻어 듣든지, 아니면 경험과 시행착오를 통해 체득하든지, 등등. 그런데 통계학을 배워서 그것을 이용하면 지식을 매우 많이 만들어 낼 수 있다. 그것도 다른 사람의 도움을 받지 않고 스스로 많은 지식을 만들어 낼 수 있다. 이것이 통계학을 배우는 이유 중의 하나가 될 수 있다.

공장에서 오렌지 주스를 만들어 내듯, 이제부터는 통계학을 배워서 지식을 만들어 내는 방법을 배우도록 하자.

연 | 습 | 문 | 제

01 통계학으로 돈을 벌 수 있는가? 인터넷으로 통계학으로 돈을 번 사례를 검색해 찾아 보시오.

해설 통계학으로 가장 많은 돈을 버는 사람은 제임스 사이먼스(James H. Simons)인 것 같다. 연봉이 자그마치 1조원이다. 10억, 100억도 아니고, 1년에 1조원이다.

사이먼스 회장은 〈통계적 차익거래(statistical arbitrage)〉라는 모형을 만들어서, 연봉이 1조원이 넘는다. 〈통계적 차익거래〉는 통계학을 이용한 모형으로 주식의 이론가격을 추정하고, 실물 주식가격이 이론가격과 차이가 날 때 매수와 매도를 통해 이익을 내는 금융공학기법이다. 사이먼스에 대한 자세한 내용은 조선일보 2006년 10월 21일자 인터뷰 기사를 볼 것.

〈미국 연봉 100 중 통계학적 지식을 활용하는 직종〉

직 종		평균 연봉
재무분석사	financial analyst	$ 75,650
마케팅 매니저	marketing manager	$116,010
시장조사분석가	market research analyst	$ 60,250
비용산정전문가	cost estimator	$ 58,460
투자자문가	financial advisor	$ 66,580
재무관리사	financial manager	$107,160
경영분석가	management analyst	$ 78,190

자료: 2013년 기준. 미국 100대 직종 중 최고 연봉은 의사 $183,170, 평균은 약 $40,000임. 미국의 연봉에 대한 정보는 payscale 사이트 참조. 한국의 신입사원 연봉에 관한 정보는 www.saramin.co.kr 참조.

참고 대학교수와 연구분석 전문가들은 평균 이상의 고연봉자인데, 이들의 대부분은 통계적 분석기법을 핵심기능으로 활용하고 있다.

제 2 장 오렌지 압축과정(1)

제 1 절 통계학의 탄생과 특성

통계학을 영어로 표시하면 statistics이다. 국가를 나타내는 state와 학문을 나타내는 ics가 합성된 말이다. 따라서 "국가학" 정도로 이해될 수 있다. 실제로 18세기 독일에서는, 통계학을 국상학(國狀學, staatenkunde), 즉 "국가의 모습을 숫자로 나타내주는 학문"이라고 하였다. 국가의 모습을 영토면적, 인구수, 군사력, 사회생활, 경제여건 등 숫자로 집계하여 나타내는 것이 국상학이고, 통계학의 연원이었다.

국가의 모습을 말로 표현하는 것도 가능하지만, 수치로 표시할 때 더 사실적으로 느껴진다. 예를 들어, 옛날에 "모세의 십계"라는 영화가 있었다. 이 영화의 하이라이트는 모세를 따라 이집트를 탈출한 유대인들이 홍해바다에 이르렀을 때이다. 뒤에서는 막강한 이집트 군대가 추격해오고, 앞에는 바다가 가로 막혔으니 진퇴양난이다. 이때 모세가 지팡이를 높이 치켜 올리자 홍해바다가 갈라지고, 유대인들이 무사히 탈출하는 장면이 장관(壯觀, spectacle)이었다.

그런데 이때 갈라진 홍해바다를 건너간 유대인들은 도대체 모두 몇 명이나 되었을까? 유대인들이 이집트를 탈출한 바로 그 다음해에 국가의 형태를 갖추기 위하여 인구조사를 실시하였다고 하는데, 다행히 그 결과가 남아 있다고 한다. 당시 인구는 603,550명으로 조사되었는데, 여기에는 여자와 어린 아이가 포함되어 있지 않으므로 총인구는 약 200만 명으로 추산된다.

200만 명이란 인구는 지금도 엄청 큰 숫자이다. 2002 한일 월드컵 때 광화문-서울시청 앞에 모인 최대 인파가 약 70만 명이었다고 하니, 그 규모를 대충 짐작할 만하다. 그렇다면 이들이 홍해바다를 다 건너기까지 몇 시간 혹은 며칠

이 걸렸을 것으로 추정된다. 영화에서처럼 바다가 잠시 갈라졌다가 금새 원상태로 돌아가지는 않았을 것이다. 이처럼 숫자를 알게 되면 진실을 더 잘 이해할 수 있게 된다.

또 다른 예로, 얼마 전 현대자동차가 자동차 수출 1,000만 대라는 대기록을 세웠다. 자동차 1,000만 대라는 것이 어느 정도인지 얼핏 이해가 되지 않는다. 그러나 이 자동차들을 일렬로 세웠을 때 길이가 지구 한 바퀴를 돌고도 서울과 부산을 두 번 왕복한 정도라고 하면 그 업적을 더 쉽게 이해할 수 있게 된다.

한 국가의 모습을 나타낼 때, 이것을 일일이 말로 설명하려고 한다면 매우 어려울 것이다. 다음은 "코트디부아르"라고 하는 나라에 대한 설명의 일부분이다. 요즈음은 아프리가 여행을 하는 사람들이 늘어났지만, 그래도 아프리카 40여 개 국가 중 하나인 코트디부아르에 다녀 온 사람은 그리 많지 않을 것이다. 그러나 다음과 같은 통계, 즉, 나라의 모습을 표현해주는 정보를 보면, 그 나라의 대강을 짐작할 수 있게 된다. 국상학(國狀學, old statistics)은 그 나라의 특성을 몇 개 안 되는 통계량을 가지고도 상당히 많은 특성을 표시할 수 있다.

코트디부아르의 사례에서 알 수 있듯이, 통계학의 첫 번째 특징은 표현하고자 하는 대상의 수많은 특성들 중 몇 개의 대표적인 특성을 선택하여 계량적인

••표 2-1 **코트디부아르 국가의 개요: 한국과 비교**

구분	코트디부아르 (Republique de Cote d'Ivoire)	대한민국 (Republic of Korea)
위치	서아프리카 남서부	동북아시아 한반도
면적	32만km^2	9만 9,000km^2
인구	1,680만 9명(2003)	4,805만 명(2003)
인구밀도	52명/km^2	485명/km^2
종교	정령신앙, 이슬람교, 가톨릭	불교, 가톨릭, 개신교, 천도교
환율	1달러=653.8CFA 프랑	1달러=1198.5원(2002.11)
국민총소득 (1인당, 2000년)	255억 달러 (1,550 달러)	4,211억 달러 (8,910 달러)
수출	36억 달러	1,447억 달러
수입	25억 달러	1,197억 달러

수치로 표시한다는 것이다. 즉, 모든 특성을 다 통계량으로 나타내는 것이 아니라, 그 중에서도 일부만 선택한다는 점에 유의하여야 한다.

한 나라의 경제 모습을 나타낼 때도 그것을 완벽하게 표현하기 위해서는 수만 가지 경제지표를 동원해야 할 것이나, 이것은 현실적으로 가능하지도 않고 또 바람직하지도 않다. 몇 개 안 되는 소수의 지표를 가지고도 그 나라의 경제 상황을 대변할 수 있다면, 굳이 몇 십 만개의 지표를 다 동원할 필요가 없는 것이다. **이것을 간결성의 원칙**(principle of parsimony)**이라고 한다.**

차차 학습하게 되겠지만, **통계학을 이끌어 가는 대원칙은 효율성의 추구**이다. 되도록 적은 수효의 관찰치를 사용하여, 모집단의 특성을 거의 정확하게 알아맞추는 것이 바로 현대적인 통계학, 즉 추론통계학(inferential statistics)이다. 우리가 왜 회귀분석을 배우는가? 그것이 두 변수간의 관계를 파악하는 데 효율적인 방법이기 때문이다. 우리가 왜 표본추출을 하고, 교차표분석이나 분산분석을 하는가? 이들 역시 효율적으로 변수 간 관계를 알려주기 때문이다. 효율성, 효율성! 이 책과 다른 통계학 저서에 등장하는 모든 기법과 기술은 다 효율성을 추구한 결과물이다.

그런데 효율성은 자본주의 사회 및 정보화 사회에서 추구하는 가치(value)이기 때문에, 통계학적 지식의 활용도가 높은 것이다. 즉, 발전된 사회일수록 통계학적 기법을 많이 사용하고, 후진국일수록 통계학과 관계없이 살아간다. 개인의 경우도 마찬가지이다. 통계학적 지식을 습득하여 활용하는 사람은 진취적이고 발전적인 사람이고, 그렇지 않은 사람은 발전에 한계를 느끼게 된다(저자의 개인적인 소견이지만, 고등교육을 받은 사람과 그렇지 않은 사람간의 거의 유일한 차이는 통계학적 지식이 있느냐 없느냐의 차이라고 감히 말하고 싶다. 어떤 책에서는 "우리가 필요한 것은 유치원 때 다 배웠다"라고 강변한다. 사실 초등학교를 나왔어도 부자로 사는 사람들이 있다. 고등학교만 졸업했어도, 똑똑하고 사회생활 잘하는 사람들도 많다. 그러나 이들은 통계학적 지식은 갖추지 못하였다. 그러니 더 효율적이었을 수 있는데, 그렇지 못한 것이다).

여기서 우리는 오렌지 주스를 만들기 위한 압축기법 중 첫 번째 기법을 찾을 수 있다.

압축과정: 1-a

표현하고자 하는 대상(집단)의 특징을 모두 다 파악하려 하지 말고, 그 중의 대표적인 특성 몇 가지만 선택하여 측정한다.

이처럼 "대표적인 특성" 몇 가지만 가지고 전체의 특성을 표현하는 것을 "간결성의 원칙"(principle of parsimony)이라고 한다.

> "간결성의 원칙이란 가급적 적은 수의 변수로 보다 많은 현상을 설명하고자 하는 것이다. 가장 이상적인 상태에서 하나의 변수로서 모든 현상을 설명할 수 있다면 굳이 두 개의 변수를 찾아내야 할 필요는 없다. 간결성은 사회과학에서뿐만 아니라 다른 모든 학문들이 공통적으로 추구하고 있는 목표 중의 하나일 것이다."(홍두승, 사회조사분석, 1987, p. 21.)

아주 복잡한 현실을 몇 개 안 되는 정보로 압축하여 표현하려는 것은 인간의 본능에 가깝다. 인간의 사고 능력은 대뇌(大腦)의 껍질부분과 밀접한 관계가 있다. 대뇌피질은 수백 억 개의 세포로 이루어졌는데, 이 세포들 하나 하나가 모두 정보를 처리한다. 요즘 컴퓨터 용어로 표시하자면 수백 억 비트의 처리용량이 아닐 수 없다.

그런데 이것은 사람이 평생 동안 사용할 총처리용량이고, 아주 짧은 찰나에 동시에 사용할 수 있는 세포의 숫자는 한정되어 있다. George A. Miller의 연구에 의하면, 인간의 순간 정보처리 용량은 7개 정도라고 한다. 사람에 따라 ±2개의 오차가 있긴 하지만, 보통 사람의 두뇌는 럭키 세븐, 즉 7비트 컴퓨터와 같이 움직인다. 그래서 처리해야 할 정보의 양이 7보다 많아지면 정보처리에 어려움을 느끼게 되고, 속도도 느려지고, 오류도 많이 발생한다.[1] 따라서 이런 오류

1) 여러분의 주민등록번호 뒷부분의 숫자는 7개로 구성되어 있다. 이 수치가 7개를 넘게 되면 외우거나 사용하기가 불편할 것이기 때문에 이렇게 디자인되어 있는 것이다.

를 최소화하기 위해 정보의 숫자를 줄이려는 것은 인간의 본능적인 반응이라 할 수 있다. 즉, 사람들은 정보량을 축약시키는 성향이 있다.

요즘 경제 상황이 어떤가? 이 질문에 정확하게 대답하려면 경제와 관련된 수많은 정보들을 다 동원해야 한다. 그러나 우리는 공장가동률, 경기선행지표, 동행지표 등 몇 개 안 되는 지표를 가지고 경제 상황을 손쉽게 파악한다.

오늘 주식시장은 어떤가? 주식에는 수백 가지 종류가 있는데, 이들 중 오른 것도 있고, 내린 것도 많아서 한마디로 평가하기가 어렵다. 이럴 때 우리는 종합주가지수라는 하나의 지표를 만들어, 이것의 등락으로 주식시장의 동향을 인식할 수 있다. 물가의 경우도 마찬가지다.

미인(美人)의 조건은 무엇인가? 사람에 따라 미인에 대한 주관적인 판단 기준이 제각각이다. 그리고 시대에 따라 미인에 대한 조건도 변화한다. 하지만, 성형외과 의사들은 미인의 기준을 '코와 입술의 각도가 얼마인가'로 계량화하여 판단한다.

그렇다면 왜 간결성의 원칙을 추구하는가? 이것 역시 효율성 때문이다. 통계학의 시작과 끝은 모두 효율성과 연관되어 있다.

제 2 절 대표값

제 1 절에서는 사람들이 처리해야 할 정보량을 줄이기 위하여, 수치를 이용한 계량 작업을 한다고 하였다. 그러나 복잡한 현실을 수치로 집약한다고 해서 모든 것이 간단해지지는 않는다. 상황이 복잡할수록, 측정해야 할 것도 많고, 측정기준도 다양해지기 때문이다.

예를 들어, 어떤 학생 A가 우수한 학생인지 아닌지 어떻게 측정할 수 있을까? 우선 "좋은 학생"이 되기 위해 갖춰야 할 자질을 생각해 볼 수 있다. 그런데 그 자질에는 신체적 특성, 지적 특성, 감성적 특성, 학업 성적 등이 모두 포함될 것이다. 그런데 우리는 보통 이런 많은 특성들 중에서 학업 성적을 대표적인 지표로 선정하는 경우가 많다(간결성의 원칙: 압축과정 1-a).

그러나 학업 성적을 A학생의 우수성을 나타내는 지표로 선정하였다 하더라도 문제가 있다. 이 학생이 예를 들어, 영어는 잘 하는데 수학은 잘 못한다든지, 전공은 잘 하는데 교양은 잘 못한다든지, 3~4학년 때는 성적이 좋은데, 1~2학년 때에는 그렇지 못하다든지 등등 간단한 학점만 놓고 볼 때도 다양한 속사정이 많이 있다. 간결성을 위해 학생의 우수성을 학점으로 평가하기로 했는데, 실제 학점 내용을 들여다보면 너무나 복잡한 데이터가 많이 있다. 따라서 이런 복잡한 사정을 간략하게 표현해주는 새로운 방법이 필요한데, 이것이 바로 대표값의 사용이다(압축과정 1-2).

이 사례의 경우, 대표값은 학점의 평량평균이 되겠는데, 대표값에는 이것 말고도, 최고값, 최소값, 평균값 등이 있다.

1. 대표값의 종류

(1) 최소값

어느 대학이 유명대학인가를 평가하는 척도 중의 하나로 커트라인이란 것이 있다. 즉, 합격자의 최소 점수가 얼마인가 하는 것인데, 이 커트라인은 그 대학에 입학하기가 얼마나 어려운가 하는 것을 집약해서 나타내 준다.

(2) 최고값

어떤 운동선수가 얼마나 훌륭한가 하는 것은 그 선수가 성취한 최고 점수를 통해 판단한다. 한국 축구가 얼마나 대단했는가를 나타내주는 지표로 2002 한일 월드컵 4강이란 지표보다 더 훌륭한 것은 없다.

(3) 최빈값(mode)

올 봄에 유행하는 패션은 무엇인가? 사람마다 취향이 다르고, 또 옷을 입어야 하는 상황이 다르기 때문에 사람들은 언제나 다른 옷을 입는다. 그러나 유행이란 것이 있어서, 어느 한 시점에서 보면 사람들이 비슷비슷한 형태의 옷을 입는다. 이처럼 다수의 사람들이 보여주는 행태를 최빈값(mode)이라고 하는데, 정치적 여론 탐색이나 상업적 마케팅에 필요한 정보를 제공한다.

(4) 중위수값(median)

다음에 설명할 평균값이 가장 많이 사용되는 대표값이지만, 평균에는 한 가지 약점이 있다. 즉, 관찰대상에 극단적인 경우가 일부 포함되면, 그것 때문에 평균값이 많이 달라질 수 있다. 예를 들어, 99명의 야구선수들의 연봉을 평균하였더니 그 값이 1억원이었다고 하자. 그렇다면 대다수 야구선수들이 고액연봉자인가? 그렇지 않을 가능성이 있다. 스타급 운동선수들 3~4명이 5억원에서 10억원까지 고액연봉을 받기 때문에 평균값이 높아진 결과이기 때문이다. 대부분의 선수들은 유명선수가 아니며, 그 결과 연봉수준은 평균값(예, 1억원)보다 훨씬 낮다. 실제로 연봉 1,500만원 미만인 야구선수들도 많이 있다고 한다.

이처럼 소수의 극단적인 케이스(outlier) 때문에 발생할 왜곡을 방지하는 방법 중의 하나는 중위수값(median)을 사용하는 것이다. 99명의 선수들 중 연봉수준이 50번째인 선수의 연봉이 대다수의 야구선수들의 연봉 수준을 나타내는 더 좋은 방법이 될 수 있다.

우리나라 1인당 국민소득을 1만 달러라고 하면, 인구의 50% 이상은 1만 달러보다 더 많은 소득을 올리고, 인구의 50%는 연간 1만 달러 미만의 소득을 올리고 있는가? 그렇지 않다. 평균소득은 소수의 고소득자(예, 연봉 100만 달러 이상 소득자)들 때문에 높은 수준으로 파악되고 있을 것이다. 따라서 국민들 중 50%보다 훨씬 더 많은 사람들이 평균 국민소득 수준 이하에서 생활한다. 따라서 이 문제를 중위수로 보완한다면, 중위수 소득수준은 아마도 일인당 9,000달러 안팎에 머무를 것이다.

(5) 평균값

현실 세계에서 가장 많이 사용되는 대표값은 역시 평균(平均)이다. 평균은 영어로 mean이라고 하는데, 이것은 일상 용어인 average와 동일한 개념이지만, 전세계에서 공통적으로 사용되고 있는 통계학 용어는 역시 mean이다.[2]

---

2) 평균(Average)의 유래: 고대 그리스에서는 해상 무역이 발달하였다. 그러나 기상관측술은 많이

2. 가장 대표적인 대표값

(1) 평균(mean): 집중성향을 나타낸다

그리스의 철학자 아리스토텔레스는 사회생활에서 가장 중요한 덕목을 중용(中庸)이라고 하였다. 중용은 영어로는 golden mean이라고 번역된다. 맹자는 중용을 과불급(過不及)이 없는 상태라고 했거니와, 평균(mean)의 통계학적 정의는 "**확률밀도함수에 의해서 결정되는 질량의 무게중심**"이다. 상당히 어려운 개념이므로, 손쉽게 "합계를 가짓수로 나눈 값"이라고 알아둔다고 해서 큰 문제는 없다.

대학에서 어느 학생이 세 과목에서 받은 학점이 다음과 같다고 하자. 행정학은 A(4.0), 경제학은 B(3.0), 그리고 정치학은 C(2.0)라고 하자. 이 학생의 평량평균은 (4+3+2)/3=3이 되는 것은 상식이다. 이런 상식을 일반화된 공식으로 나타내면 다음과 같다.

$$m = \frac{\sum_{n=i}^{n} X_i}{n}$$

과거에는 평균을 구하기 위하여 일일이 계산을 하였다. 그러나 요즈음은 통계처리 소프트웨어를 이용하거나 아니면 간단히 MS-Excel 등을 이용하여 손쉽게 구할 수 있다(MS-Exel의 경우 @average 함수를 이용한다. 함수 이름을 @mean으로 하는 것이 더 바람직하지만, 그런 함수는 없다).

(2) 분산(variance): 다양성을 나타낸다

집단의 특성은 어느 한 곳으로 집중되기도 하지만, 동시에 다양하게 분산되기도 한다. 따라서 집중성향을 나타내는 평균만으로는 집단의 특성을 다 표현하

발달하지 않았기 때문에 해난을 당하는 경우가 있었다. 여러 화주들로부터 다양한 물품을 받아 배에 싣고 항해하다가 풍파를 만났을 때, 침몰당하지 않기 위하여 화물을 무차별하게 바다에 내던졌다. 다행히 배가 침몰하지 않고 귀항하였을 때, 화주들은 불가항력에 의해 바닷속에 무차별하게 버려진 화물에 대한 피해액을 골고루 부담하지 않으면 안 되었다. 이 피해를 고루 분산시켜 부담시킬 때 그 금액을 Havaria라고 하였는데, 이것이 오늘날 average의 어원이다(윤기중, 통계학, 1983, p. 61).

지 못한다.

미국 LPGA에서 활약하고 있는 김미현 선수와 박세리 선수를 비교하면 그 차이가 더 분명해진다. 김미현 선수는 매 시합마다 성적의 차이가 그리 크지 않게 꾸준한 성적을 올린다. 그에 비해 박세리 선수는 잘 할 때는 아주 잘 하고, 못할 때는 아주 못한다. 두 선수가 시즌 동안 기록한 게임 순위를 평균한다면 대체로 비슷할 것으로 보인다. 그러나 우승은 박세리 선수가 더 많이 하고 있다. 우승이란 원래 비정상적으로 플레이를 잘 한 선수에게 돌아가기 때문이다. 2004년의 경우 김미현 선수는 top 10에 가장 많이 들어갔지만, 우승이 없다. 그런 반면, 박세리 선수는 예선탈락도 많이 당하지만, 잘할 때는 아주 잘 해서 우승을 많이 하고, 명예의 전당에 가입할 자격을 얻었다.

평균 점수로부터 이탈되어 있는 것을 편차(또는 분산)라고 하는데, 이것은 집단의 다양성을 나타내준다.

앞의 학점의 예에서, 평량평균은 3.0이지만, 과목별로 학생이 획득한 학점은 이 평량평균으로부터 어느 정도 벗어나 있다. 다음은 표준편차를 구하는 방법이다.

〈표 2-2〉에서 세 과목 학점의 평균은 3.0이고, 각 과목의 학점이 평균과 차이가 나는 정도는 세 번째 칸에 나타나 있다. 그런데 여기서 "평균과 차이가 나는 정도"를 단순 합계하면 언제나 0이 된다는 점이다. 평균(mean)의 정의 자체가 "차이의 합을 0으로 하는 수"이기 때문에 당연한 결과이다. 네 번째 칸은 각 과목의 평점이 평량평균과 차이 나는 정도를 제곱한 것이다. 이렇게 "차이"를 제곱하면 +, − 부호가 모두 +부호로 변환이 되고 그 결과 양(陽)의 합계를 도

••표 2-2 분산 구하는 과정

과 목	학 점	평균과의 차이	차이의 제곱
행정학	4.0	+1.0	+1
정치학	3.0	0	0
경제학	2.0	−1.0	+1
합계	9.0	0	+2
평균	3.0		

출하게 된다.

분산(variance)은 위 표의 네 번째 칸에 있는 [차이의 제곱]의 합계(+2)를 분자로 하고, 자유도($n-1$)를 분모로 하는 공식에 의해 계산된다.

$$분산 = \frac{\sum(관찰값 - 평균값)^2}{n-1}$$

여기서 **자유도**(degree of freedom)란 낯선 개념이 하나 등장하는데, 매우 이해하기가 까다로운 개념이다. 자유도란 "선택권이 있는 숫자의 개수"로 이해하면 가장 쉽다.

예를 들어 3개의 숫자가 있다고 하자. 그런데 이 세 수의 합이 9라고 하자. 세 숫자들 중 첫째 수를 아무 숫자나 선택하라고 하면, 여러분들은 상당히 선택권이 많다. 1을 부여할 수도 있고, 9999를 부여할 수도 있다. 심지어 -537을 부여해도 된다. 이렇게 임의로 첫째 숫자를 부여한 다음 둘째 숫자를 선택할 때도 여러분은 아직 자유로운 선택권이 부여되어 있다. 둘째 숫자로 아무 숫자나 선택할 수 있다. 그러나 세 번째 숫자는 임의로 선택할 권한이 전혀 없다. 첫째 수로 1을 선택하고, 둘째 수로 2를 선택했으면, 합이 10이 되도록 하기 위해 셋째 수는 꼼짝없이 7이 부여되어야만 한다. 그래서 이 경우 숫자는 모두 3개가 되지만, 자유롭게 부여할 수 있는 숫자는 2개(즉, $3-1=2$)에 불과하다.[3)]

그렇다면 왜 분모를 관찰수(n)가 아닌 자유도($n-1$)로 사용해야 하는가? 여기에는 두 가지 답변이 가능하다. 첫째는 상식적인 답변이고, 또 하나는 수학적인 답변이다.

상식적으로 생각할 때, 〈표 2-2〉에서 알 수 있듯이, [관찰치와 평균값의 차이]들 중 두 개를 알면 나머지 하나는 저절로 정해진다. 따라서 맨 마지막 [차이]는 정보로서의 가치가 적다. 따라서 이것을 제외하고 분산을 측정하는 것이 더 효율적이라고 생각된다.

수학적으로는, 평균과 분산을 계산하는 방법들 중 기대값을 가지고 계산하는 방법이 있는데, 자유도($n-1$)를 사용하지 않고 관찰수(n)를 사용하게 되면

3) 바둑에서도 선수들은 검은 바둑돌과 흰 바둑돌을 마음대로 자기 두고 싶은 대로 둘 수 있다. 그러나 일단 단수(속칭, 아다리)를 맞게 되면, 상대방이 살기 위해서는 오직 하나의 지점에만 돌을 놓을 수 있다. 즉, 단수를 맞게 되면 돌이 움직일 자유도를 빼앗기는 것이다.

기대값으로 추정한 수치가 산술적으로 계산한 분산값과 일치하지 않는 현상이 발생한다(사실상 이런 수학적 이유 때문에 자유도를 분모로 사용하는데, 이것은 본 책의 목적과 범위를 넘어서기 때문에, 독자들은 일단 상식적인 설명 정도만 이해하기 바란다).

다시 앞의 학점의 사례로 돌아가서, 평균 3.0, 분산 1.0이란 수치는 이 학생의 학업성취도의 집중경향은 B학점이고, 분산의 정도는 1.0이라는 것이다. 이 수치를 통해 이 학생의 학점은 대부분 B이지만 A도 있고, C도 몇 개 있다는 것을 짐작할 수 있다. 이때 분산값은 다소 평가하기 어렵다. 하지만 다른 학생과 비교한다면 그 의미가 살아난다.

즉, 학점의 평량 평균이 3.0으로 똑같은 다른 학생이 있는데, 그의 학점 분산은 3.0라 하자. 그러면 이 학생은 B학점이 많지만, A^+도 몇 개 있고, F도 몇 개 있는 상태라는 것을 알 수 있다.

분산값이 크면, 그만큼 다양성이 커진다. 이처럼 분산은 "상대적인 다양성" 즉, 다른 대상과 비교했을 때 평균으로부터 더 분산되어 있느냐, 아니면 평균에 더 집중되어 있느냐를 상대적으로 알려주는 역할을 한다.

그런데 앞에서 편차라는 말도 있다. **편차는 무엇이고 분산은 무엇인가?** 어려울 것 없다. 결론적으로 이 둘은 동일한 개념이다. 다만 분산은 표준편차를 제곱한 값이고, 표준편차는 분산을 평방근(루트)한 값일 뿐이다.

$$\text{분산} = (\text{표준편차})^2$$
$$\text{표준편차} = \sqrt{\text{분산}}$$

따라서 분산과 표준편차는 동일한 개념이다. 다만 수학적인 편의에 따라서 분산을 쓸 때도 있고, 표준편차를 쓸 때도 있다. MS-Excel의 경우 @stdev 함수를 이용하면 표준편차(standard deviation)가 자동으로 계산된다. 분산을 구하기 위해서는 @var 함수를 이용하면 된다.

(3) 평균과 분산의 관계

평균과 분산은 대표값 중에서도 대표적인 대표값이다. 앞에서 간결성의 원칙에 따라 한 집단의 특성은 몇 개 안 되는 특성값에 의해 표현된다고 하였는데, 그 특성값은 다시 평균과 분산으로 요약된다.

평균(mean)은 그 집단의 집중성향을 대변하고, 분산(variance)은 그 집단의 다양성을 대변한다. 그래서 평균과 분산은 집단의 특성을 나타내기 위하여 언제나 함께 사용된다. 즉, 한 집단의 특성이 어디로 집중되어 있는가(평균), 그런 동시에 그 집중점으로부터 떨어져 있는 관찰치들은 얼마나 많은가(분산) 하는 것을 동시에 파악할 수 있게 해준다.

따라서 이 두 가지 통계량은 따로 떨어져서 존재하는 것이 아니라, 동전의 앞뒷 면처럼 하나의 쌍으로 간주해야 한다.

압축과정: 1-b

한 집단의 특성을 나타내기 위해서 모든 변수를 다 측정할 것이 아니라 중요한 변수 몇 개만 측정하면 된다는 것이 압축과정 1-a였다. 이처럼 선별된 변수에 대해서도 추가적인 압축을 할 수 있는데, 그것이 바로 평균과 분산이라는 대표값이다. 즉, 그 집단의 집중성향은 평균으로, 그 집단의 다양성은 분산으로 간략히 요약된다. 따라서 우리는 집단의 평균과 분산을 통해 상당히 많은 것을 추론할 수 있게 된다(압축과정 1-b).

연 | 습 | 문 | 제

01 엑셀을 이용하여 앞의 세 과목에 대한 평량평균과 분산 및 표준편차를 구하시오. 그런 다음, @stdev함수에 의해 구해진 값을 제곱하면 @var함수에 의해 구한 값과 같아지는지 확인하시오.

과 목	학 점	평균과의 차이	차이의 제곱
행정학	4.0	+1.0	+1
정치학	3.0	0	0
경제학	2.0	-1.0	+1
합계	9.0	0	+2
평균	3.0		
@average	?		
@stdev	?		
@var	?		

제 3 장 오렌지 압축과정(2)

공장에서 오렌지 주스를 만드는 방법은 다음과 같다.

① 오렌지를 압착하여 과즙을 만든다.
② 과즙에서 수분을 제거하여, 부피가 대폭 줄어든 농축액으로 만든다.
③ 농축액이 필요한 곳으로 운송한다.
④ 물, 향료 등을 추가하여 원래 맛과 유사한 주스로 만든다.

앞 장에서는 대표값(평균과 표준편차)을 이용하여 오렌지 열매로부터 과즙을 만드는 과정을 배웠다. 이 과정을 통해 오렌지 열매의 섬유질은 제거되고, 오렌지는 액체(과즙)상태로 변하였다. 부피가 많이 줄어든 것이다.

그러나 본 장에서 배우게 될 압축과정은 과즙으로부터 농축액을 만드는 방법과 유사하다. 오렌지의 본 맛은 유지한 채, 다루기 편리하도록 부피를 대폭적으로 줄이는 방법을 사회현상의 분석에 적용하는 것이다. 효율적으로!

통계학에서는 자료(data)를 수집하는 방법은 크게 전수조사(census)를 통한 방법과 표본(sample)을 이용한 조사가 있는데, 우리는 대부분 표본조사를 실시한다. 인력과 시간이 많이 소요되는 전수조사에 비해, 표본조사를 하면 엄청나게 효율성이 증가된다.

예를 들어, 전수조사인 인구총조사의 경우, 조사하는 데 수많은 사람들을 동원하여 몇 개월에 걸쳐 조사가 이루어지는데, 비용은 약 800억 원 정도 소요된다. 그러나 도시인구동향 같은 조사는 몇 천명 단위의 표본조사를 실시하며, 비용은 몇 천만 원에서 몇 억 원에 불과하다. 정치적 지지도를 알아보는 조사들의 경우 대체로 1,000명에서 2,000명의 작은 샘플만 사용하면서도(비용도 수천만 원 대), 4,700만 국민들의 지지도를 거의 정확하게 추정할 수 있게 해준다.

통계학에서 표본조사를 하는 것은 주스 공장에서 오렌지를 농축액으로 만드는 것이나 마찬가지다.

제 1 절 모집단(Population)

플로리다 농장에서 오렌지를 수확해서 창고에 쌓아 두면, 그것은 모집단(population or universe)이 된다. 즉, 오리지날 프레쉬 오렌지가 모집단이다. 그런데 모집단의 영어 명칭이 population인 점이 이채롭다. Population이란 원래 인구를 뜻하는 것 아닌가? 그렇다. 전수조사를 한 결과로서의 총인구를 population이라고 한다. 통계학에서는 전수조사의 대상이 되는 집단을 "statistical population"이라고 하는데, 이것을 줄여서 보통 population이라고 한다.

Wikipedia는 statistical population을 다음과 같이 정의하는데, 영어 해석에 도전해보기 바란다.

> *"A statistical population is a set of entities concerning which statistical inferences are to be drawn, often based on a random sample taken from the population. For example, if we are interested in making generalizations about all crows, then the statistical population is the set of all crows that exist now, ever existed, or will exist in the future. Since in this case and many others it is impossible to observe the entire statistical population, due to time constraints, constraints of geographical accessibility, and constraints on the researcher's resources, a researcher would instead observe a statistical sample from the population in order to attempt to learn something about the population as a whole."*

1. 대량생산사회와 모집단

농경사회가 산업사회로 바뀌면서 많은 변화가 일어났다. 그 중에서 가장 두드러진 것이 대량생산체제의 가동이다. 대량생산체제는 흔히 포디즘(Fordism)이라고도 불리는데, 수공업으로 만들던 자동차를 기계공장에서 대량으로 생산해낸 헨리 포드의 이름을 딴 말이다.

대량생산이 확산되면서 사람들 간의 관계도 많이 변하였다. 전에는 대면적(face-to-face) 접촉이 주종을 이루었으나, 산업사회에서는 중립적(impersonal) 접촉이 더 많아졌다.

의복(衣服)의 예를 들어 보자. 산업사회 이전에는 옷을 해 입으려면, 가족(특히, 여자들)이 스스로 만들어 입었다. 산업사회로 진입해서는 맞춤집에 가서 옷을 만들어 입었다. 맞춤집에 가서 옷감도 고르고, 신체 치수도 재고, 또 가봉도 하고 해서 자기 옷을 만들어 입었다. 그러다가 대량생산체제가 갖춰지자 기성복(ready-made)이란 것이 등장하였다. 이미 공장에서 만들어 놓은 옷을 백화점 등 의류상점에 가서 골라 입게 된 것이다.

기성복을 만드는 업체 입장에서 보면, 옷 만드는 데 맞춤집의 경우보다 훨씬 더 많은 정보를 필요로 하게 되었다. 맞춤집에서는 손님 한 사람 한 사람의 수치를 재고, 재단하고, 옷을 만들면 된다. 하지만 기성복 업체에서는 "보지도 않은 손님, 만나지도 않은 손님"에게 옷을 만들어 주고, 그것도 경쟁업체보다 더 잘 맞는 옷을 생산해야 한다. 그러기 위해서는 잠재적인 고객 전체에 대한 정보가 필요해진다. 즉, 우리나라 인구 전체를 대상으로 옷을 만들려면, 우리나라 인구 전체의 나이별/성별 신장과 몸무게, 체형, 감각, 유행 등을 잘 파악하고 있어야 된다.

이렇듯 우리가 특성을 파악해내고 싶어 하는 집단을 전문적 용어로 모집단(population)이라고 한다. 원래 Population은 전체 인구를 의미하지만, 통계학에서는 **"우리가 알고 싶어 하는 궁극적인 대상이 되는 집단 전체"**를 뜻하며, 어미 모(母)자를 써서 모집단이라고 번역한다.

대량생산사회에서 모집단은 대체로 크다. 우리나라에서 생산하는 물건 중

세계시장 점유율이 높은 제품들이 많다. 70년대의 운동화, 80년대의 브라운관, 90년대의 반도체, 낚싯대, 텐트 등이 그것이다. 이처럼 전세계인을 대상으로 하는 제품의 경우, 전세계인의 체형, 색상, 감각, 선호하는 기능 등을 수치 정보로 파악하고 있어야 한다. 이런 경우, 특성을 파악하고 싶어 하는 모집단은 전세계의 인구인 60억 명이 된다.

전국 여론조사를 하는 경우에는 전체 국민들 중 성인남녀인 2,000만 명이 모집단이 된다. 고3학생의 수학능력 향상 여부를 알고 싶다면, 그때의 모집단 크기는 약 20만 명이다. 만약 우리가 대학생들의 대일감정에 대해서 알고 싶다면, 모집단은 약 40만 명에 달하게 된다.

그러나 모집단이 반드시 대규모일 필요는 없다. 그 크기는 우리가 알고 싶어 하는 대상이 무엇이냐에 따라 달라지기 때문이다. 예를 들어, 대학의 어느 과 대표가 학생들이 수학여행을 어디로 가고 싶어 하는지 알고자 한다면, 그때의 모집단은 몇 십 명 정도가 된다. 만약, 내가 어떤 특정한 한 사람에 대해서 알고 싶어 한다면, 이때의 모집단 크기는 1이다.

하지만 대량생산/대량소비 사회에서는 일반적으로 모집단이 거대하게 커지는 경향이 있다. 모집단이 커지면 커질수록 통계학이 필요하다. 거대한 모집단을 대상으로 한 대량 정보를 우리가 다루기 편리한 간단한 정보로 압축해야 하기 때문이다.

2. 후기산업사회 및 정보화사회에서의 모집단

공장 굴뚝에서 연기가 힘차게 뿜어 올라가고, 트럭들이 바쁘게 오가고, 상점이 비좁도록 가득 쌓인 제품들 속에서 손님들이 물건을 골라내고 하는 것들은 산업산회의 특징이다. 요새는 다소 비아냥거리는 표현으로 굴뚝경제라고 하기도 한다. 그러나 산업사회가 고도화되고, 소득수준이 향상되면 사람들의 취향도 달라진다. 이제는 여가를 찾게 되고, 개성을 주장하며, 뭔가 튀는 것을 추구하게 된다. 일을 열심히 하는 것보다 현명하게 하는 것이 더 중요하게 된다.

이럴 경우 모집단은 세분화되어서 작아지는 경향이 있지만, 그럴수록 통계분석의 중요성은 더 커진다.

산업사회에서는 자동차도 검은 색 세단만 생산해내면 되었지만, 후기산업 사회가 될수록 다양한 수요에 부응하기 위해 다품종 생산을 해야 한다. 자동차의 색상도 개발해야 하고, 차종도 짚, 밴, 웨건, 스포츠형으로 다양화해야 한다. 경차도 만들어야 하고 다이너스티도 만들어야 한다.

승용차에 대한 우리나라 국민들의 선호도 변화를 알고 싶다면, 모집단의 크기는 국민 전체가 된다. 그러나 30대 결혼 초기 가정의 승용차 선호도를 알고 싶어 한다면, 모집단이 작아진다. 20대 여성의 선호도 또는 50대 남성의 선호도를 알고 싶다면, 그에 따라 모집단이 달라진다.

정보화사회에서는 사람들의 기호가 더욱 다양해지고, 물건도 다품종 소량 생산체제로 바뀐다. 예전의 대량생산으로 유명하던 패션 메이커들도 이제는 특수한 고객층에 대하여 한정된 수량만큼만 상품을 생산함으로써 뭔가 특별하다는 느낌을 주도록 노력한다. 그래야 판매수익이 더 높아지기 때문이다. 학생들도 큰 강의실에서 대량 교육받는 것을 싫어한다. 교수들과 e-mail을 통해 수시로 의사소통하고 싶어 한다.

거대하고 획일적인 집단에 대한 관심이 다품종 소량집단에 대한 관심으로 변환되면서, 모집단의 크기는 작아지는 대신, 조사해야 할 모집단의 가짓수는 대폭 늘어난다. 이렇게 모집단이 세분화되면 될수록 더욱 정교한 통계분석기법이 필요해진다.

제 2 절 전수조사(census)

모집단의 특성을 파악하기 위하여 모집단 전체를 측정하는 조사를 전수조사(全數조사, census)라고 한다. 가장 대표적인 전수조사는 매 10년마다 한 번씩 시행되는 인구조사가 있다. 그러나 앞에서 살펴보았듯이, 모집단의 크기는 "우리가 특성을 알고 싶어 하는 집단 전체"이므로 대상에 따라 달라진다.

전수조사는 모집단이 크건 작건 간에, 그 모집단에 소속된 개체들을 하나도 빠짐없이 다 측정하는 조사이다. 이러한 전수조사를 통해 측정된 값을 모수(母

정부통계와 전수조사

행정부의 각종 통계자료는 전수조사에 의해 수집되는 경우가 많다. 전국의 국유지의 시도별 분포라든지, 학교졸업자수, 에너지 소비량 등 전수조사를 해야 자료로서 의미를 갖는 통계량이 많기 때문이다. 다음은 〈통계청〉에서 운영하는 국가통계포털(http://kosis.kr) 홈페이지의 일부분 화면이다.

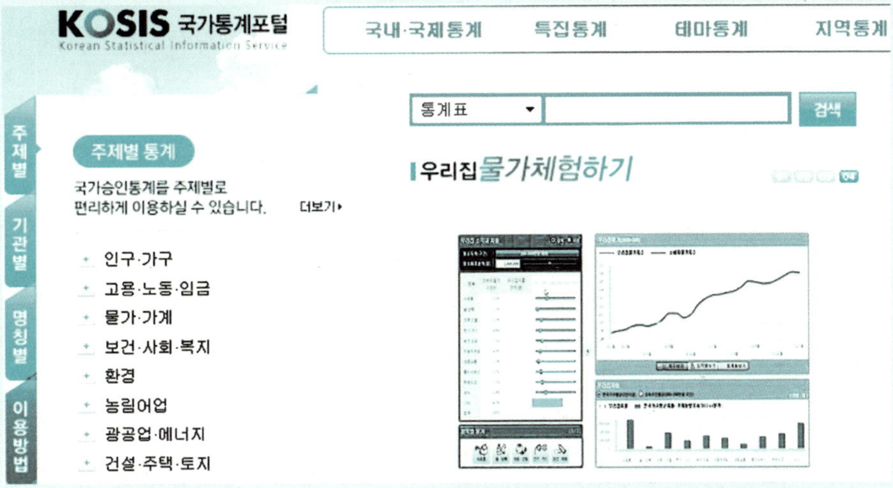

여기에 수록된 자료는 표본조사에 의해 수집된 것들도 있지만 전수조사에 의해 수집된 것들도 많다. 그런데 정부기관들 중 통계청 이외에 거의 대부분의 행정기관들이 전수조사에 의한 통계량 집계작업을 많이 하고 있다. 전수조사는 매우 힘과 노력이 많이 든다.

한편, 정부와 달리 의회에서도 행정통계에 대한 수요가 높다. 의원들은 행정부에 자료를 요구하는 경우가 많은데, 이 자료를 준비하느라고 공무원들은 엄청 바쁘다. 간혹 가다 의원들이 공무원을 "길들이기" 위하여 필요 이상으로 많은 자료를 요구한다는 비판도 있을 정도이다. 의원 요구 자료들에 대해 행정부가 〈표본조사〉 결과를 보고할 수 있도록 허용한다면, 행정력 낭비가 상당히 줄어들 수 있을 것이다. 효율성!

數, parameter)라고 한다. 즉, 모집단 전체를 측정한 값이란 뜻이다.

전수조사를 통해 모수를 찾아내는 작업은 정부행정이나 기업업무에 많이 이용된다. 전국에 수해(水害) 피해를 입은 농지면적은 얼마인가? 집을 3채 이상 소유한 사람은 몇 명인가? 소득세를 한 푼도 안 낸 국회의원 후보자는 누구누구인가? 자동차 등록대수는 얼마나 빠른 속도로 증가하고 있는가? 자본금 대비 부채비율이 200%가 넘는 기업은?

현실 세계에서는 전수조사의 파악이 대단히 중요하며, 사용되는 사례도 매우 많다. 그러나 전수조사는 자료수집에 엄청난 노력이 필요하고, 또 그 자체로서 갖고 있는 문제점도 있다. 그래서 전수조사 대신 표본조사를 하는 경우도 많다.

제 3 절 표본조사

1. 표본조사의 의의

가족 구성원의 올 여름 피서여행 선호도를 알고 싶어 한다면, 모집단은 가족 구성원 전체가 된다. 이때는 모집단의 크기가 작으므로, 전수조사에 아무런 문제가 없다. 그러나 앞에서 말했듯이, 사회적으로 중요한 문제들의 모집단은 대부분 대규모로 크다.

따라서 모집단 전체를 측정하는 대신, 모집단으로부터 몇 개의 표본(sample)을 추출하여 모수를 추정하는 방법을 사용하곤 한다. 이런 방법을 표본조사라고 한다.

모집단으로부터 추출되어 표본조사에 사용된 집단을 표본집단이라고 한다. 예를 들어, 어느 정당에서 국민들의 지지도를 알고 싶어 할 때, 모집단은 전국의 성인남녀 2,000만 명이다. 그러나 이들 전부를 조사하지는 않는다. 2,000만 명 중에서 1,000명에서 2,000명 정도를 추출하여 자기 정당에 대한 지지도를 측정하고, 이 측정치로부터 전체 국민의 지지도를 추정해낸다.

표본집단을 이용한 조사는 다음과 같은 경우에 주로 실시된다.

(1) 모집단이 너무 클 때

모집단이 매우 클 때, 이것을 전수조사하려 한다면 엄청난 비용과 노력이 투입되어야 한다. 모집단으로부터 수집된 정보의 가치가 비용보다 적다면, 전수조사를 해야 할 필요성이 줄어든다.

(2) 전수조사가 의미 없는 경우

수입 음식물이 가끔 오염되어서 문제가 되는 경우가 있다. 이를 원천적으로 막기 위해서는 전체 음식물에 대해서 정밀조사를 해야 한다. 즉, 이들 전부를 조사하기 위해서, 믹서로 갈아서 조그맣게 자른 후, 시약을 부어서 오염 여부를 판단해야 한다. 이렇게 하면 조사는 제대로 되겠지만, 우리는 뭘 먹지? 검사하고 남은 찌꺼기?

(3) 표본조사를 하더라도 오차가 크지 않을 경우

통계학 이론과 기법의 발달로 인해 표본조사를 하더라도 오차가 2~3% 정도밖에 안 될 것으로 기대되는 경우 표본조사를 하는 것이 시간과 비용 면에서 훨씬 생산적이다. 그런 반면, 전체 국민에 대한 전수조사를 했다고 해서 오차가 적으리란 보장도 없다. 집계과정에서 얼마든지 오차가 발생할 수 있기 때문이다.

2. 적정한 표본의 크기

표본의 크기는 어느 정도가 되어야 적정한가? 물론 클수록 좋다. 그러나 표본이 클수록, 불편한 점도 많다. 적정한 크기에 대한 유일무이한 대답은 없다. 그러나 통계학이 말하는 적정 표본크기는 우리가 생각하는 것 이상으로 대단히 작다. 예를 몇 개 들어보자.

어느 제약회사가 두통에 효과가 있는 신약을 개발했다 하자. 이 약이 정말로 효과가 있는지, 부작용은 없는지 밝혀내기 위해 임상실험을 실시해야 한다. 일단 판매가 허용되면 전세계인이 사용하게 될 이 약의 임상실험 표본크기는 어느 정도나 될까? 1천 명? 1만 명? 아니면 10만 명은 조사해야 안심될까? 세계

표 3-1 모집단의 크기에 따른 표본의 크기(신뢰수준 95%)

모집단의 크기	정도(精度)에 대응되는 표본의 크기				
	±1%	±2%	±3%	±4%	±5%
1,000	…	…	…	375	278
2,000	…	…	696	462	322
3,000	…	1,334	787	500	341
	⋮	⋮	⋮	⋮	⋮
10,000	4,899	1,936	964	566	370
20,000	6,489	2,144	1,013	583	377
50,000	8,057	2,291	1,045	593	381
100,000	8,763	2,345	1,056	597	383
500,000-무한대	9,423	2,390	1,065	600	384

주: 정도(精度, definiteness)는 신뢰상한과 신뢰하한의 차이.
출처: Lin(1979: p. 497)

적으로 유명한 제약회사에서도 신약 임상실험의 표본은 10명에서 20명 정도로 대단히 작은 게 관행이다.

우리나라에서도 전국을 대상으로 한 조사들이 많이 시행된다. 이때 표본의 크기는 어느 정도나 될까? 1만 명? 5천 명? 보통은 1,500명 정도가 통상적인 샘플 사이즈이다. 좀 더 안전한 측정을 위하여 2,000명에서 3,000명 정도를 표본조사하기도 하지만, 1,000명 안팎을 표본크기로 하는 조사도 많다.

〈표 3-1〉은 우리가 무작위추출법(random sampling)을 준수하는 경우, 모집단이 무한대로 크더라도 단 384명의 표본만 있으면 5%의 정확도로 모집단의 특성치(모수)를 추정할 수 있음을 보여주고 있다. 물론 정확도를 2%로 줄이려면 표본의 크기가 더 커져야 한다. 그렇다 하더라도 모집단이 50만 명 이상일 때 표본크기가 2,390명에 불과하다. 단, 랜덤 샘플링을 한다는 전제하에서 그렇다는 점은 유념해야 한다.

무작위 표본추출(random sampling)이란?

〈표 3-1〉과 같이, 모집단이 무한대로 크더라도(예, 한국 국민 전체인 4,800만 명), 오직 384명 만 표본으로 추출하면 된다는 것은 매우 놀라운 사실이다. 그러나 이런 놀라운 사실이 받아들여지기 위해서는 384명이 무작위로 추출되어야 한다는 전제조건을 충족시켜야 한다.

무작위추출이란 무엇인가? 길 가는 사람을 아무나 붙잡고 의견을 물어본다면, 그것은 무작위추출이라고 할 수 있는가? 그렇지 않다. 진정한 무작위추출이 되기 위해서는 두 가지 조건을 충족시켜야 한다.

첫째 조건(독립성 조건)은, 조사자가 임의로 피조사자를 선택해서는 안 된다는 것인데, 이 조건은 어렵지 않게 충족될 수 있다. 두 번째 조건은 불편성 조건이라고 하는 것으로서, 피조사자가 표본집단으로 선택될 확률이 동일해야 한다는 것이다. 그런데 이 조건은 충족시키기가 매우 어렵다. 앞의 "길 가는 사람"의 경우, 조사자가 의도적으로 누구를 표본집단에 포함시키고 아니고를 선별할 수 없으므로 독립성 조건은 충족한다. 그러나 "길 가는 사람"을 표본집단에 포함시키면, "차를 타고 가는 사람"은 표본집단에 뽑힐 확률이 적다. 즉, 확률동일의 조건을 위배한다.

가장 이상적인 표본추출 방법은 주사위를 이용하는 것이다. 한국 사람 전체를 모집단으로 하는 여론조사를 할 때, 국민 전체에 일련번호를 부여한 다음, 정직한 주사위를 여러 개 던져서 나온 번호에 해당하는 사람들을 표본으로 선별하는 것이다. 그렇게 하면, 무작위추출을 위한 앞의 두 가지 전제조건을 완벽하게 충족된다.

그러나 국민 전체에 번호를 부여하고, 추출된 번호에 해당하는 사람들을 일일이 찾아가서 여론조사를 한다는 것은 사실상 불가능하다. 차라리 전수조사를 하는 게 더 쉬울지 모른다.

이런 현실적인 어려움 때문에, 실제 여론조사에서는 순수한 무작위 표본추출 방법 대신 층화추출(stratified sampling) 방법 등 약간의 편법이 가미된 표본추출법을 사용한다. 그러나 엄격한 무작위 표본추출의 전제 조건을 다소간 어길 수밖에 없기 때문에, 조사상의 오차발생 확률을 감안하여 표본의 크기를 다소 증가시키게 된다. 그래서 일반적인 국민 여론조사에서는 그 표본크기를 1,500명 내외로 선정하곤 한다(표본추출방법에 대해서는 본 장의 마지막 부분에 별도로 설명을 첨부한다).

3. 통계량과 모수

모집단으로부터 표본을 무작위로 추출을 하든, 아니면 층화추출을 하든지 해서 표본집단이 선정되면, 이 **표본집단을 대상으로 평균과 분산 등을 측정한다. 이렇게 측정된 값을 통계량**(STATISTIC)**이라고 하는데**, 표본집단의 평균도 통계량이고, 표본집단의 분산도 통계량이다. 통계량이 되는 표본집단의 평균은 m 또는 $\overline{X}$로 표시하고, 표본집단의 분산은 s^2으로 표시한다. 그리고 표본집단의 표준편차는 당연히 s로 표시한다.

이러한 m, s 등의 통계량을 오렌지 주스로 치면 농축액(concentrated)에 해당한다. 오렌지 과일을 압축해서 농축액을 만들듯이, 모집단으로부터 표본집단을 만들고, 다시 표본집단에서 측정한 통계량이 바로 농축액인 셈이다.

그러나 우리들 중 누구도 농축된 과즙을 그대로 마시지는 않는다. 거기에 수분 등을 첨가해서 오렌지 주스로 변환을 시킨 다음 마신다. 우리의 최종적인 관심사는 오렌지 주스이지 농축액이 아니다. 그렇다면 통계학에서 오렌지 주스에 해당하는 것은 무엇인가? **그것은 바로 모집단의 특성으로서, 영어로는 PARAMETER라고 부르는 모수**(母數)**이다. 즉, 모집단의 평균은 모수이며, mean을 뜻하는** m**의 그리스어** μ(뮤)**로 표시한다. 그리고 모집단의 분산도 모수의 일종인데, 이것은** s^2**의 그리스어** σ^2**으로 표시한다. 모집단의 표준편차는** σ(시그마)**로 표시한다.**

즉, 통계분석에서 알파벳 m, s 등으로 표시되는 것은 표본집단으로부터 얻게 되는 통계량(statisitic)을 뜻하며, 그리스어 μ, σ 등으로 표시되는 것은 모집단의 특성을 나타내는 모수(parameter)들이다.

통계학, 특히 추론통계학(inferential statistics)은 표본집단의 통계량(m, s)으로부터 모집단의 모수(parameter)를 추정하게 만드는 이론과 기법이다. 오렌지 주스에 비유하자면, 농축액(통계량)에 물과 향료 등을 첨가하여 우리가 마시는 오렌지 주스(μ, σ)를 만들어 내는 과정을 말한다.

이처럼 농축액을 오렌지 주스로 복원시키는 과정을 다음 장에서부터 학습하게 된다. 그 전에 통계량과 모수의 관계를 이해하는 것이 중요하기 때문에 한

번 더 설명한다.

모집단은 우리가 그 특성을 알고 싶어 하는 진정한 대상이다. 그러나 모집단의 규모가 크다든지 하는 이유로 모집단의 특성치인 모수값은 측정하기가 매우 힘들다. 그래서 모집단으로부터 소규모의 표본집단을 추출하여, 표본집단의 특성을 측정을 하는데, 이것이 통계량이다. 표본집단은 우리의 관찰대상 집단이기는 하지만, 우리가 정말로 알고 싶어 하는 바로 그 집단과 동일한 것은 아니다. 단지 관찰 가능한 부분집합일 뿐이다. 따라서 표본집단에서 관찰된 통계량을 가지고, 우리가 알고 싶어 하는 진정한 대상이기는 하지만 관찰하기가 어려웠던 모수를 추정해야 한다. 이 과정에 개입하는 것이 통계학이다. 통계학이란 논리적 도구를 이용하여 모집단의 모수에 대한 추정량(estimator)을 만들어내는 것이다.

통계량과 모수 및 통계학의 관계를 그림으로 표현하면 〈그림 3-1〉과 같다.

••그림 3-1 **통계량, 추정량, 그리고 모수의 관계**

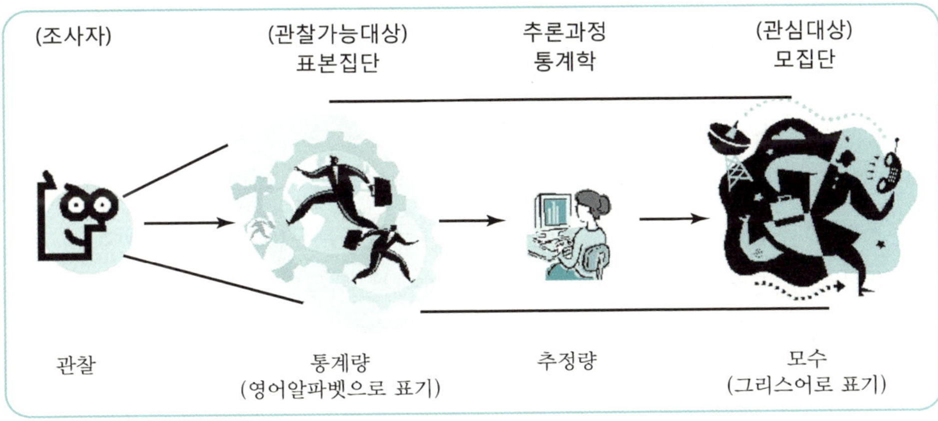

압축기법: 2

이제 오렌지 주스 공장에서 농축액을 만드는 과정과 유사한 통계학의 압축방법 두 가지를 배웠다. 첫째는 복잡한 현실을 몇 개 안 되는 변수로 계량화하는 과정이었고, 두 번째는 계량화 작업을 모집단이 아닌 표본집단을 이용함으로써 효율적으로 수행할 수 있다는 것이다. 이 두 과정을 통해 우리는 대단히 복잡한 현실(모집단)에서 상대적으로 아주 작은 크기의 표본을 추출하여, 몇 개 안 되는 통계량으로 계량/측정함으로써 아주 간단한 농축정보를 얻게 된다. 상대적으로 규모가 작은 표본집단으로부터 측정된 통계량(표본의 평균 및 표본의 분산 등)이 바로 오렌지 주스의 농축액에 해당하는 것이다.

다시 말해, **통계량을 통해 모수를 추정하는 것이 추론통계학의 골간**(骨幹-뼈대)**이다**. 통계량은 우리가 관찰을 통해 얻는 정보이고, 모수는 우리가 알고 싶어하는 정보이다. 통계량은 영어의 알파벳으로 표시되고, 모수는 그리스어로 표시된다.

표본의 평균(m)을 이용해 모집단의 모평균(μ)을 추정한다.
표본의 분산(v 또는 S^2)을 이용해 모집단의 모분산(σ^2)을 추정한다.
표본집단의 회귀공식($Y=a+bX$)을 이용해서 모집단의 회귀공식($Y=\alpha+\beta X$)을 추정한다.

이것이 효율성을 추구하는 현대적인 추론 통계학이다. 표본조사로 한 번 압축하고, 이것을 다시 대표값으로 압축하였다. 마치 신선한 오렌지를 농축액으로 만들어서, 수송, 보관, 가공하기 편리하도록 만든 것처럼.

제 4 절 많이 사용되는 표본추출방법들

모집단으로부터 표본집단을 만들어내는 데 있어서 가장 유의해야 할 점은 표본의 크기만큼 중요한 요인이 바로 표본의 질(質)이라는 점이다. 이론적으로는 무작위 표본추출방법(random sampling)이 표본집단의 품질을 보증하는 가장 우수한 방법이다. 그러나 이미 언급하였듯이, 이 방법을 현실세계에서 적용하려면 많은 노력을 들여야 하는 문제점이 있다. 그래서 현실적으로는 무작위 표본추출방법 대신 다음과 같이 실용적인 방법들이 많이 사용된다.

1. 층화추출법(stratified random sampling)

예를 들어, 공무원에 대한 의견조사를 한다고 할 때, 모집단은 10급 공무원부터(일반행정직은 9급 공무원부터 시작하지만, 기능직종은 10급부터 시작함) 1급 공무원까지 다양한 사람들이 포함된다. 그런데 이 모집단으로부터 일정 수의 표본을 추출한다 했을 때, 1급 공무원 등 상위직 공무원들은 표본집단에 추출되지 않을 가능성이 있다. 우선 1급 등 고위 공무원은 그 숫자가 적을 뿐더러 워낙 바쁜 직책을 맡고 있어서 접근 가능성이 낮다. 이럴 경우 고위직 공무원이 표본집단에 포함되지 않은 상태에서 조사한 공무원 의견조사 결과는 사실상 전체 공무원의 의견이라기보다는 중하위직 공무원에 대한 의견조사이다.

이런 문제를 보완하기 위해 고안된 표본추출법이 층화추출법이다. 이 방법은, 예를 들어 공무원을 실무직, 관리직, 고위직으로 구분하고, 각각의 세부집단별로 표본을 추출하는 것이다. 또 공무원을 일반행정직, 기능직, 특수직 등으로 구분하여 각각의 세부집단으로부터 표본을 추출하는 것도 층화추출법이다. 이런 층화추출법은 매우 광범위하게 사용되고 있으며, 현실세계에서는 다른 추출방법들과 혼합해서 사용되기도 한다.

2. 집락추출법(cluster sampling)

집락추출법은 번역하기에 따라서 군집추출법이라고도 한다. 앞의 공무원 의견조사의 사례를 계속 사용하자면, 공무원을 실무직, 관리직, 고위직으로 나누어 표본을 추출할 수도 있지만, 행정부처들 중 하나만 선택하여 표본을 추출한다면, 그 속에 실무직, 관리직, 고위직이 모두 포함되어 있을 것이다. 즉, 정부의 중앙행정관서는 약 50개 정도 되는데, 이들 50개 부처청에는 1급 공무원부터 10급 공무원이 공통적으로 근무하고 있다. 따라서 어느 한 부처청을 선택하여 조사한다면, 자연스럽게 다양한 직급의 공무원이 의견조사에 포함되게 된다.

이러한 집락추출법 역시 현실세계에서 광범위하게 사용되고 있다. 예를 들어, 우리나라의 지역감정을 조사한다고 했을 때, 호남 전지역과 영남 전지역의 주민들을 조사할 필요는 없다. 영호남의 일부 지역 주민들에 대한 의견조사를 실시하면, 그 표본집단 안에 다양한 직종과 연령과 학력수준 등을 대변하는 표본들이 포함될 것이다. 집락추출법 역시 다른 추출법과 혼합해서 사용되곤 한다.

3. 체계적 추출법(systematic sampling)

이 방법은 하나의 표본구간으로부터 n번째 표본을 조사대상으로 추출하는 방법을 말한다. 예를 들어, 주민조사를 할 경우 전 주민을 모두 조사할 수는 없으므로, "동사무소로부터 오른쪽으로 매 10번째 가구를 조사한다"는 방식으로 표본을 추출하는 것이다. 아파트의 경우라면 "짝수 동, 짝수 층 거주자"를 표본으로 추출하는 것도 이 방식이다.

4. 의도적 추출법(purposive sampling)

표본추출에 있어서는 효율성도 중요하다. 조사대상을 많이 선정했다 하더라도 실제 응답률은 낮을 수 있다. 따라서 조사자는 어떻게 하면 적은 노력으로 많은 응답을 얻을 수 있을지 고민해야 하는데, 이때 그동안 축적된 경험과 판단에 의하여 표본집단을 구성하게 된다. 쉽게 말하자면, 모르는 사람들에게 의견조사를 부탁하는 것보다 안면이 있는 사람을 통하는 경우가 훨씬 더 효율적으로 표본조사를 할 수 있다. 이럴 경우 무작위 표본추출방법의 ① 독립성 조건과 ② 불편성 조건을 모두 위배하면서까지 표본을 추출하게 된다. 이론적으로는 문제가 있지만, 현실적으로는 매우 많이 사용되는 표본추출법이다.

5. 혼합추출법(multi-stage sampling)

표본조사의 효율성을 높이기 위해 다양한 추출방법을 혼합해서 사용하기도 한다. 예를 들어, 공무원에 대한 의견조사를 하는 경우, 1차적으로 어느 특정 부처를 지정한 다음, 그 부처 내에서 실무직, 관리직, 고위직 공무원들을 분리하여 표본추출하되, 그동안의 경험을 활용하여 의도적 추출법을 적용하여 표본집단을 구성한다. 이런 방법을 학술적으로 표현하자면, 제1차적으로 집락추출법을 적용한 후, 제2차적으로 층화추출법을 사용하고, 그 다음에 체계적 추출법 또는 의도적 추출법을 적용하는 경우라고 할 수 있다.

혼합추출방법에 특정한 방식이 있는 것은 아니고, 그것은 조사분석의 목적, 모집단의 특성, 조사의 효율성 등에 따라 다양하게 선택된다.

압축과정의 요약

〈압축과정: 1-a〉

표현하고자 하는 대상(집단)의 특징을 모두 다 파악하려하지 말고, 그 중의 대표적인 특성 몇 가지만 선택하여 측정한다.

〈압축과정: 1-b〉

이처럼 선별된 변수에 대해서도 추가적인 압축을 할 수 있는데, 그것이 바로 평균과 분산이라는 대표값이다. 즉, 그 집단의 집중성향은 평균으로, 그 집단의 다양성은 분산으로 간략히 요약된다.

〈압축과정: 2〉

대표값 사용으로 한 번 압축한 오렌지는, 표본조사를 통해 한 번 더 압축할 수 있다.

이상의 두 압축과정을 통해 우리는 대단히 복잡한 현실(모집단)에서 상대적으로 아주 작은 크기의 표본을 추출하여, 몇 개 안 되는 통계량으로 계량/측정함으로써 아주 간단한 농축정보를 얻게 된다. 통계학이 추구하는 효율성에 한발 더 근접하게 된다.

연 | 습 | 문 | 제

01 유권자가 100만 명인 어느 지역에서 시장 선거가 곧 실시된다. 후보자는 3명이다. 후보자들은 자신이 당선될 가능성을 객관적으로 파악하고 싶어 여론조사를 실시하고자 한다. 정확도를 3% 이내로 하고 싶다면, 최소 표본의 숫자를 몇 명으로 해야 하는가? 단, 랜덤 샘플링을 전제로 한다.

02 이 지역은 인구가 3만명인 군 지역이다. 군수 선거를 위해서는 여론조사의 표본 크기가 어떠해야 하는가? 정확도는 3% 이내를 원하고, 역시 랜덤 샘플링을 한다고 가정한다.

03 위의 두 지역에서 실시되는 여론조사 표본의 크기를 비교하시오.

04 위 연습문제들에서 얻을 수 있는 교훈은 무엇인가? 최소한 세 가지 이상 제시하시오.

제 4 장 복원과정 1: 정규분포

오렌지를 농축했으면, 이제 물을 첨가하여 원래의 과즙으로 환원시킬 차례이다. 모집단에서 표본을 추출하여 통계량을 측정했으면, 이것을 가지고 모수를 추정해야 할 단계가 된 것이다. 주스의 경우 농축액에 물만 첨가하면 환원이 이루어지지만, 통계학은 좀 더 복잡한 과정을 거쳐야 한다. 핵심은 통계량(statistics)을 가공하여 모수(parameter)를 알아맞히는 것이다. 그렇다면 어떠한 가공 절차와 기법을 사용하여야 하는가? 차근차근 살펴보기로 하자.

제 1 절 모집단과 표본집단: 하나의 모집단, 무수히 많은 표본집단, 그리고 무수히 많은 통계량들

A 대학의 재학생 수는 2만 명이다. 이 중 절반인 1만 명이 남학생이다. 만약 교수님이 학생들에게 "우리대학 남학생들의 평균 키가 몇 cm인지 알아오라"는 과제를 냈다면 어떻게 하겠는가? 우직하게 1만 명의 키를 모두 측정하여 모수(parameter)를 정확하게 알아낼 것인가, 아니면 작은 규모의 표본집단을 만들어 그들의 평균 키(통계량)를 알아낼 것인가?

전수조사를 한다면 모수를 직접 알아낼 수 있다는 장점이 있다. 그러나 만약 다음 번에 한 대학이 아니라 "전국의 남자대학생의 평균 키를 구하라"는 과제가 나온다면 어떻게 할 것인가? 전수조사를 할 것인가? 전수조사를 한다면 아마 한 학기를 다 소비해도 이 과업을 달성할 수 없을 것이다.

그러나 표본조사를 하면 간단하다. 적은 수의 샘플을 통해 전국 남자대학생의 평균값에 대한 통계량(표본의 평균)을 계산해 낼 수 있다. 하지만 표본집단에서 얻어진 값은 통계량(statistic)이지 모수(parameter)가 아니다. 그러므로 관찰된 통계량으로 아직 관찰되지 않은 모수를 알아맞히려면 통계학적 추론 방법을 배워야 한다.

이제부터 통계학적 추론 방법을 배워 보자.

1만 명의 남학생으로 구성된 모집단에서 아주 작은 크기의 표본집단, 예를 들어, 5명으로 구성된 표본집단을 모두 몇 개나 추출해 낼 수 있는가? 정답이 2,000개는 아니다. 여러분들이 고등학교 때 배웠던 공식에 의하면, 이론적으로 가능한 표본집단의 가짓수는 다음과 같다.

$$
\begin{aligned}
{}_{10000}C_5 &= \frac{10000!}{5!\,(10000-5)!} \\
&= \frac{10000\times9999\times9998\times9997\times\cdots\cdots\times3\times2\times1}{5\times4\times3\times2\times1\times9995\times9994\times\cdots\cdots\times3\times2\times1} \\
&= 10000\times9999\times9998\times9997\times9996\,/\,120
\end{aligned}
$$

이 공식에 의하면 하나의 모집단으로부터 엄청나게 많은 수의 표본집단들을 만들 수 있다. 보통의 전자계산기로는 계산도 되지 않을 만큼 많은 수의 표본집단을 만들어낼 수 있다.

그림으로 설명하도록 하자.

각각의 표본집단들은 모두 5명씩으로 구성되어 있다면, 〈그림 4-1〉과 같이 표시할 수 있다. 가운데 큰 원 안에 있는 것이 1만 명으로 구성된 하나의 모집단을 나타낸다. 그런 반면, 원 바깥의 네모 속에는 각각 5명의 남학생들이 들어 있는데, 이것이 각각 표본집단이 된다. 그런데 이런 표본집단이 무수히 많이 만들어질 수 있다.

〈그림 4-1〉에서 각각 5명으로 이루어진 표본집단들에 대하여 우리는 대표적인 통계량, 즉 표본집단의 평균과 표본집단의 분산 및 표준편차를 구할 수 있다. 그리고 각 표본집단별로 표본평균이나 표준편차 또는 그것의 제곱인 분산 같은 통계량을 구할 수 있다. 그런데 표본집단의 숫자가 무수히 많기 때문에, 통계량도 무수히 많아져야 한다.

그림 4-1 하나의 모집단으로부터 추출된 무수히 많은 표본집단들

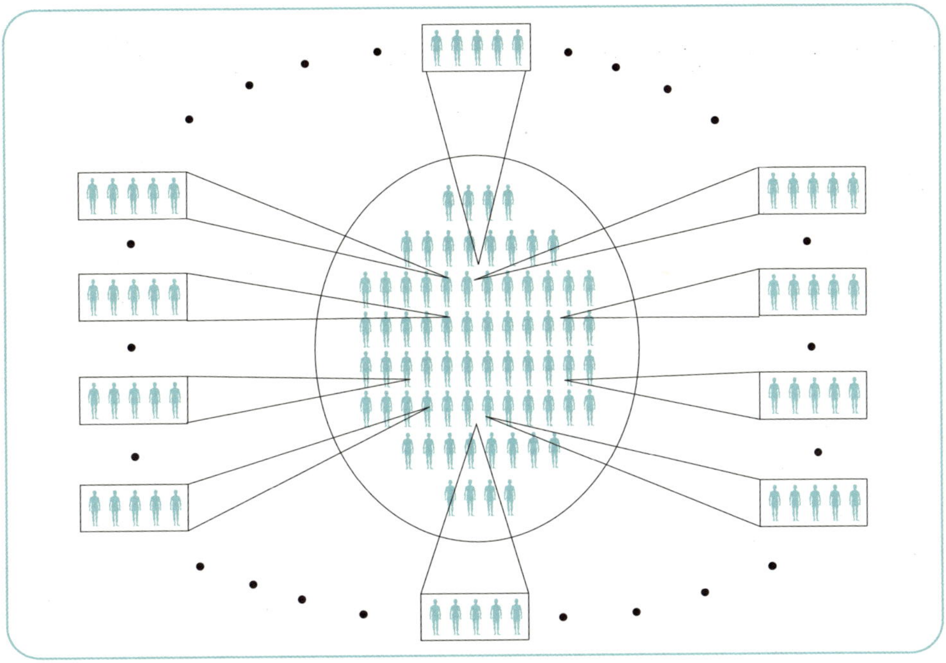

이제 각각의 표본집단들을 살펴보자.

어떤 표본집단의 경우에는 학생 다섯 명의 평균 키가 195cm로 나올 수도 있다. 우연히 농구선수들만 표본으로 추출되면 그렇게 된다. 그런 반면 또 다른 표본집단에서는 남학생 다섯 명의 평균 키가 165cm로 나타날 수도 있다. 우연히 키가 작은 학생들만 그 표본에 포함된 경우이다. 이처럼 1만 명의 학생들 중 5명으로 이루어진 표본집단을 만들면, 그 평균 키의 값이 천차만별로 나오게 될 것이다.

〈그림 4-2〉는 각 표본집단마다 서로 다른 통계량이 추출될 수 있음을 눈으로 확인하도록 도와준다.

••그림 4-2 **표본집단들과 통계량**

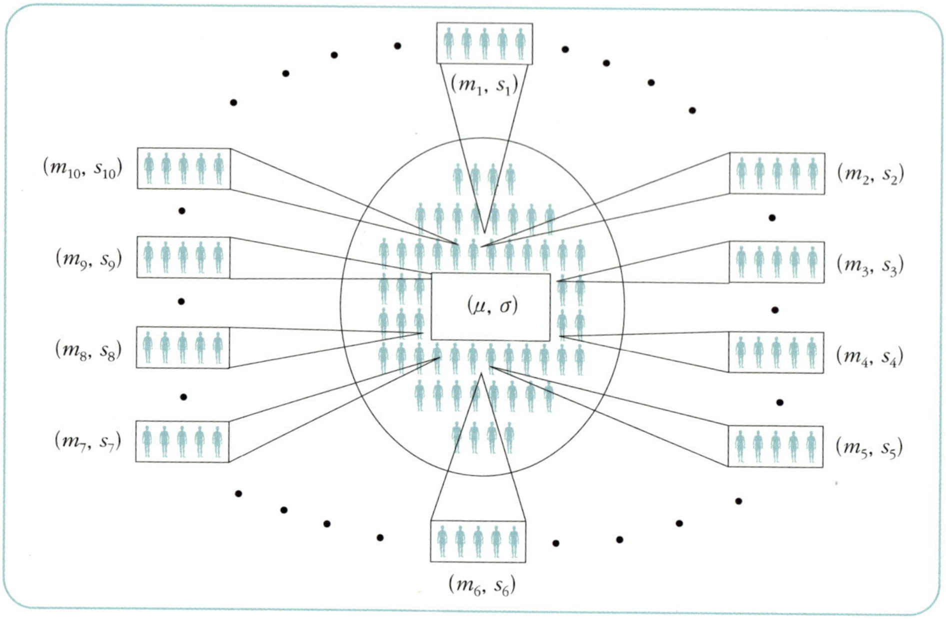

*m은 표본의 평균값을, s는 표본의 표준편차값을 나타낸다.

〈그림 4-2〉로부터 알 수 있듯이, 하나의 모집단으로부터 무수히 많은 표본집단들을 만들 수 있고, 각 표본집단들마다 해당되는 통계량들을 가지고 있다. 이 통계량의 값은 작은 값일 수도 있고, 큰 값일 수도 있어서 매우 다양하다. 표본집단의 평균값만 나열하면 다음과 같다.

$$m_1, m_2, m_3, m_4, m_5, m_6, m_7, m_8, m_9, m_{10} \cdots\cdots\cdots\cdots \ m_\infty$$

그런데 이런 표본집단의 평균값들을 막대그래프(histogram)로 표현하면 어떻게 될까?

예를 들어, 표본의 평균값이 165cm 미만이 몇 번, 165cm 이상 170cm 미만이 몇 번, 170cm 이상 175cm 미만이 몇 번 등등 5cm 간격의 구간을 만들어 막대그래프로 나타내면 아마 다음과 같은 유형의 그래프를 얻게 될 것이다.

•• 그림 4-3 **표본집단의 평균값의 분포도**

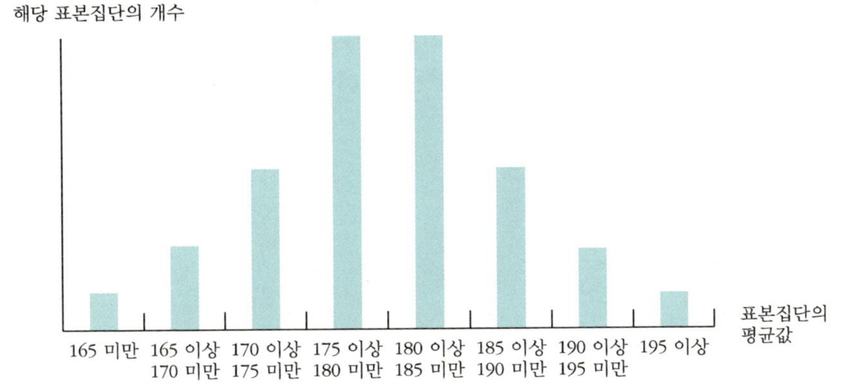

제 2 절 • 절대 반지 vs 절대 분포

〈그림 4-3〉에서는 막대그래프의 한 구간이 5cm로 넓게 설정되어 있는데, 이 구간을 좁혀서 1cm 혹은 몇 mm로 작게 나눈다면 막대그래프의 모양은 〈그림 4-4〉와 같이 변화될 것이다. 궁극적으로는 그 유명한 정규분포(normal

•• 그림 4-4 **막대그래프의 구간이 작아짐에 따라 표본분포의 평균값의 분포가 달라지는 모습**

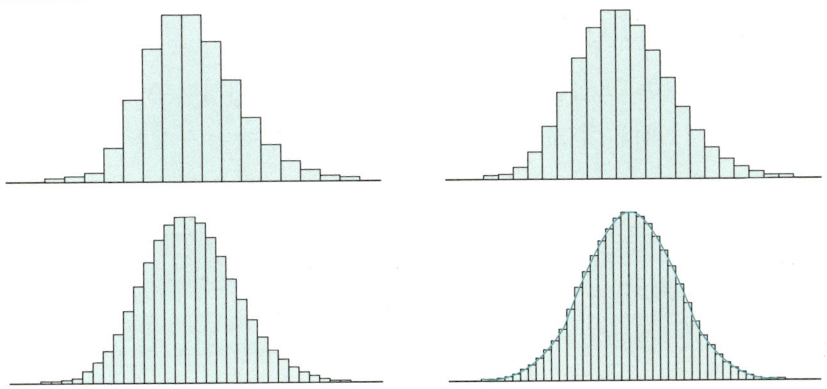

distribution)의 모습을 띠게 될 것이다.

그런데 여기서 한 가지 의문이 있다. 위에서 예로 든 학생들의 키와 같은 것들은 정규분포로 잘 전환되는 사례이기 때문에 궁극적으로 〈그림 4-4〉와 같은 정규분포로 귀착된 것이고, 만약 다른 사례를 든다면 정규분포가 아닌 다른 분포가 될 수도 있는 것 아닌가?

예를 들어, 학교성적은 정규분포를 따르는데, 사람들의 연봉은 정규분포가 아닐 수 있지 않은가?

인구의 연령별 구조는 정규분포인가?
삼성전자 직원들은 연봉은 정규분포인가?
공무원 급여 체계는 정규분포인가?
우리나라 양궁 선수들이 쏜 화살의 점수표는 정규분포인가?

이 질문에 대한 통계학적 답변은 간결하고 명확하다. "절대 그렇지 않다"는 것이다. 이 세상에 존재하는 모든 분포들은 정규분포가 아니다. 정규분포가 되기 위해서는, 다음에 배울, 여러 가지 조건을 충족시켜야 하는데, 현실 세계의 어떠한 분포도 그 조건들을 다 충족시킬 수 없다.

그렇다면 존재하지도 않는 정규분포를 왜 그리 힘들여 배우는 것일까? 그 이유는 **"약간의 과정만 거친다면" 모든 분포는 다 정규분포로 바뀔 수 있기 때문이다.** 이 사실에 단 하나의 예외도 없다. 이런 점에서 보면, 판타지 영화 "반지의 제왕"에 모든 반지를 지배하는 절대 반지가 있는 것처럼, 정규분포도 모든 분포를 지배하는 절대 분포나 다름없다.

즉, 세상에 있는 모집단들을 보면 온갖 가지 형태의 분포를 가지고 있다. (예, 〈그림 4-5〉) 그러나 이 모집단들에서 이론적으로 가능한 모든 가짓수의 표본집단을 만들어내고, 각 표본집단들마다 평균값을 구한 다음, 그 표본평균값들을 막대그래프 또는 부드러운 곡선으로 표시하면, 단 하나의 예외도 없이 모두 다 정규분포를 하게 된다.

••그림 4-5 **정규분포가 절대분포인 이유**

〈모집단의 분포 모습〉 〈표본집단〉 〈표본평균의 분포 모습〉

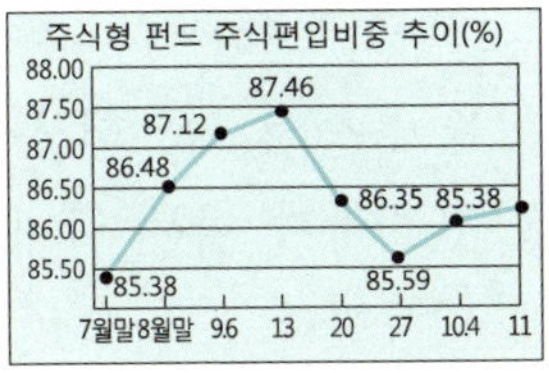

모집단에서 무수한 표본집단 추출, 각각의 평균값 계산, 표본평균값의 분포를 그래프로 표시

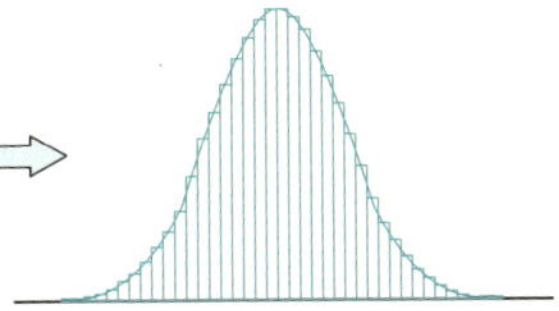

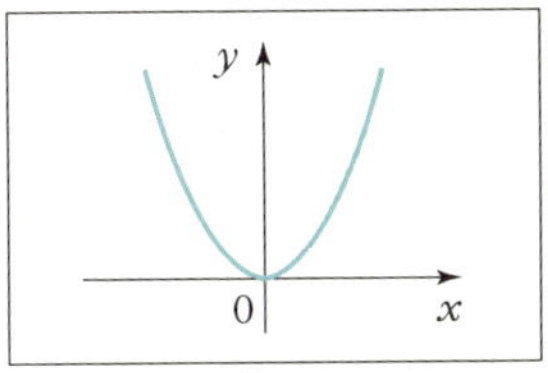

모집단에서 무수한 표본집단 추출, 각각의 평균값 계산, 표본평균값의 분포를 그래프로 표시

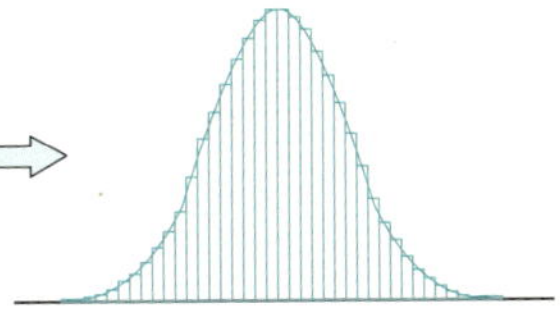

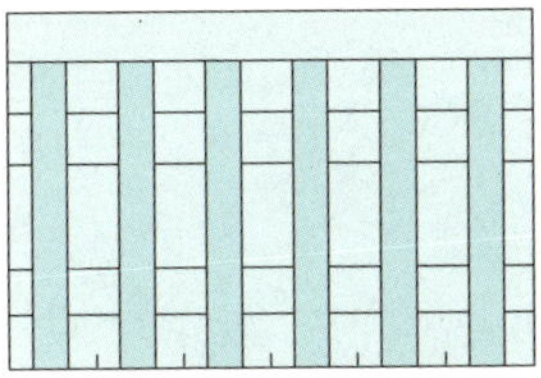

모집단에서 무수한 표본집단 추출, 각각의 평균값 계산, 표본평균값의 분포를 그래프로 표시

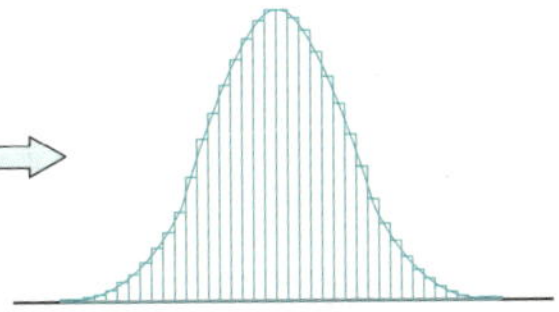

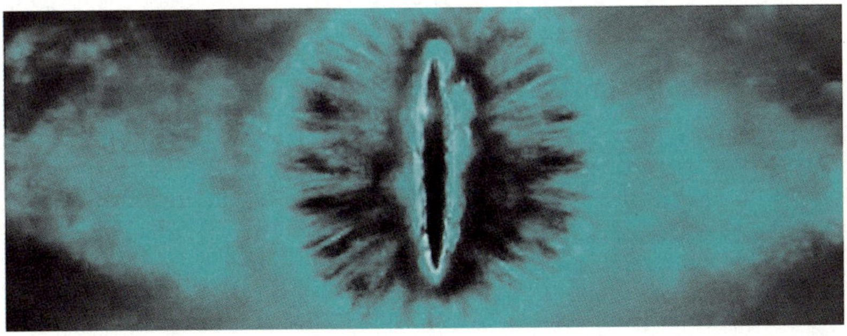

제 3 절 정규분포를 도출하는 실험

모든 분포는 일정한 과정을 거치면 예외 없이 정규분포로 전환된다고 하였는데, 과연 그럴까? 백문이 불여일견이라고 간단한 실험을 통해서 확인해보자. 이 실험은 윤기중(1983, pp. 182-192)에서 인용한 것으로서, 저자가 아는 국내외의 각종 서적들 중에서 가장 효과적인 사례이기 때문에 인용한다.

1. 모집단과 그 특성

카드가 네 장 있는데, 카드별로 1, 2, 3, 4 숫자가 쓰여 있고, 이것은 그 숫자 카드의 득점표이기도 하다. 이런 네 장의 카드로 이루어진 집단이 여기서는 모집단이다. 모집단의 크기 $N=4$가 된다. 그리고 이 모집단의 특성치(모수)는 〈표 4-1〉에서와 같이 엑셀로 계산된다.

표 4-1 모집단의 특성치(모수) 계산

카드의 숫자	환산 점수	평균값(모평균)	모평균과의 차이	차이의 제곱
1	1	2.5	-1.5	2.25
2	2		-0.5	0.25
3	3		+0.5	0.25
4	4		+1.5	2.25
합계	10		0	5.00

* 주의: 모분산을 구할 때, 앞의 제3장에서 설명한 대로 자유도(4－1＝3)를 사용하지 않고, 경우의 수인 4를 사용하였다. MS Excel에서 네 장의 카드 점수(1, 2, 3, 4)에 대한 평균값을 @average 함수기능으로 구하면 2.5, 분산값을 @var 함수기능으로 구하면 1.667이 나온다. 평균값은 〈표 4-1〉에 있는 것과 동일하지만, 분산값은 〈표 4-1〉에서는 1.25, Excel로 구하면 1.667로 다른 값이 나온다. 그 이유는 자유도 때문이다. 〈표 4-1〉에서는 자유도를 고려하지 않고 "차이의 제곱"을 합산한 값(＝5)을 경우의 숫자인 4로 나눈 것이다. 이에 반해 @var 기능은 "경우의 수"가 아니라 "자유도"를 분모로 이용하도록 default로 지정되어 있다. 이 경우 자유도는 4－1＝3이다. 따라서 차이의 제곱의 합 5를 3으로 나눈 값은 1.667이 된다. 자유도를 사용하는 이유는 표본통계량으로 모수를 추정할 때 효율성을 향상시키기 위한 목적이다. 그러나 위의 사례는 모집단 자체에서 평균을 구한 모평균이므로, 애초에 자유도를 쓸 필요가 없다. MS Execel은 그야말로 범용 소프트웨어이므로 일반적인 상황을 default로 지정해 놓고 있다. 자유도에 관한 설명은 뒷부분에 별도로 제시된다.

•• 그림 4-6 **실험 중인 모집단의 분포 모습**

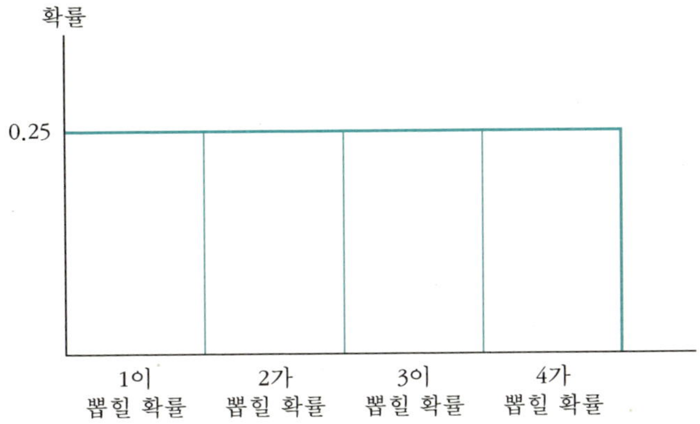

즉, 모집단의 평균값 $\mu=2.5$이고, 모집단의 분산 $\sigma^2=1.25$이며, 모집단의 표준편차 $\sigma=1.118$이다.

그 다음, 네 개의 카드에서 하나를 뽑는다면, 각 카드가 뽑힐 확률은 1/4로 동일하다. 따라서 이 카드들이 사기도박장에서 사용하는 불법카드가 아니라면, 이들은 다음 〈그림 4-6〉과 같이 균등분포할 것이다. 이처럼 균등분포하는 것이 이 실험에 사용된 모집단의 분포 모습이다.

2. 표본추출 및 통계량 측정

카드 4장으로 이루어진 모집단($N=4$)에서 각각 2장으로 이루어진 표본집단($n=2$)을 뽑는 방법은 모두 몇 가지가 될 것인가? 4장의 카드에서 1장을 뽑아 기록한 후, 그 카드를 다시 돌려보내고 또 새 카드를 뽑아 기록하는 복원추출법을 사용한다고 하자. 그러면 가능한 모든 가짓수는 〈표 4-2〉와 같이 16가지가 된다.

(1) 표본평균값

각 표본집단별로 평균값을 계산할 수 있는데, 이것을 표본평균(標本平均:

••표 4-2 **표본집단의 가짓수와 특성값들**

표본집단의 일련 번호	첫째 카드의 숫자	둘째 카드의 숫자	표본집단의 평균들	〈표본평균의 평균값〉과의 차이	차이의 제곱
1	1	1	1.0	-1.5	2.25
2	1	2	1.5	-1.0	1.00
3	1	3	2.0	-0.5	0.25
4	1	4	2.5	0	0
5	2	1	1.5	-1.0	1.00
6	2	2	2.0	-0.5	0.25
7	2	3	2.5	0	0
8	2	4	3.0	+0.5	0.25
9	3	1	2.0	-0.5	0.25
10	3	2	2.5	0	0
11	3	3	3.0	+0.5	0.25
12	3	4	3.5	+1.0	1.00
13	4	1	2.5	0	0
14	4	2	3.0	+0.5	0.25
15	4	3	3.5	+1.0	1.00
16	4	4	4.0	+1.5	2.25
합계			37.5 표본평균들의 평균값=2.5	0	10.00

sample means)이라고 한다. 표본집단이 모두 16개가 가능하므로, 표본평균치도 16개를 계산할 수 있다.

위의 표를 보면, 표본평균값이 16개 도출되는데, 어떤 것은 그 값이 1.0에 불과하고 어떤 것은 4.0으로 크게 나타난다. 즉, 극단적인 경우지만, 1, 2, 3, 4 네 개로 이루어진 카드 모집단에서 표본을 추출하면 평균값이 1.0도 되고, 2.0도 되고, 3.5 또는 4.0도 될 수 있다. 즉, 현재 상태에서는 표본집단의 평균만 가지고, 모집단의 상황을 예단할 수는 없다(그런데 통계학을 잘 배우지 않은 사람들은 이런 오류를 많이 저지른다). 추가적인 가공단계를 거치지 않고서는 표본집단을 통해 모집단을 예측할 수 없다. 추가적인 가공단계는 본 제4장과 제5장에 걸쳐 설명되는 "복원" 과정이다.

(2) 표본평균들의 평균값

앞의 〈표 4-2〉에서 16개의 **〈표본평균들에 대한 평균값〉**을 구할 수 있다. 표본평균값들의 총합은 37.5이고, 이것을 16으로 나눈 "표본평균들의 평균값"은 2.5이다.

여기까지는 당연한 것이다. 그런데 "표본평균들의 평균값" 2.5를 자세히 보면 재미있는 사실이 발견된다. 그 값은 바로 모집단의 평균값인 $\mu = 2.5$와 같은 것을 알 수 있다.

$$즉,\ \overline{m} = 2.5 = \mu$$

언뜻 보면 놀라운 발견이다. 그러나 이것도 한 번 더 생각해보면 당연한 결과이다. 모집단 1, 2, 3, 4 네 숫자의 합을 4로 나눈 것이 모평균값(=2.5)이다. 표본집단은 이들 네 숫자들 중에서 임의로 2개를 뽑은 것이다. 이런 표본집단을 모두 16개 만들 수 있는데, 만약 16개 표본집단 모두의 값을 합한다면 이것은 1을 네 번, 2를 네 번, 3을 네 번, 4를 네 번 합산한 값과 같다. 표본평균은 이를 16으로 나눈 것으로서 당연히 2.5의 값을 갖게 된다.

그런데 통계학은 "효율성"을 지향한다고 했는데, 네 가지 숫자의 합만 계산하면 될 것을(모평균), 2개씩 16개의 숫자(총 32개)를 합하여 표본평균들의 평균값(=모평균)을 구한다는 것은 명백한 모순이 아닐 수 없다.

뭔가 이런 모순을 해결해줄 다른 장치가 있는 것이 분명하다. **그것은 표준오차(standard error of means)라는 것으로서, 추론통계학에서 핵심적인 역할을 수행하는 통계량이다.**

(3) 표준오차: 가장 중요한 개념

한편 16개 표본집단별로 계산된 표본평균값들이 위의 $\overline{m}$("엠 바"라고 읽는다: 표본평균들의 평균값)와 각각 얼마나 차이가 나는지 계산할 수 있다. 〈표 4-2〉의 마지막 두 열(列, column)을 보면 표본평균들이 "표본평균의 평균" 값으로부터 각각 얼마나 멀리 떨어져 있는지 알 수 있다. 그리고 그런 편차를 제곱한 값과 표본평균들의 분산값을 계산해 낼 수 있다. 계산결과 표본평균들의 분산은

0.625이다.[1)]

$$즉,\ \sigma_m^2 = 0.625$$

그런데 여기서도 매우 중요한 발견 사항이 있다. 앞의 〈표본평균들의 분산〉 값 0.625는 〈모집단의 모분산〉값 1.25의 1/2이란 점이다. 이 점에 착안하여 다음과 같은 공식이 도출된다.[2)]

$$\langle 표본평균들의\ 분산 \rangle = \frac{1}{2} \times \langle 모집단의\ 모분산 \rangle$$

$$\text{or}\ \langle 표본평균들의\ 분산 \rangle = \frac{1}{n} \times \langle 모집단의\ 모분산 \rangle$$

(단, 여기서 n은 〈표본의 크기〉를 나타내고, 이 경우 그 값이 2이다. 네 장의 카드에서 두 장 뽑은 경우.)

앞에서 몇 차례 언급하였듯이, 표준편차는 분산을 평방근(square root)한 값이라고 하였다. 그러므로 위의 공식은 다음과 같이 전환될 수 있다.

$$표본집단들의\ 표준편차 = \frac{\Sigma(모집단의\ 모표준편차)}{\sqrt{n}}$$

여기서 〈표본평균들의 표준편차〉는 앞으로 오렌지 농축액으로부터 오렌지 주스를 만들어내는 핵심적인 역할을 하는 개념이다. 그래서 이것을 특별히 평균들의 표준오차(standard error of means)라고 부르며, 줄여서 그냥 "표준오차"라고도 한다. 실질적으로 분산이나 표준편차보다 훨씬 더 중요한 역할을 하는 개념이다.

다시 한 번 확인하건대, 표준오차란 이론적으로 추출 가능한 모든 표본집단들 각자에 대해 평균값들을 구한 후, 이들이 〈표본평균들의 평균값〉과 얼마나 편차를 보이는지 측정한 값이다. 주요 특징으로는 표준오차는 모표준편차를 $\sqrt{n}$ 으로 나눈 값이다.

---

1) 여기서 사용된 기호에 매우 세심하게 유의하여야 한다. σ^2는 카드 4장으로 이루어진 모집단의 분산인 반면, σ_m^2는 16개의 표본집단에서 추출한 16개의 표본평균들이 〈표본평균의 평균($\overline{m}$)〉으로부터 얼마나 분산되어 있는지를 나타낸다. 16개 표본집단 모두를 대상으로 하여 분산을 구하였다는 점에서 그리스어 표기를 하였다.

2) 〈표본평균들의 분산〉은 전문용어로 평균분산(variance of means)이라고 한다.

여기서는 편의상, 4장의 카드로 이루어진 모집단에서 표본의 크기를 2로 하는 경우만 살펴보았다. 그러나 표본의 크기를 3 또는 4로 늘릴 수도 있으며, 그 경우에도 앞에서 발견한 사항들이 그대로 적용될 수 있다(윤기중, pp. 187-192 참고할 것).

3. 표본평균들의 분포 모습: 정규분포

앞의 실험은 4장의 카드를 모집단으로 하여, 표본의 크기를 2로 할 때, 추출가능한 모든 표본집단들을 찾아낸 후 표본집단별로 평균들을 계산하였다. 이제는 16개 표본평균들이 어떻게 분포하는지 그림표로 나타내보자.

〈그림 4-7〉의 가운데 그림표는 16개 표본평균들이 어떻게 분포하는지를 막대기로 횟수를 표시한 것이다. 즉, 표본평균값이 1~1.5 사이에 몇 개, 1.5~2 사이에 몇 개, 2.5~3 사이에 몇 개, 3~3.5 사이에 몇 개, 그리고 3.5~4.0 사이에 몇 개인가를 일일이 찾아서 그 개수를 막대로 표시한 것이다. 이런 표본평균값들의 분포 모양은 〈그림 4-7〉에 있는 모집단의 분포모양과 매우 다름을 알 수 있다. 표본집단들이 모두 이런 모집단에서 추출되었는데도 말이다.

이런 모양상의 변화를 일반화하면, 우리가 익숙하게 알고 있는 분포의 모양으로 변화한다. 정규분포(normal distribution)이다. 표본의 크기를 크게 하면 할수록 표본집단들이 평균값은 정규분포에 가까워진다.

통계학적으로 표현하자면, 표본의 크기가 30보다 크면 (즉, $n>30$) 대표본이라고 하는데, **대표본에서는 "표본집단들의 평균값"은 언제나 정규분포를 한다.** 모집단의 모양이 어떻게 생겼든 상관없다. 따라서 이 세상의 모든 분포는 표본추출 과정을 거치면, 그것의 "표본평균들"이 언제나 정규분포를 하게 된다.

이런 사실이 "예외 없이" 적용된다는 점도 중요하다. 이처럼 예외 없는 법칙이 존재한다면, 우리는 그것을 이용하여 농축액을 주스로 복원시킬 수 있다. 오렌지 농축액에 수분을 추가했는데, 어떤 때는 포도주스가 나오고, 어떤 때는 사과주스가 나오고 그러면 곤란하다. 오렌지 농축액으로부터는 오렌지 주스가 반드시 나온다는 확신이 있어야 대규모 공장을 건축할 수 있다. 정규분포는 그것이 예외 없이 언제나 적용된다는 보편성이 있으므로, 우리는 이 특성에 기대

그림 4-7 정규분포를 도출하는 과정

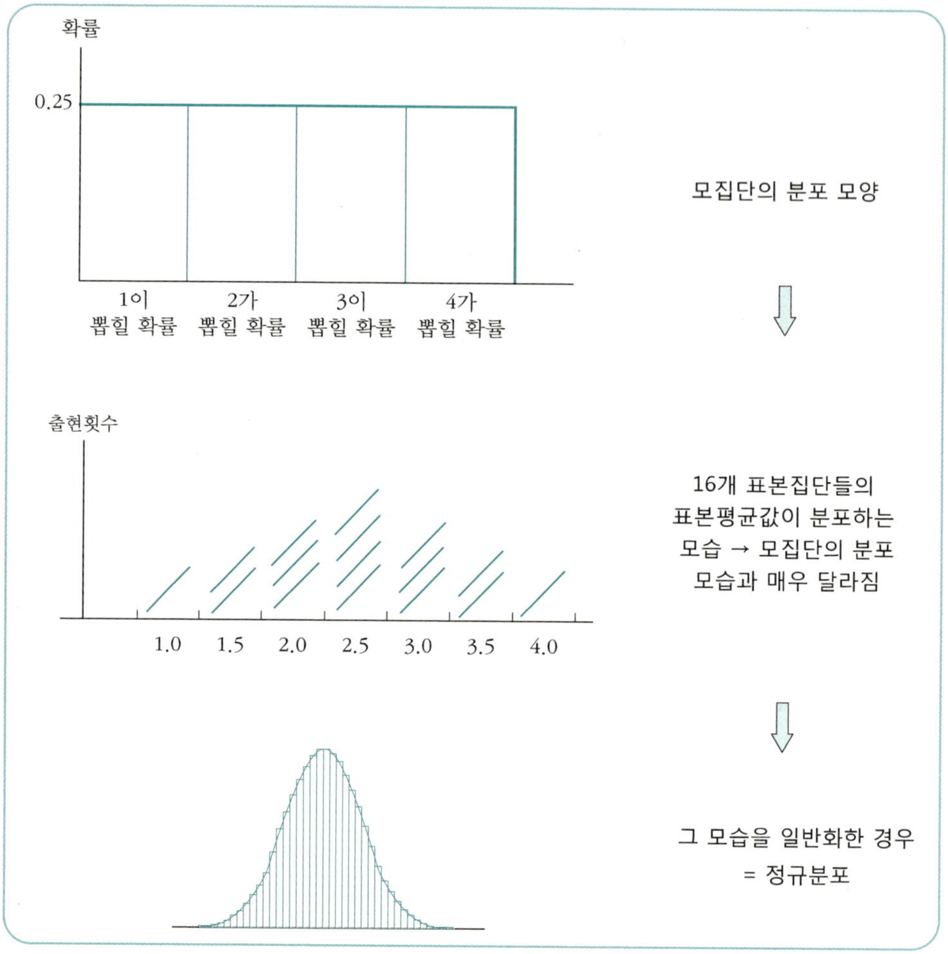

어 통계량을 모수로 복원시킬 수 있게 된다.

이 과정을 일반화하자면, 〈그림 4-8〉과 같이 표시할 수 있다.

그림 4-8 정규분포를 도출하는 일반과정 개념도

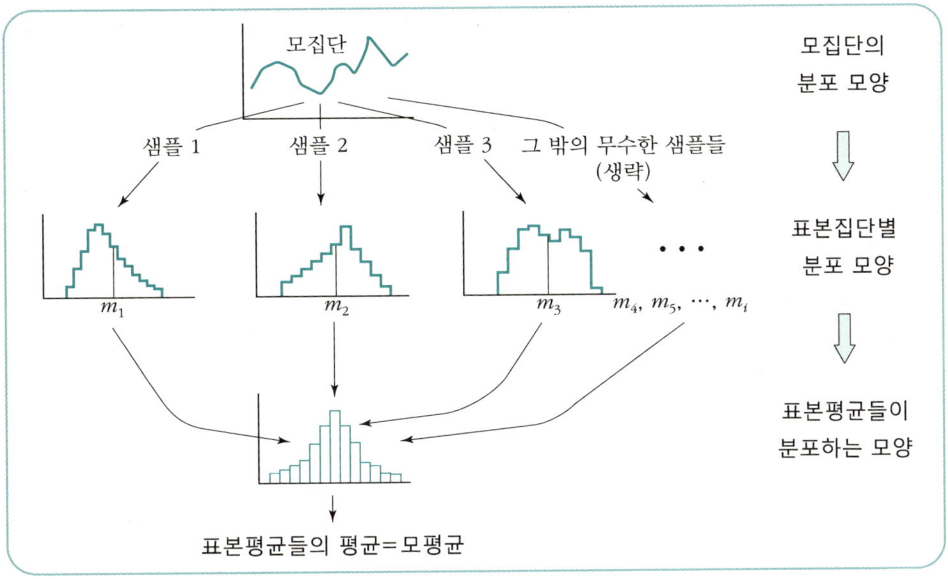

그런데 정규분포란 모집단이 어떤 모습으로 분포하는가와 상관없이, 그 모집단으로부터 추출한 표본집단들의 표본평균들이 어떻게 분포하는가를 나타내는 것이다. 표본의 크기가 크면 클수록 표본평균들의 분포 모습은 정규분포를 닮아가는데, 이런 법칙을 중심극한의 정리(central limit theorem)라고 한다.

모집단의 분포 모습과 상관없이 중심극한의 정리에 따라 모든 분포는 궁극적으로 정규분포(normal distribution)로 전환되기 때문에, 정규분포는 절대분포라고 부를 만하다.

제 4 절 요약

본 장에서는 중요한 내용들을 많이 배웠다. 따라서 이들을 다시 한 번 더 요약해서 살펴볼 가치가 있다.

① 모집단으로부터 추출 가능한 모든 표본집단을 추출한 후, 각 표본집단별로 평균값들을 구한다. 그런 다음, 이런 표본평균들을 크기별로 구분하여 분포하는 모습을 보면, 궁극적으로 정규분포를 한다.

② 위와 같은 사실에 예외가 없다. 모집단의 분포가 어떤 모양을 하고 있든 상관없이 위의 과정을 거치면 정규분포로 전환된다. 따라서 정규분포를 절대분포라고 할 수 있다.

③ 추출 가능한 모든 표본집단별로 평균값을 구한 후, 그 표본평균들의 평균값을 다시 구하면 그 값이 모집단의 평균값과 동일해진다($\overline{m}=\mu$).

④ 앞의 표본평균들로부터 분산을 구할 수 있는데, 이것을 평균분산(variance of means)이라고 한다. 그런데 평균분산의 값은 신기하게도 모분산값을 표본의 크기로 나눈 값과 같다.

$$\langle \text{표본평균의 분산} \rangle = \frac{1}{n} \langle \text{모집단의 모분산} \rangle$$

⑤ 표준편차는 분산을 평방근(square root)한 값이다. 따라서 위의 평균분산에 루트를 씌우면 〈표본평균들의 표준편차〉를 얻게 되는데, 이것을 특별히 표본평균들의 표준오차, 혹은 줄여서 표준오차(standard error)라고 한다.

$$\langle \text{표준오차} \rangle = \sqrt{n} \langle \text{모집단의 표준편차} \rangle$$

⑥ 이상의 발견 사항은 모든 경우에 동일하게 적용되며, 예외는 없다. 이처럼 예외 없는 법칙을 이용하여 농축액으로부터 오렌지 주스를 복원하게 된다.

연 | 습 | 문 | 제

01 다른 통계학책 등을 참고하여, 정규분포의 특징을 찾아보시오. 최소한 다섯 가지 이상의 특징을 제시하고 설명하시오.

02 정규분포의 여러 가지 특성들 중 단 하나의 특성만 위배하는 분포가 있다면, 그것은 정규분포인가 아닌가?

03 이 세상에서 모집단이 정규분포를 하는 사례를 세 가지만 들라면?

04 전국 모든 고등학생들의 영어 성적 분포는 정규분포인가, 아닌가?

05 전국 대학교 2학년 남학생들의 키(height)로부터 정규분포를 도출하는 과정을 설명하시오.

참고 위의 연습문제들 중 〈연습문제 3〉은 노림수를 숨기고 있는 문제이므로, 유의해서 답변하기 바란다.

부록 Excel로 정규분포 도출하는 맛을 보기

범용 소프트웨어인 Excel을 이용하여 정규분포를 도출하는 실험을 해보자. 결과는 정규분포와 조금 다른 분포 모양이 되겠지만, 이 실험을 통해 정규분포의 의의와 도출하는 과정을 "몸으로" 배울 수 있다.

우선, 모집단이 1부터 100까지 모두 백 개의 숫자라고 하자. 이들 백 개의 숫자들의 평균(모평균)값은 얼마인가? 또 모분산값은 얼마인가? 상식적으로 우리는 이 모평균값이 55라는 것을 알고 있다. 혹시 의심스러우면, Excel에서 1부터 100까지의 숫자를 (복사기능을 이용하여) 입력하고, @average 함수로 그 평균을 구해보기 바란다.

그러나 우리의 과제는 더 효율적인 방법이 있다면, 그 방식을 취하는 것이다. 1부터 100까지의 숫자들 중 단 3개를 무작위로 추출하여, 결과적으로 백 개 숫자의 평균을 알아맞히는 방법이 있다면, 그것이 더 효율적이다.

그런데 이 과업은 다음 제5장까지 학습하여야 수행할 수 있으므로, 여기서는 일단 정규분포를 도출하는 데까지만 실습한다.

Excel을 이용하여, 백 개의 숫자에서 3개를 무작위로(random) 추출하는 방법은 무엇일까? 그것은 @rand 또는 @randbetween 함수를 이용하는 것이다. 예를 들어 @randbetween(1,100) 함수를 적용하면, 1부터 100까지의 숫자들 중 무작위로 하나의 정수가 선택된다. 이 함수는 실행할 때마다 새로운 정수를 우리에게 알려준다.

그런데 백 개에서 3개를 추출하여 표본을 만든다면, 모두 몇 개의 표본이 생성될 수 있는가? 정답은 다음과 같이 1,650가지이다.

$$ {}_{100}C_3 = \frac{100!}{3!\,(100-3)!} = \frac{100\times99\times97\times96\times\cdots\ 3\times2\times1}{3\times2\times1\times97\times96\times\cdots\ 3\times2\times1} = 1{,}650 $$

너무 많다. 그래서 이 실험에서는 표본을 100개만 만들어서 실험하기로 한다.

Excel의 첫째 셀부터 셋째 셀까지 각각 @randbetween 함수를 적용하면, 이것이 하나의 표본이 된다. 이 표본을 "복사기능"을 이용하여 100개로 만든다. 그런 다음 각각의 표본에 대하여 @average 함수를 계산한다(넷째 열). 이것이 바로 표본평균들이며, 모두 100개가 도출된다.

88	73	71	77.33333
81	85	38	68
1	32	94	42.33333
27	58	54	46.33333
18	38	81	45.66667
76	13	57	48.66667
28	98	20	48.66667
41	21	88	50
61	72	84	72.33333
91	8	76	58.33333
61	12	71	48
76	87	13	58.66667
89	92	4	61.66667
54	72	68	64.66667
8	26	49	27.66667
85	86	14	61.66667
4	43	44	30.33333
72	50	87	69.66667
25	6	86	39
100	5	42	49
57	39	32	42.66667
78	32	52	54
36	6	40	27.33333
18	52	71	47
49	54	60	54.33333
24	94	44	54
20	92	13	41.66667
13	38	58	36.33333

38	88	71	65.66667
21	62	1	28
97	58	40	65
76	82	60	72.66667
1	63	69	44.33333
70	6	92	56
4	65	72	47
57	10	33	33.33333
18	73	72	54.33333
15	90	32	45.66667
24	100	13	45.66667
89	7	6	34
27	39	52	39.33333
70	19	43	44
92	8	64	54.66667
59	35	95	63
15	6	73	31.33333
100	18	7	41.66667
89	83	35	69
52	79	24	51.66667
39	96	65	66.66667
100	4	53	52.33333
70	6	27	34.33333
29	75	82	62
6	80	72	52.66667
100	23	23	48.66667
61	55	44	53.33333
84	60	27	57
83	62	63	69.33333
54	66	27	49
3	51	39	31
6	27	8	13.66667
46	15	58	39.66667
45	56	94	65
81	16	65	54
54	22	46	40.66667

18	68	22	36
6	17	67	30
63	31	6	33.33333
66	42	90	66
27	3	21	17
96	56	78	76.66667
84	56	53	64.33333
85	22	51	52.66667
73	29	50	50.66667
15	31	34	26.66667
36	18	57	37
30	46	60	45.33333
25	31	36	30.66667
34	10	18	20.66667
23	53	25	33.66667
51	81	69	67
96	49	28	57.66667
95	64	95	84.66667
88	19	3	36.66667
81	48	57	62
12	84	88	61.33333
50	54	45	49.66667
2	46	54	34
62	68	83	71
15	57	75	49
30	79	13	40.66667
71	26	48	48.33333
42	1	55	32.66667
13	50	94	52.33333
44	87	34	55
94	8	20	40.66667
34	5	17	18.66667
9	15	12	12
1	71	16	29.33333
23	79	97	66.33333
5	91	86	60.66667

표본평균들이 구해졌으면 이번에는 수작업으로 다음과 같은 표를 만드시오.

표본평균들의 범위	해당 범위 내 출현횟수
1에서 10 미만	0
10에서 20 미만	4
20에서 30 미만	6
30에서 40 미만	19
40에서 50 미만	25
50에서 60 미만	20
60에서 70 미만	20
70에서 80 미만	5
80에서 90 미만	1
90에서 100 미만	0

이 표를 다시 Excel을 이용하여 그림표로 그리면 다음과 같다.

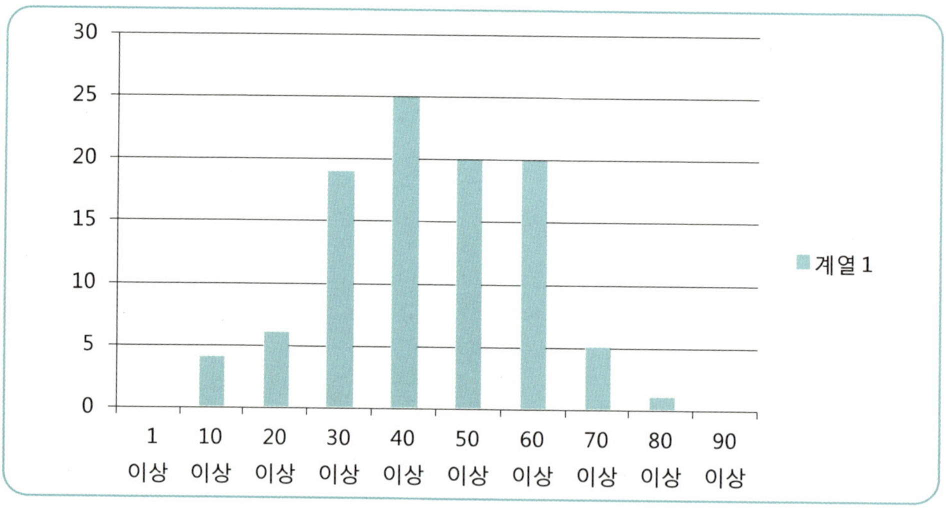

주: 세로축은 100개의 표본평균들 중 해당 범위에 속하는 표본평균의 숫자들임.

이 그림표를 보면, 정규분포와 일치되지는 않지만, 비슷한 모양을 취하고 있는 것을 알 수 있다. 정규분포하는 것이 이 세상의 어떤 현상이 아니라 표본 평균들이 정규분포한다는 것을 확인시켜 준다. 원래 정규분포는 확률 계산 수식에 의하여 도출되어야 하나, 대부분의 사회과학도들은 수학이 약하거나 혹은 싫어하기까지 하므로, 여기서는 편의상 이런 실험을 하게 되었다.

연 | 습 | 문 | 제

01 @randbetween는 계산할 때마다 매번 새로운 숫자를 무작위로 생성한다. 따라서 여러분들은 1부터 100 사이의 숫자들 중 3개로 이루어진 표본 100개를 새로 만들어, 표본평균들이 어떤 모습으로 분포하는지 직접 실행해보시오.

02 이번에서 1부터 100 사이의 숫자들 중 4개를 뽑아 표본집단 100개를 만들어 위와 같은 방식으로 정규분도를 도출해 보시오. 그리고 그 결과물이 〈연습문제 1〉과 비교할 때 어떻게 다른지 관찰하시오.

03 이번에는 표본의 크기를 5로 증가시켜 보시오. 그러면 결과물은 또 어떻게 달라지는가? 이런 변화들 속에서 어떤 법칙 같은 것이 발견되는가?

04 온전한 정규분포 모양을 그림표로 도출하기 위해서 Excel의 @normdist 함수를 이용해보시오. 이 함수의 구문은 @normdist(x, mean, standard deviation, false)이다. 여기서는 예제삼아, 평균을 0, 표준편차를 1이라고 가정한다. 우선 Excel의 첫 번째 셀(a1)에 −3.0을 입력한다. 두 번째 셀은 첫 셀에서 −0.2를 뺀 공식으로 입력한다. 그리고 이것을 복사하는데 +3.0이 될 때까지 마우스를 드래그한다. 그런 다음 옆 열에 @normdist(a1, 0, 1, false)를 입력하고, 이것을 복사한다. 복사된 수치를 "꺾은선 그래프" 또는 "막대그래프"로 나타내면, 다음과 같은 결과가 생성된다. 여러분들도 직접 실행해보시오.

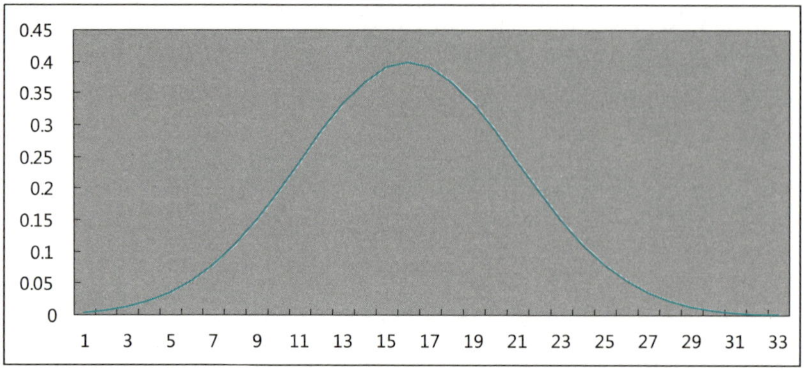

05 앞에서 1~100 사이의 숫자 3개를 뽑았을 경우, 표본평균들이 분포하는 모양은 정규분포와 유사한 느낌을 주지만, 동일하지는 않고, 어느 한 군데가 찌그러져 있다. 이에 비해 〈연습문제 4〉에서 도출한 그림표는 전형적인 정규분포의 모습을 하고 있다. 왜 그런 차이가 나타날까? 정답은 다음 제6장을 학습하면 저절로 알게 된다. 그러나 이 단계에서 왜 그럴까 하고 의문을 가져보고, 해결해보려고 노력해 볼 필요는 있다.

제 5 장 복원과정 2: 신뢰구간 추정법

제 1 절 정규분포의 특성

제4장에서는 모든 분포가 일정한 처리과정을 거치면 예외 없이 정규분포를 도출할 수 있게 됨을 살펴보았다. 본 장에서는 그러한 정규분포의 특징을 좀 더 살펴보고, 그렇게 함으로써 정규분포를 이용할 줄 아는 능력을 키우고자 한다.

정규분포의 일반 분포 모양은 〈그림 5-1〉과 같다. 정규분포의 외관상의 특징은 ① 연속선으로 이루어져 있으며, ② 봉우리가 하나인 좌우대칭형이고, ③ 양쪽 끝은 무한히 진행해도 절대로 x축과 만나지 않는다는 것이다.

그림 5-1 정규분포의 일반적인 모습

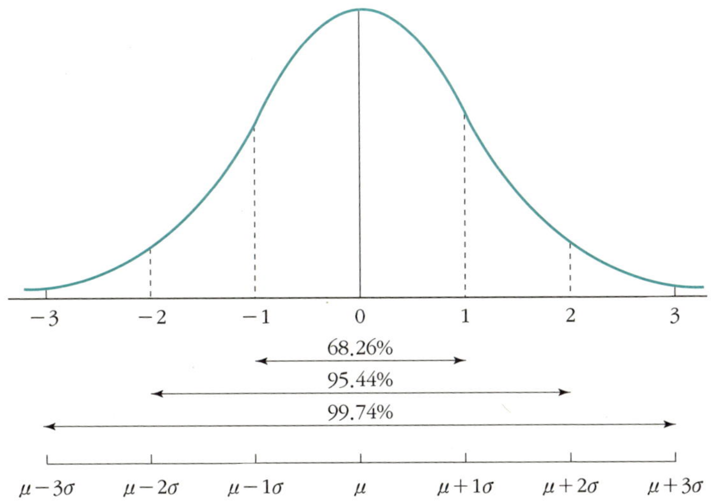

이러한 외형적인 특징보다 더 중요한 것은 정규분포의 수리적인 특성이다. 즉, x축과 정규분포 곡선 사이의 전체 면적을 100%라고 했을 때, 평균값을 중심으로 한 표준편차만큼 좌우로 벌렸을 때, 그 사이에 들어오는 면적이 언제나 68%라는 점이다. 또 평균을 중심으로 좌우 2표준편차 범위 안에 들어 있는 곡선 아래 면적은 전체 면적의 약 95%가 된다. 그리고 평균을 중심으로 좌우 3표준편차 범위 안에 들어 있는 곡선 아래 면적은 전체 면적의 99%가 된다.

즉, 변수 x가 정규분포를 하고 있다면, 다음과 같은 공식이 언제나 성립한다.

$$P[(\mu - 1\text{표준편차}) \leq x \leq (\mu + 1\text{표준편차})] = 0.68$$
$$P[(\mu - 2\text{표준편차}) \leq x \leq (\mu + 2\text{표준편차})] = 0.95$$
$$P[(\mu - 3\text{표준편차}) \leq x \leq (\mu + 3\text{표준편차})] = 0.99$$

(단, 여기서 P는 확률을 의미함)

그런데 위의 공식은 모집단이 정규분포를 하는 경우를 설명한 것인데, **현실세계에서 정규분포를 하고 있는 모집단은 존재하지 않는다.** 그러므로 위의 공식 그 자체로는 쓸모가 없다.

하지만 모집단으로부터 표본집단들을 추출하여 그것의 평균들을 도출하면, **표본평균들의 분포는 언제나 정규분포를 한다.** 따라서 위의 공식도 표본평균들의 정규분포에 맞도록 수정하면 다음과 같아지고, 드디어 정규분포의 쓸모가 생기기 시작한다.

$$P[(\overline{m} - 1\text{표준오차}) \leq x \leq (\overline{m} + 1\text{표준오차})] = 0.68$$
$$P[(\overline{m} - 2\text{표준오차}) \leq x \leq (\overline{m} + 2\text{표준오차})] = 0.95$$
$$P[(\overline{m} - 3\text{표준오차}) \leq x \leq (\overline{m} + 3\text{표준오차})] = 0.99$$

* 여기서 $\overline{m}$은 표본평균들의 평균을 의미함

(제4장에서 $\overline{m} = \mu$이며, 표본평균들의 표준오차는 모집단의 모표준편차를 $\sqrt{n}$으로 나눈 것이라고 하였다〈제4장 제3절의 (2) 참조〉.)

제 2 절 단판 승부

앞에서는 모집단으로부터 추출 가능한 모든 표본을 만든 다음, 각 표본들의 평균을 계산하고, 이 표본평균들이 분포하는 모양을 보면 언제나 예외 없이 정규분포를 한다고 하였다. 아주 훌륭한 발견이다. 그러나 이런 발견은 아직 실용적 가치가 없다.

우리는 보통 표본조사를 할 때 단 1회의 조사, 즉 단 한 세트의 표본집단만 추출하여 통계량을 측정한다. 추출가능한 모든 표본집단들을 다 만들어 이들 모두에 대한 통계량을 도출하지 않는다. 모든 표본집단을 다 조사한다는 것은 표본조사를 실시하는 근본적인 이유(간편성, 효율성)에 정면으로 배치된다. **우리는 모든 표본집단을 다 조사하는 것이 아니라 단 하나의 표본집단만 추출하여 이것에서 얻어진 통계량으로 모집단의 모수를 추정하고 싶다.** 즉, 단판승부를 벌이고 싶은 것이다.

아무리 슛을 잘 하는 농구선수라 할지라도, 단 한 번 시도에 3점 슛을 넣으라고 하면 이것은 쉬운 일이 아니다. 축구선수 베컴에게 단 한 번의 기회만 주

그림 5-2 베컴이 페널티킥을 실축하는 모습

고, 페널티킥을 성공시키라고 하면 실축할 가능성이 있다. 베컴은 세계적인 키커이기 때문에 패널티킥을 여러 번 차게 하면 매우 뛰어난 성공률을 보일 것이다. 그러나 단 한 번만 기회를 준다면, 사정은 달라진다.

페널티킥을 실축하는 베컴처럼, 우리도 이론적으로 가능한 수많은 표본집단들 중에서, 오직 하나의 표본집단을 추출하여 통계량을 측정하고, 그것을 가지고 모집단의 모수를 추정한다. 예를 들어, A 대학의 1만 명 남학생들 중에서 표본크기 5인 표본집단을 하나 선정하여 표본평균값을 산출해놓고 보니 195cm가 될 수도 있다. 우연히 그 대학의 농구선수 5명만으로 이루어진 표본이 만들어진 것이다. 이런 경우가 자주 있을 수는 없겠지만, 어떻든 발생하지 말라는 법은 없다.

단 하나의 표본집단으로부터 얻은 통계량으로 정확히 모집단의 모수를 알아낼 수 있을까? 이것이 문제로다.

단 하나의 표본만 가지고 모집단의 모수를 추정하는 단판 승부를 벌이는 것이 현실세계이다. 그렇다면 이런 단판 승부에서 언제나 승리하려면 어떻게 해야 하는가? 다음과 같이 새로운 장치가 하나 더 필요하다.

제 3 절 Bull's Eye와 Strike Zone

1996년 애틀란타 올림픽 경기에서 양궁의 김경옥 선수가 과녁의 정중앙(bull's eye)을 연달아 두 번 맞추고 우승했었다.

이왕 양궁 얘기가 나왔으니, 표적과 득점 규정을 알아보자. 양궁 선수가 정중앙(bull's eye)을 맞추면 당연히 만점인 10점을 받는다. 그러나 정중앙이 아니라 정중앙에 아주 가까운 부분을 맞추면 그때도 10점으로 처리한다. 즉, 정중앙을 조금 벗어났다 하더라도, 중앙의 노란색 동그라미 안에 들어가기만 하면, 정중앙을 맞춘 것으로 인정해주어 동일한 10점을 부여하는 것이다. 그것은 경기장

•• 그림 5-3 **날아가는 화살과 과녁**

출처: 대한양궁협회 홈페이지

의 길이, 바람, 관중, 경쟁심리 등을 고려할 때 합리적인 처사라고 생각된다.

야구의 경우에도, 투수가 정중앙으로 던져야만 스트라이크를 잡는 것이 아니다. 일정한 범위의 스트라이크 존에만 던져 넣으면 정중앙에 던진 것이나 마찬가지로 스트라이크로 인정해준다(오히려 일급 투수들은 정중앙에 공을 던져서 홈런을 맞는 선수가 아니라, 스트라이크 존을 살짝 살짝 벗어나는 볼을 던지는 선수들이다).

즉, 미리 정해 놓은 일정 범위 내에만 들어오면 정중앙을 맞춘 것이나 다름없이 스트라이크로 판정한다. 사람 사는데 약간의 오차는 인정해줘야 하기 때문이다. 그렇지 않고 정중앙에 들어 온 공만 스트라이크로 판정한다면, 모든 타자는 스윙을 하지 않고 걸어 나가기만 기다릴 것이다. 그래서는 야구가 재미가 없어진다.

이와 마찬가지로, 우리가 단 1회의 표본조사를 해서 표본평균값(m)을 찾아내었을 때, 그것이 모평균값(μ)과 아주 일치하지는 않더라도, 크게 차이가 나지 않으면 모평균 값과 유사한 것으로 처리해줄 필요가 있다.

그러나 타자가 안타를 칠 수 없을 정도로 엉뚱하게 던진 공을 스트라이크로 잡아주어서도 곤란하다. 이런 경우에도 야구가 재미없어 지기 때문이다. 이와 마찬가지로 모평균값과 너무 차이가 나게 다른 표본평균값을 모평균값과 동일한 것으로 인정해 줄 수는 없다.

그렇다면 투수가 던진 공이 정중앙에서 어느 정도 벗어날 때까지만 스트라이크로 인정되는가? 그것은 야구협회가 미리 정해놓은 기준에 따라야 한다. 이와 마찬가지로 단 1회만 조사한 표본평균값이 모평균으로부터 얼마만큼 차이가 날 때까지, 양자가 동일하다고 인정받을 수 있는가? 이것 역시 학자들이 미리 정한 기준에 따라야 한다.

스트라이크 여부는 규정을 참고하여 심판이 판정한다. 모수 추정 여부도 통계학 관행에 따라 판정된다. 일반적으로 다음과 같은 기준이 통용된다.

통계학적인 판정기준

① 측정된 표본평균값이 모평균값과 아주 근사하다면, 양자는 유사한 것으로 인정받는다.

② 측정된 표본평균값이 모평균값과 다소 차이가 나지만, 그 차이가 1표준오차 이내라면, 크게 차이가 난다고 볼 수 없으므로 두 개가 유사한 것으로 인정한다.

③ 만약 측정된 표본평균값이 모평균값과 2표준오차 이내로 차이가 난다면, 그 때도 양자가 유사한 것으로 인정하는 것이 일반적이다. 특히 사회과학 분야에서는 이 정도의 차이는 별 차이가 아닌 것으로 본다.

④ 그렇다면 측정된 표본평균값이 모평균과 3표준오차보다 훨씬 더 큰 차이가 난다면? 이때는 그 차이가 너무 커서 표본평균값과 모평균값이 같다고 보기 어렵다. 서로 다르다고 판정하는 것이 보편적이다.

⑤ 만약 측정된 표본평균값과 모평균값과의 차이가 2표준오차보다는 크지만 3표준오차보다는 작다면, 어떻게 판정하여야 하는가? 이때는 심판에 따라 다른 판정이 나올 수 있다. 어떤 심판은 너무 큰 차이가 난다고 하고, 또 다른 심판은 그 정도 차이는 별 것 아니라고 생각한다. 그래서 이런 경우에는 정도 차이가 나는 것을 명기한 후 각자의 판단에 맡기도록 한다(그러나 관행적으로, 표본평균값이 모평균값으로부터 2표준오차 이상 차이가 나는 경우, 너무 차이가 많이 나서 두 개가 동일하지 않다고 판정하는 경우가 훨씬 더 많다).

그런데 앞에서 정규분포의 특성을 설명할 때, 모평균으로부터 1표준오차 범위 내의 면적이 정규분포 전체 면적의 68%라고 하였다. 모평균으로부터 2표준오차 범위 내의 면적은 95%라고 했고, 3표준오차 범위 내의 면적은 99%라고 하였다.

그러므로 한 번 조사한 표본평균값(투수가 한 번 던진 공의 위치)이 모평균값(정중앙)으로부터 2표준오차 범위 이내에 있을 때 스트라이크로 인정한다면, 투수가 던진 공의 95%가 스트라이크라는 말인가? 심판이 너무 관대한 것 아닌가?

그렇지 않다. 그 이유를 보도록 하자. 양궁의 경우, 과녁판 자체는 크다. 그러나 이 과녁판을 75m 밖에서 보면 매우 작다. 보통 사람은 과녁판 자체를 맞추지 못한다. 그런데 만점을 나타내는 노란색 동그라미는 매우 작아서, 시력이 좋은 사람이라야 알아볼 만하다. 따라서 통계학에서 2표준오차만큼의 오차는 큰 차이가 아닌 것으로 인정하는 것은, 그렇게 큰 혜택을 주는 것이 결코 아니다.

제 4 절 모수의 신뢰구간 추정법

이제 단 한 번의 표본조사로 얻어진 단 한 개의 통계량을 가지고, 모집단의 특성을 나타내는 모수를 추정해보기로 하자. 설명의 편의를 위해, 여기서는 평균값만 고려하기로 한다. 즉, 하나의 표본집단으로부터 얻은 단 하나의 표본평균값을 가지고 모집단의 모평균값을 추정하는 방법을 배운다.

표본평균값 · 모평균값일 확률이 95%
다음 조건을 충족시킨다면,
(표본평균값 − 2 × 표준오차 ≤ 모평균값 ≤ 표본평균값 + 2 × 표준오차)

이를 기호로 나타내면 다음과 같다.

$$m \fallingdotseq \mu, \text{ if } \mu - 2 \times \frac{\sigma}{\sqrt{n}} \le m \le \mu + 2 \times \frac{\sigma}{\sqrt{n}}$$

$$\text{or}\quad -2\times\frac{\sigma}{\sqrt{n}} \le m-\mu \le \mu+2\times\frac{\sigma}{\sqrt{n}}$$

$$\text{or}\quad -m-2\times\frac{\sigma}{\sqrt{n}} \le -\mu \le m+2\times\frac{\sigma}{\sqrt{n}}$$

부호를 정리하기 위해, 부등호 양쪽에 (-1)을 곱하면,

$$m+2\times\frac{\sigma}{\sqrt{n}} \ge \mu \ge m-2\times\frac{\sigma}{\sqrt{n}}$$

일반적으로 많이 쓰는 양식으로 다시 정리하면,

$$m \fallingdotseq \mu,\ \text{if}\quad m-2\times\frac{\sigma}{\sqrt{n}} \le \mu \le m+2\times\frac{\sigma}{\sqrt{n}}$$

이제 하나의 표본평균(m)을 가지고 모집단의 평균(μ)을 추정하는 공식을 얻게 되었는데, 아직도 한 가지 처리해야 할 문제가 남아 있다. 앞의 공식에서, 표준오차의 값을 알려면 모집단의 표준편차인 σ의 값을 알아야 한다. σ의 값을 계산해내기 위해서는 모집단의 평균값 μ를 알아야 하는데, 만약 모집단의 평균 μ를 알고 있다면, 굳이 위와 같은 복잡한 공식을 쓸 필요가 없다. 이미 알고 있는 μ의 값을 알아내기 위해, 복잡한 공식을 거쳐 μ의 추정치를 알아낸다는 것은 논리적으로 말이 안 된다.

이런 문제를 해결하기 위해, 여기서 마지막으로 현실적인 타협을 한다. 즉, 모집단의 표준편차와 한 표본집단에서 얻은 표준편차가 유사하다고 가정하는 것이다(가정: $\sigma \fallingdotseq s$). 이러한 가정은 앞의 양궁 사례에서 점수를 부여하는 방법이나 야구에서 스트라이크 존을 운영하는 방법처럼, 상식적으로 양해될 수 있는 것이다. 여기에는 두 가지 이유가 있다.

첫째, 경험적으로 볼 때, 모집단의 표준편차와 표본집단의 표준편차는 큰 차이를 보이지 않는다. 그 이유는 표준편차를 도출하는 공식의 분모에 모집단의 크기(N) 또는 표본의 크기(n)가 사용되는데, 분모로 나눠주는 효과 때문에 전체적으로 큰 차이가 나지 않게 된다.

둘째, 설사 모집단의 표준편차(σ)와 표본집단의 표준편차(s)가 상당한 차이가 난다 해도 염려할 필요가 없다. 왜냐하면, 위의 공식에서는 표준오차가 사용

되고 있는데, 이것은 표준편차를 $\sqrt{n}$ 으로 나눈 값이다. 즉, σ와 s가 다르다 하더라도, 이것을 $\sqrt{n}$ 으로 나누게 되면, 둘 간의 차이는 상당히 많이 줄어들게 된다. 특히 표본의 크기가 30보다 클 때($n>30$), 이것을 대표본(大標本)이라고 하는데, 대표본에서는 이런 차이 감소 효과가 크다.

이런 두 가지 이유 때문에 통계학에서는 σ 대신 s를 사용하여도 무방하다는 결론에 이르게 된다. 아주 정밀한 수학공식이란 관점에서 보면, 일종의 편법을 사용하는 것이다. 그러나 그 결과는 매우 훌륭하다. 우리는 σ 대신 s를 사용함으로써 다음과 같은 추정공식을 현실 세계에서 마음 놓고 사용할 수 있게 되었다. 단 하나의 표본집단으로부터 우리는 m, s, n에 관한 정보를 얻기 때문에, 다음 공식에 의하여 미지수 μ를 찾아낼 수 있게 된다.

$$m-2\times\frac{s}{\sqrt{n}}\leq\mu\leq m+2\times\frac{s}{\sqrt{n}}$$

(모평균 μ는 위 공식의 하한값과 상한값 사이에 존재할 확률이 대략 95%이다)

그런데 Kmenta(1986, p. 94)에 의하면 위 공식에 의해 실제 계산되는 "하한값과 상한값 사이의 면적"은 정확하게 95%가 아니라 95.44%이다. 따라서 이를 정확하게 95%로 보정하기 위해서는, 위의 신뢰구간 추정공식을 다음과 같이 수정하여야 한다. 실제로 다음 공식이 공인된 95% 신뢰수준에서의 신뢰구간 추정공식이다.

신뢰구간 추정공식

$$m-1.96\frac{s}{\sqrt{n}}\leq\mu\leq m+1.96\frac{s}{\sqrt{n}}$$

해석: 모평균 μ는 위 공식의 하한값과 상한값 사이에 존재할 확률이 정확하게 95%이다.

이 미지수 μ는 모집단의 특성을 나타내는 모평균으로서, 우리가 알고 싶어 하는 것이다. 물론 직접 관찰하기 어렵기 때문에 표본집단을 통해서 얻어낸 통계량 정보로 추정해낸 값이기는 하지만, 우리가 궁극적으로 알고 싶어 하는 정보가 바로 이것이다.

오렌지 주스를 만드는 사례에 비유하자면, 신뢰구간 추정공식은 바로 농축액에 수분을 추가하는 공정에 해당한다. 그리고 최종적으로 얻어낸 모수 μ는 우리가 마시고 싶어 하는 오렌지 주스 상품이 된다.

그런데 모수 μ는 단 하나의 수치로 추정되지 못하고, "일정한 범위(신뢰구간: confidence interval) 내에 속하는 어떤 수치일 가능성이 95%이다"라는 식으로 추정된다. 즉, **우리는 모수 자체를 추정하는 것이 아니라 모수가 존재할 확률이 있는 범위를 추정해내는 것이다.** 이것은 마치 우리가 회사에서 파는 오렌지 주스를 마시면, 집에서 직접 짜낸 오렌지 과즙과 맛이 조금 다른 것과 같다. 그러나 약간의 맛과 향을 희생하는 대신 수많은 사람들이 플로리다산 오렌지로부터 주스를 편리하고 값싸게 사서 마실 수 있게 된 것이다.

만일 농축액을 만드는 공정이 없었다면, 우리는 오렌지 주스를 지금보다 훨씬 비싼 가격에 마시지 않을 수 없다. 모집단의 모수에 대한 신뢰구간 추정법이 없다면, 우리는 단 하나의 표본집단을 통해 거대한 모집단의 특성을 추정할 수 없게 되고, 그 결과 필요한 정보를 얻기 위해 엄청나게 더 비싼 비용을 치러야 한다. 아니면 그런 정보 얻기를 포기하고 살아야 할지도 모른다.

표 5-1 지금까지 배운 내용의 요약

압축과정	오렌지에서 탈수	표본추출
	농축액으로 농축	표본으로부터 통계량(평균, 분산, 표준오차 등) 도출
복원과정	수분추가, 향신료 추가해서 오렌지 주스로 복원	정규분포의 특성을 이용한 신뢰구간추정법으로 모수가 존재할 범위를 추정

연 | 습 | 문 | 제

01 아래 그림표에는 세 가지 서로 다른 모양의 분포들이 있다. 이들 중 정규분포를 나타낸 것과 정규분포가 아닌 것을 구별하시오.

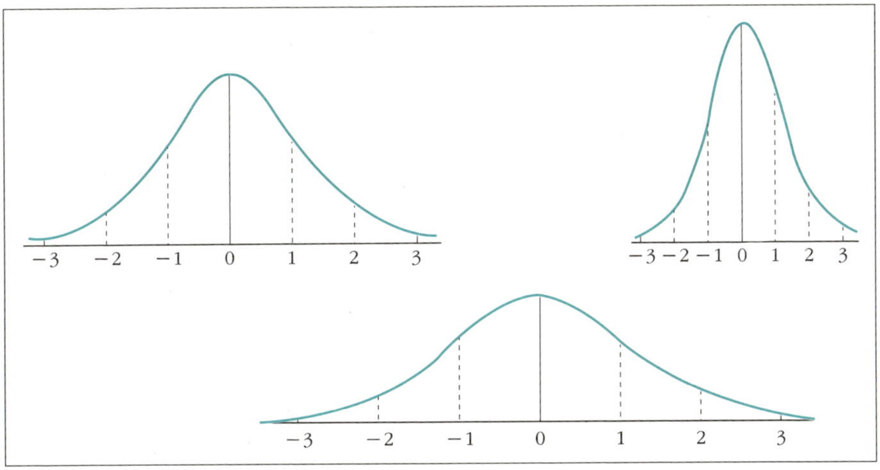

해설 위의 분포 그림 세 가지는 모두 다 정규분포이다. 형태적 특징도 그렇고, 평균을 중심으로 각각 좌우 1표준오차, 2표준오차, 3표준오차 범위 안에 들어오는 면적이 전체 면적의 68%, 95%, 99%가 되기 때문이다. 단지 표준오차의 크기가 달라서, 뾰족한 모양 또는 넙적한 모양으로 보일 뿐이다.

제 6 장 표준화와 t-분포

제 1 절 정규분포의 문제점

앞의 제5장에 설명한 것처럼 정규분포는 놀라운 특성들을 지니고 있다. 그 중에서도 모평균을 중심으로 좌우 일정 표준편차만큼 벌린 면적이 항상 전체 면적의 일정 %를 유지한다는 점이 가장 중요하다.

그런데 이런 놀라운 정규분포도 약점이 두 가지 있다.

첫째는 대표본일 경우에만 표본평균들이 정규분포를 한다는 점이다. 대표본이란 표본의 크기가 30보다 클 경우를 말하는데, 앞장에서 Excel로 정규분포를 구하는 실험을 한 경우는 표본의 크기가 3 또는 4로서 대표본이 아니다. 그래서 결과물이 정규분포와 비슷하기는 하지만 정규분포와 똑같은 모양이 나오기 어렵다(예, 좌우 비대칭).

일반적으로 사회조사를 할 때는 표본의 크기가 1,000에서 2,000 정도이므로 대표본이므로 당연히 표본평균들이 정규분포할 것으로 가정할 수 있다. 그러나 의학에서 신약실험을 할 때는 많은 표본을 사용할 수 없을 때가 있다. 즉, 10명에서 20명 정도의 표본을 가지고 연구할 때도 많다. 이럴 때는 표본평균들이 정규분포를 한다는 가정이 성립되지 않으므로 자연히 신뢰구간추정법을 사용할 수 없고, 그 결과 모평균의 범위도 추정하지 못하게 된다. 우리는 이런 문제를 해결해 줄 새로운 장치가 필요하다.

질문

표본의 크기가 대표본이 될 수 없는 경우를 세 가지 이상 찾아보시오(예, 연간 데이터가 10년치 있다면, 표본의 크기는 10밖에 안 되어 소표본이 된다).

둘째는 테크니컬한 문제이다. 최근에야 컴퓨터 처리용량과 속도가 빨라져서, 수식을 계산하는 데 불편함이 없다. 그러나 정규분포의 일반함수를 보면, 다음과 같이 매우 복잡하다. 컴퓨터가 없던 시절에 다음 함수를 손으로 계산하려면 엄청난 수고를 해야 했다. 그래서 통계학자들은 정규분포를 대체할 좀 더 간편한 공식은 없는가 고민하게 되었고, 이런 고민을 Gosset가 t-분포를 제안함으로써 해결하였다.

정규분포의 일반공식

정규분포의 확률밀도함수: $f(x, \mu, \sigma) = \dfrac{1}{\sqrt{2\pi}\,\sigma} e^{-\frac{(x-m)^2}{2\sigma^2}}$

(여기서 μ는 평균, σ는 표준편차, π=3.141592…,
e는 자연상수 또는 초월수로서 2.7182…)

정규분포는 대표본이어야 한다는 점과 계산식이 복잡하다는 두 가지 약점이 있다. 이런 약점을 보완해주는 것이 t-분포이다. 그런데 t-분포가 어떻게 만들어졌는지 이해하기 위해서는 "표준화"(standardization)라는 개념을 학습하여야 한다.

제 2 절 표준화

UNICEF(유엔 아동기금, United Nations International Children's Emergency Fund)는 세계 각국에서 어린이돕기 모금을 한다. 다국적인으로 구성된 한 모임에서 UNICEF가 모금운동을 하였다. 그 결과가 다음과 같았다면, UNICEF는 도대체 얼마를 모금한 것일까?

1,000,000원 (한국)
300,000엔 (일본)
3,000달러 (미국)
1,000파운드 (영국)
4,000유로 (EU)

화폐 단위가 서로 달라서 계산을 할 수 없다. 그런데 총액을 알려면, 이 모든 금액들을 U.S. 달러로 환산을 하면 된다. (기축통화)

1,100,000원 (한국) -------------------〉 USD 1,000
300,000엔 (일본) ---------------------〉 USD 3,000
3,000달러 (미국) ---------------------〉 USD 3,000
1,000파운드 (영국) --------------------〉 USD 1,500
4,000유로 (EU) ----------------------〉 USD 5,200

합계: USD 13,700

(2013년 5월 기준)

이처럼 서로 다른 화폐를 특정한 기축통화로 환산해주는 역할을 하는 것이 환율(exchange rate)이다. 한국 원화에 환율을 **곱하면** USD로 환산이 된다. 그런데 통계학에서 환율과 같은 역할을 하는 것이 바로 "표준화"이다. 또는 원화를 "환율의 역수"로 **나누면, 즉, 환율로 곱하면** 역시 동일한 USD 값으로 환산되듯이, 통계학에서 모든 숫자를 표준편차로 나누면, 이 숫자들은 표준화되었다고 한다.

어느 남자 대학생의 키가 175cm라고 하자. 그의 키는 미터법으로 표시할 때는 175cm이지만 이것을 표준화된 수치로 바꿀 수 있다. 예를 들어, 이 남자 대학생이 속한 집단의 평균키가 173cm이고, 표준편차가 2cm라면, 그의 표준화된 키는 1이다.

$$\frac{(175-173)\text{cm}}{2\text{cm}}=1$$

앞으로 그의 키는 175cm라고 부를 수도 있고, 표준화하여 그냥 1이라고 할 수도 있다(단위도 없어짐. 위 산출식에서 분자와 분모에 있는 cm가 서로 상쇄되어 없어짐).

표준화하면 단위가 없어진다는 점도 매력적이다. 우리는 키와 몸무게를 합산할 수 없다. 키는 cm로 표시되고, 몸무게는 kg으로 표시된다. 따라서 이 둘을 단순 합산한다는 것은 무의미하다. 즉, 키 175cm, 몸무게 70kg일 때, 두 숫자를 합한 245란 의미가 모호하다. 측정단위가 불일치 하기 때문이다. 그러나 키와 몸무게가 각각 표준화되면, 우리는 키와 몸무게를 합산한 어떤 수치를 도출할 수 있다.

키 175cm:	집단의 평균=173cm,	표준편차=2cm:	표준화한 값=1
몸무게 70kg:	집단의 평균=65kg,	표준편차=2.5kg:	표준화한 값=2
			합계=3

제 3 절 t-분포

1. t-분포의 특징과 도출과정

지금껏 절대분포는 정규분포(normal distribution) 하나만 있다고 암묵적으로 설정하였다. 그러나 절대분포에는 정규분포 말고도 몇 가지 분포가 더 있다. 그 중에 하나가 t-분포라는 것이다.

t-분포는 정규분포가 갖고 있는 몇 가지 문제점을 해결해준다. 그런 한편 정규분포보다 계산과정이 훨씬 간편하고, 결과는 정규분포와 거의 동일하다는 장점이 있다. 그래서 실제로는 정규분포보다 t-분포를 훨씬 더 많이 사용하고 있다.

정규분포가 갖고 있다는 문제는, 그것을 이용하여 신뢰구간을 추정하려면 모집단의 표준편차(σ)를 알아야 하는데, 그것을 알 수 없기 때문에 부득이 표본집단의 표준편차(s)로 대용을 한다는 점이다. 제4장 제3절에서 표본의 크기가 크다면($n>30$), σ 대신 s를 사용하여도 큰 문제가 없는 이유들을 설명하였다. 그러나 만일 표본의 크기가 작다면, 문제가 생길 소지가 조금은 있다. 이 문제를 근본적으로 해결하기 위해서는, 신뢰구간추정법에 σ가 아예 포함되지 않도록 해야 한다.

이런 과제를 해결한 것이 W. S. Gossett이다. 그는 흑맥주로 유명한 아일랜드의 Guiness 양조회사에 근무했었는데, 회사규정상 외부에 논문을 발표할 수 없었다고 한다. 그래서 그는 〈Student-t〉라는 필명으로 논문을 발표했고, 그의 발견은 그 후 t-분포라고 불리게 되었다(Mirer, 1995: p.218).

Gossett는 "t"라고 하는 새로운 통계량을 다음과 같이 정의하였다.

$$t=\frac{\text{한 표본집단의 표본평균이 모평균으로부터 얼마나 떨어져 있는가}}{\text{한 표본집단의 표본분산이 모분산으로부터 얼마나 떨어져 있는가}}$$

$$=\frac{\text{한 표본집단의 표본평균이 모평균으로부터 몇 표준편차 거리에 있는가}}{\text{한 표본집단의 표본분산이 모분산으로부터 몇 표준편차 거리에 있는가}}$$

$$=\frac{\text{표준화된 표본 평균값}}{\text{표준화된 표본 분산값}}$$

위 공식에서 〈분자〉에 해당되는 내용을 모집단의 표준편차로 "표준화"하여 재정의하면, 모표준편차가 분자와 분모에 모두 사용되어, 서로 상쇄가 된다. 그 결과 t값은 아래와 같이 간략한 공식으로 표시된다(공식 도출과정은 수학적 연산을 필요로 하므로 여기서는 생략하도록 한다. 그러나 거의 대부분의 통계학 책에 그 과정이 수록되어 있으므로, 관심 있는 학생은 어렵지 않게, t값 도출 공식을 찾아볼 수 있다).

$$t = \frac{m - \mu}{s/\sqrt{n}}$$

모집단으로부터 무수히 많은 가짓수의 표본집단들을 만들어낼 수 있다. 그러면 각 표본집단마다 표본평균을 구할 수 있는데, 그것은 위의 공식에 따라 t-값으로 전환될 수 있다. 표본집단마다 서로 다른 t-값이 찾아진다면, 이들을 도수분포표(또는 막대그래프)로 정리할 수 있고, 궁극적으로는 t-분포를 구할 수 있게 된다. 이런 t-분포 도출과정은 정규분포 도출과정과 거의 동일한데, 유일하게 다른 점이 있다면, 정규분포에서는 표본의 평균(m)을 그대로 이용해서 만든 것이고, t-분포는 표본평균(m)을 t-값(t)으로 전환하는 과정이 하나 더 들어 있을 뿐이다(〈그림 6-1〉 참조).

그림 6-1 t-분포 도출과정

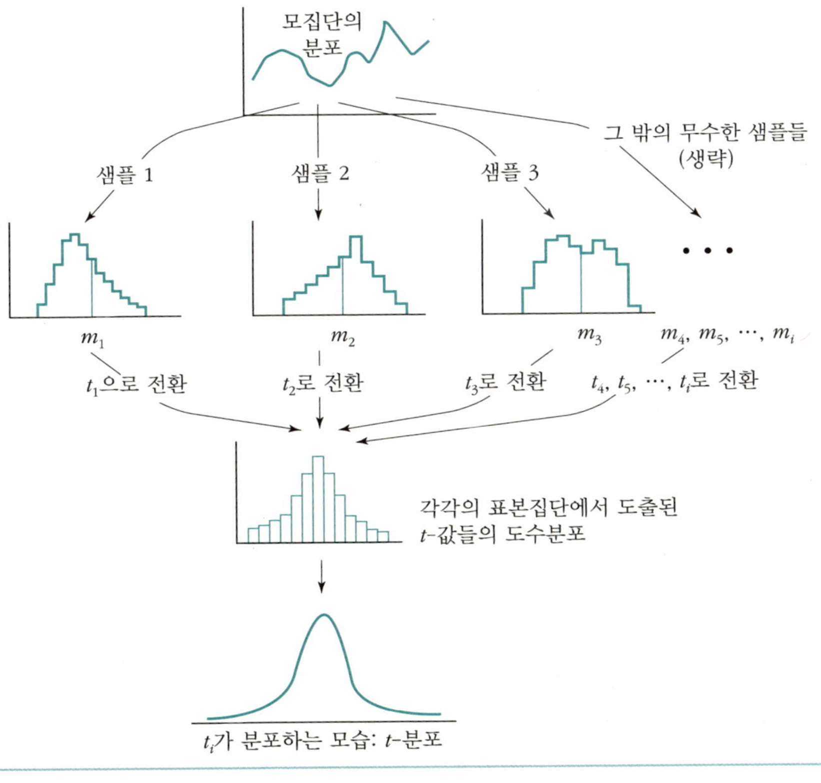

그림 6-2 **정규분포와 t-분포**

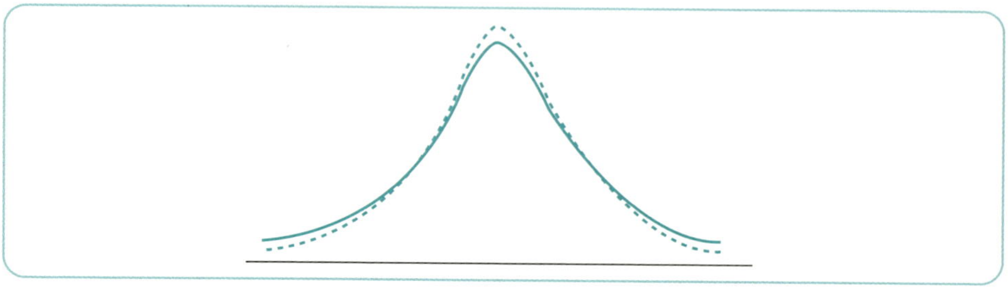

주: 실선은 t-분포, 점선은 정규분포이다.($n=10$, $df=8$)

〈그림 6-1〉에서 보는 것처럼, t-분포를 도출하는 과정이 정규분포를 도출하는 과정과 거의 동일하다. 단지 표본평균들을 표준화하는 과정이 하나 더 추가될 뿐이다.

따라서 t-값으로 이루어진 t-분포의 속성 또한 정규분포의 그것과 거의 비슷하다. 〈그림 6-2〉에서와 같이, 두 분포가 생긴 모양뿐 아니라 특성도 거의 동일하다.

〈그림 6-2〉는 t-분포와 정규분포를 비교하여 보여준다. t-분포는 실선으로 표시되고, 정규분포는 점선으로 표시되어 있다. 이 그림에서 눈으로 확인할 수 있듯이, t-분포는 정규분포에 비하여, 양쪽 꼬리 부분이 조금 더 뚱뚱하며, 그 대신 봉우리 부분이 조금 더 낮다는 점을 제외하면, 정규분포와 흡사하다.[1)]

이처럼 t-분포는 정규분포와 거의 동일한데다가 몇 가지 장점을 더 갖추고 있다. ① 계산 공식이 간편하고, ② 표본의 크기가 30 이하로 작아도 문제가 안 되며, 다른 무엇보다도 ③ 모집단의 모분산을 몰라도, 표본집단에서 도출한 표본분산(또는 표준편차)을 사용하여도 된다는 논리적 장점이 있다. 따라서 실제 분석에 있어서는 정규분포보다 t-분포를 훨씬 더 많이 사용한다.

---

1) 자유도가 커짐에 따라 t-분포는 정규분포와 거의 일치한다. 그러나 자유도가 작아질수록(쉽게 말해 표본의 크기가 작아질수록), t-분포는 정규분포와 조금씩 차이가 난다.
자유도는 원래 카이 자승 분포를 구할 때 사용되는데, 자유도가 t-분포에서도 사용되는 이유는, t-값을 구하는 공식의 분자는 정규분포에서 도출하였고, 분모는 카이 자승 분포로부터 도출하였기 때문이다. 카이 자승 분포는 제11장 교차표분석에서 설명한다. 따라서 여기서는 잠정적으로 자유도를 구하는 공식만 소개한다.

2. 자유도

t-분포는 정규분포와 거의 비슷한 특성을 가지고 있다고 하였다. 그러나 정규분포는 단 하나만 존재하지만, t-분포는 자유도에 따라서 조금씩 그 모양이 달라진다는 새로운 문제를 감안해야 한다.

자유도란 "주어진 조건 하에서 자유롭게 변화할 수 있는 점수, 변인의 수를 말한다." 기호로는 df라고 표시한다. 예를 들어, 4명의 학생이 있을 때, 이 4명의 학생들에게 자신이 좋아하는 학생을 1명씩 선택하라고 한 경우 각 학생이 자유롭게 선택할 수 있는 대상은 자신을 제외한 3명이므로 자유도는 $N-1=4-1=3$이다. 이 경우 4명은 사례수(N)가 되고, 1명을 선택하는 의미에서 1은 선택할 때의 제한조건의 수이다. 제한조건의 수를 k라고 하면 자유도의 일반공식은 $df=N$(사례수)$-k$(통계적 제한조건의 수)이다.(두산백과)

$$df = N - k$$

정규분포는 단 하나의 모양만 갖지만, t-분포는 자유도에 따라서 그 모습이 조금씩 달라진다. 〈그림 6-3〉을 보면, 자유도가 커짐에 따라 t-분포의 모습이 조금씩 더 뾰족해지는 것을 알 수 있다. 가장 뾰족한 것은 자유도가 무한대일 때인데, 이때의 t-분포는 정규분포와 거의 동일하다고 해도 무방할 정도가 된다.

대체로 자유도의 값이 30 이상이면, 정규분포와 동일하다고 본다. 즉, 표본의 크기가 30보다 큰 대표본일 때는 t-분포나 정규분포나 차이가 없다고 보는 것이다. 이처럼 차이가 작은데도 왜 굳이 t-분포를 배우냐 하면, 정규분포는 대표본일 때만 도출가능하지만, t-분포는 대표본일 때는 물론 소표본일 때도 도출가능하기 때문이다. 즉, 자유도만 잘 고려한다면, t-분포는 정규분포보다 훨씬 더 적은 제약 속에서 적용될 수 있기 때문이다.

••그림 6-3 자유도에 따라 조금씩 달라지는 t-분포

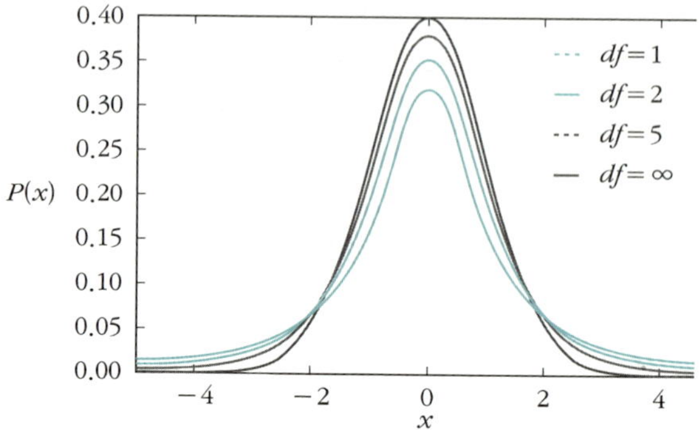

출처: Wikipedia

3. t-분포를 이용한 신뢰구간 추정법

정규분포에서는 모평균을 중심으로 ±2 표준편차만큼 양쪽으로 벌렸을 때 (또는 표본집단에서는 표본평균을 중심으로 ±2 표준오차만큼 양쪽으로 벌렸을 때), 그 안에 들어오는 면적이 전체 면적의 95%가 된다고 하였는데, 이런 특성이 t-분포에서도 그대로 적용이 되는가?

대체로 그렇다고 할 수 있다. 그러나 신뢰구간 추정공식은 다음과 같이 조금 변화된다.

〈정규분포에서〉

$m \fallingdotseq \mu$일 확률은 95%, if, $m - 1.96 \times \frac{s}{\sqrt{n}} \leq \mu \leq m + 1.96 \times \frac{s}{\sqrt{n}}$

〈t-분포에서〉

$m \fallingdotseq \mu$일 확률은 95%, if, $m - t \times \frac{s}{\sqrt{n}} \leq \mu \leq m + t \times \frac{s}{\sqrt{n}}$

위의 두 가지 신뢰구간 추정 공식에서 유일한 차이는, 정규분포에서는 "1.96"라는 수치를 특정하였지만, t-분포에서는 그 값을 "t"라고 일반화하였고, 아직 특정하지 않았다는 점이다. 그 이유는 t-분포가 자유도에 따라 조금씩 달라지기 때문에 전체 면적의 95%를 점유하는 t-값도 조금씩 달라지기 때문이다.

컴퓨터가 없던 시절에는 통계학자들이 그 값을 일일이 손으로 계산해서, 다음과 같은 표를 만들어 사용하였다.

〈표 6-1〉이 뜻하는 바는 〈그림 6-4〉와 같이 나타낼 수 있다. 즉, $\pm t$값 사이의 면적이 t-분포 전체 면적의 95%를 차지한다. 그 t-값은 자유도에 따라서 조금씩 변한다.

•• 표 6-1 자유도와 t-값의 관계

Two Sided	50%	60%	70%	80%	90%	95%	98%	99%	99.5%	99.8%	99.9%
1	1.000	1.376	1.963	3.078	6.314	12.71	31.82	63.66	127.3	318.3	636.6
2	0.816	1.061	1.386	1.886	2.920	4.303	6.965	9.925	14.09	22.33	31.60
3	0.765	0.978	1.250	1.638	2.353	3.182	4.541	5.841	7.453	10.21	12.92
4	0.741	0.941	1.190	1.533	2.132	2.776	3.747	4.604	5.598	7.173	8.610
5	0.727	0.920	1.156	1.476	2.015	2.571	3.365	4.032	4.773	5.893	6.869
6	0.718	0.906	1.134	1.440	1.943	2.447	3.143	3/707	4/317	5/208	5/959
7	0.711	0.896	1.119	1.415	1.895	2.365	2.998	3.499	4.029	4.785	5.408
8	0.706	0.889	1.108	1.397	1.860	2.306	2.896	3.355	3.833	4.501	5.041
9	0.703	0.883	1.100	1.383	1.833	2.262	2.821	3.250	3.690	4.297	4.781
10	0.700	0.879	1.093	1.372	1.812	2.228	2.764	3.169	3.581	4.144	4.587
……											
30	0.683	0.854	1.055	1.310	1.697	2.042	2.457	2.750	3.030	3.385	3.646
40	0.681	0.851	1.050	1.303	1.684	2.021	2.423	2.704	2.971	3.307	3.551
50	0.679	0.849	1.047	1.299	1.676	2.009	2.403	2.678	2.937	3.261	3.496
60	0.679	0.848	1.045	1.296	1.671	2.000	2.390	2.660	2.915	3.232	3.460
80	0.678	0.846	1.043	1.292	1.664	1.990	2.374	2.639	2.887	3.195	3.416
100	0.677	0.845	1.042	1.290	1.660	1.984	2.364	2.626	2.871	3.174	3.390
120	0.677	0.845	1.041	1.289	1.658	1.980	2.358	2.617	2.860	3.160	3.373
∞	0.674	0.842	1.036	1.282	1.645	1.960	2.326	2.576	2.807	3.090	3.291

그림 6-4 *t*-분포를 이용한 95% 신뢰구간 추정

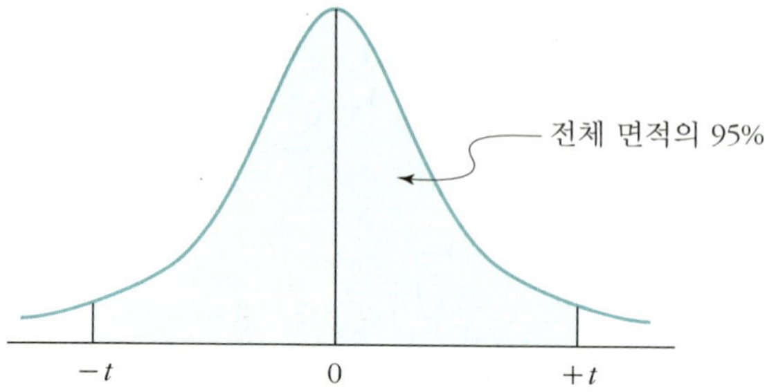

자유도가 1일 때($k=1$), 전체 면적의 95%를 차지하는 t값은 12.71이다. 따라서 신뢰구간은 다음과 같다.

$$m \fallingdotseq \mu \text{일 확률은 95\%, if, } m-12.71\times\frac{s}{\sqrt{n}}\le\mu\le m+12.71\times\frac{s}{\sqrt{n}}$$

자유도가 2일 때($k=2$), 전체 면적의 95%를 차지하는 t값은 4.30이다. 따라서 신뢰구간은 다음과 같다.

$$m \fallingdotseq \mu \text{일 확률은 95\%, if, } m-4.30\times\frac{s}{\sqrt{n}}\le\mu\le m+4.30\times\frac{s}{\sqrt{n}}$$

자유도가 10일 때($k=10$), 전체 면적의 95%를 차지하는 t값은 2.23이다. 따라서 신뢰구간은 다음과 같다.

$$m \fallingdotseq \mu \text{일 확률은 95\%, if } m-2.23\times\frac{s}{\sqrt{n}}\le\mu\le m+2.23\times\frac{s}{\sqrt{n}}$$

그리고 대표본(≥30)을 사용하여, 자유도가 30이 되면($k=30$), 전체 면적의 95%를 차지하는 t값은 2.04로 작아진다. 정규분포에서 "2"라고 한 것에 근접한다. 그 결과 t-분포에 의한 신뢰구간 추정값이나 정규분에 의한 신뢰구간 추정값이 거의 비슷해지기 시작한다.

$$m \fallingdotseq \mu \text{일 확률은 95\%, if, } m - 2.04 \times \frac{s}{\sqrt{n}} \leq \mu \leq m + 2.04 \times \frac{s}{\sqrt{n}}$$

그런데 사회조사의 경우, 표본의 크기가 1,500명 내외인 경우가 대부분이므로, 이때의 자유도는 〈표 6-1〉에 의하면 무한대(∞)나 마찬가지다. 이때의 t-값은 1.96이므로, 일반적으로 t-분포를 이용한 신뢰구간 추정공식은 다음의 수식을 사용한다. 이 공식은 정규분포에 의해 도출한 신뢰구간 추정공식과 동일하다.

신뢰구간 추정공식: 95% 신뢰도의 경우

$$m - 1.96 \times \frac{s}{\sqrt{n}} \leq \mu \leq m + 1.96 \times \frac{s}{\sqrt{n}}$$

해석: 모평균 μ는 위 공식의 하한값과 상한값 사이에 존재할 확률이 95%이다.
(단 자유도=∞ 또는 큰 숫자일 때)

결국, 대표본에서는 정규분포에 의한 신뢰구간 추정공식이나 t-분포에 의한 신뢰구간 추정공식이 동일하기 때문에 우리는 t-분포를 사용하게 된다. 나아가 표본이 소표본일 때는 표본평균들이 언제나 정규분포한다고 보기 어렵다. 이에 반해 표준화된 표본평균들은 그것이 소표본일 때도 t-분포를 한다. 따라서 t-분포의 용도가 더 넓기 때문에 우리는 정규분포보다 t-분포를 더 많이 사용하게 된다.

이상의 설명이 이해하기가 다소 어렵더라도 큰 염려는 없다. 요즈음은 컴퓨터 기술이 발달해서, "t-분포를 이용한 신뢰구간 추정"은 컴퓨터에 의해 자동으로 계산된다.

다음 제7장에서는 대표적인 통계 소프트웨어 패키지인 SPSS 사용법을 설명한다. SPSS 등의 통계 패키지를 이용하면 어렵지 않게 신뢰구간의 하한값과 상한값을 도출할 수 있다.

4. SPSS를 이용한 신뢰구간 추정

SPSS(Statistical Package for the Social Sciences)는 가장 많이 사용되는 통계분석 패키지들 중 하나이다. 특히 사회과학 분야에서는 더욱 많이 활용되고 있다. 1968년 당시 스탠포드 대학교의 대학원 학생들이던 Norman Nie, Hadlai Hull 그리고 Dale Bent라는 세 젊은이가 SPSS를 처음 만들어내었다. 그들은 복잡한 원자료(raw data)로부터 의사결정에 필요한 정보를 쉽게 도출해내는 장치를 만들고 싶어 했다. 필요는 발명의 어머니라고, 그들의 노력은 성공을 거두었고, 많은 사람들이 이용하기 시작했으며, 특히 컴퓨터 기술의 발전과 함께 SPSS도 사용하기 편하도록 진화해왔다. 현재의 SPSS 버전들은 사용자들이 편리하도록 윈도우 상에서 스프레드 시트(MS Excel) 방식으로 운용되고 있다(www.spss.com).

(1) 자료입력 방법

SPSS 패키지를 구동시키면 〈그림 6-5〉와 같은 자료 입력 초기 화면이 나온다.

여러분이 수행할 〈과업〉은 학생수가 약 2만 명인 어느 대학에서 남자 대학생의 평균키가 몇 cm인가를 추정하는 것이다.

••그림 6-5 초기화면

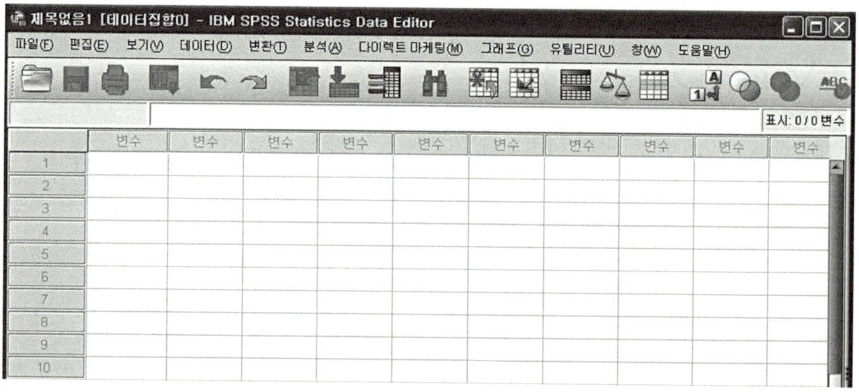

남녀 학생비율을 50%라고 한다면, 여러분의 모집단은 남자 대학생 1만 명이 된다. 그러나 여러분들은 1만 명을 전수조사하지 않고, 오직 10명만 표본을 추출하여 모집단의 평균키를 추정하려고 한다.

그리고 무작위로 추출된 10명의 표본에 대해서 키뿐만 아니라 간단한 개인적 특징들도 몇 가지 질문하였다고 하자. 예를 들면, 몇 학년인가? 복학생인가? 이성 친구로부터 인기가 있는 편인가?

그 결과 〈표 6-2〉와 같은 자료를 수집하게 되었다고 하자.

이상의 자료를 SPSS에 입력하는 작업을 설명한다. 우선, 입력작업에 앞서 몇 가지 코드부여작업(coding)을 해두면 나중에 편리하다. 표본번호, 키, 학년의 경우 자료가 숫자로 되어 있어 입력하기가 편하다. 그러나 복학생 여부와 인기도는 응답자료가 말로 쓰여 있어 입력하기 위해 키보드를 더 두드려야 하는 등 어려움이 많다.

따라서 복학생 여부에 Yes를 1번으로 No를 2번으로 하기로 코드를 부여함으로써 노력을 줄일 수 있다. 또 인기도의 경우는 "매우 인기 있다"=1, "조금 인기 있다"=2, "보통이다"=3, "별로 없다"=4, "매우 인기가 없다"=5 등으로 코드를 부여하면 된다.

"무응답"은 일반적으로 처리하는 방법이 두 가지 있다. 첫째는 "무응답"=9

표 6-2 가상적인 표본조사의 결과

표본번호	키(cm)	학년	복학생 여부	인기도
1	170	3	yes	매우 많은 편
2	180	2	no	조금 있는 편
3	190	2	yes	보통정도
4	175	4	no	별로 없는 편
5	185	1	no	매우 없는 편
6	195	1	no	무응답
7	172	4	yes	보통정도
8	182	4	yes	무응답
9	192	2	no	조금 있는 편
10	180	3	no	별로 없는 편

••그림 6-6 자료를 입력한 모습

	var00001	var00002	var00003	var00004	var00005
1	1.00	170.00	3.00	1.00	1.00
2	2.00	180.00	2.00	2.00	2.00
3	3.00	190.00	3.00	1.00	3.00
4	4.00	175.00	4.00	2.00	4.00
5	5.00	185.00	1.00	2.00	5.00
6	6.00	195.00	1.00	2.00	.
7	7.00	172.00	4.00	1.00	3.00
8	8.00	182.00	4.00	1.00	.
9	9.00	192.00	2.00	2.00	2.00
10	10.00	180.00	3.00	2.00	4.00

와 같이 잘 안 쓰는 숫자를 부여하는 것이고, 둘째는 해당 칸을 빈 칸으로 놔두면 SPSS가 자동으로 무응답으로 처리한다.

이상의 자료를 SPSS에 입력한 모습을 보여주면, 〈그림 6-6〉과 같다.

그런데 〈그림 6-6〉을 보면 눈에 거슬리는 게 몇 가지 보인다. 우선, 중요한 변수인 키의 경우 변수이름이 var00002로 나타나 있어서 알아보기가 어렵다. 그리고 숫자들이 소수점 둘째 자리까지 나와 있어서 시각적으로 복잡해 보인다.

이런 문제점들을 해결하기 위해서는 자료입력 화면의 하단에 〈그림 6-7〉과 같은 메뉴 바에서 〈변수보기〉를 선택하여, 마우스를 클릭하면 〈그림 6-8〉과 같은 화면이 나온다.

••그림 6-7 윈도우 창 바꾸기 메뉴 바 (화면 하단)

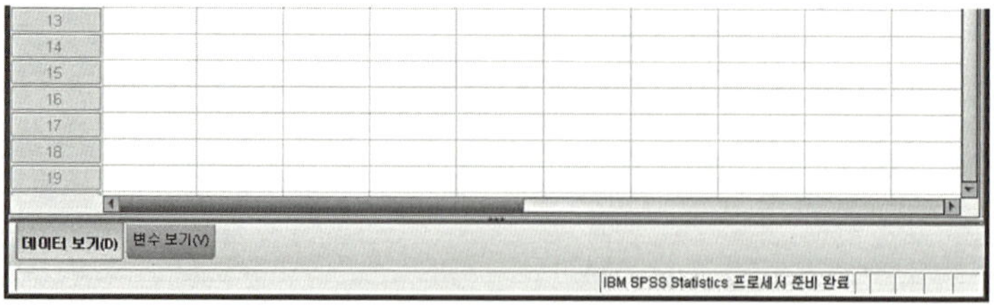

그림 6-8 변수보기(variable view) 창으로 이동한 모습

	이름	유형	너비	소수점이...	설명	값	결측값	열	맞춤	측도	역할
1	VAR00002	숫자	8	2		없음	없음	8	오른쪽	알 수 없음	입력
2	VAR00003	숫자	8	2		없음	없음	8	오른쪽	알 수 없음	입력
3	VAR00004	숫자	8	2		없음	없음	8	오른쪽	알 수 없음	입력
4	VAR00005	숫자	8	2		없음	없음	8	오른쪽	알 수 없음	입력
5	VAR00006	숫자	8	2		없음	없음	8	오른쪽	알 수 없음	입력

〈그림 6-8〉에 있는 변수보기(variable view) 창에서 변수이름(Name) 칸의 내용을 다음과 같이 바꾼다.

var00001 → 표본번호
var00002 → 키
var00003 → 학년
var00004 → 복학생
var00005 → 인기도

변수이름(Name) 옆의 칸은 자료의 유형(즉, 숫자로 입력되어 있는가, 아니면 글자로 입력되어 있는가)인데, 이미 코드부여작업을 통해 자료를 숫자로 바꿔 놓았으므로, 화면에 나와 있는 대로 '숫자'로 놔두면 된다.

그 다음 칸 '넓이'는 칸 넓이를 뜻하는데, 연습삼아 8을 5로 바꾸어 보자. '소수점 이하 자리'는 소수점 아래 몇째 자리까지 나타낼 것인가를 정하는 것이다. 따라서 이 값을 0으로 부여하면, 해당 칸의 숫자들에서 소수점 아래 정보가 나타나지 않게 된다.

'설명'은 변수이름에 대해 일종의 메모를 해두는 것인데, 지금은 간단한 연습을 하기 때문에 빈칸으로 놔두어도 문제가 없다. 그러나 이 파일을 몇 달 후 또는 몇 년 후에 열어 본다든지, 혹은 다른 친구들에게 빌려주었다든지 했을 때에는 〈메모〉가 붙어 있는 것이 큰 도움이 된다.

예를 들어, 변수이름 〈인기도〉에 메모('설명')를 붙여 보도록 하자. Label 칸과 〈인기도〉 줄이 만나는 셀에다 "이성친구로부터의 인기도"라고 입력한다. 그런 다음 바로 옆의 칸(값)에 있는 "없음"을 클릭하면 작은 회색 단추가 나타난다. 이 회색 단추를 클릭하면, 〈그림 6-9〉가 나와서 여러분의 추가적인 정보 입

그림 6-9 Label-values 입력을 기다리는 창의 모습

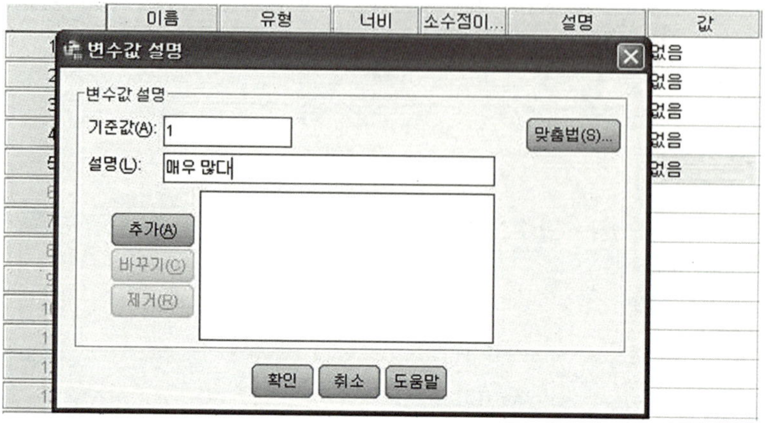

력을 기다린다.

〈그림 6-9〉는 숫자 1은 인기가 “매우 많다”를 뜻한다는 내용을 입력한 것이다. [추가]를 클릭하면 그 내용이 〈그림 6-10〉과 같이 수록된다. 그리고 [기준값] 칸과 [설명] 칸은 빈 칸이 되는데, 이것은 숫자 2는 인기가 “조금 있다”를 입력하라고 대기하고 있는 것이다.

이런 입력을 되풀이하여 숫자 5는 인기가 “매우 없다”는 것까지 입력하고

그림 6-10 Label의 값을 입력하는 모습

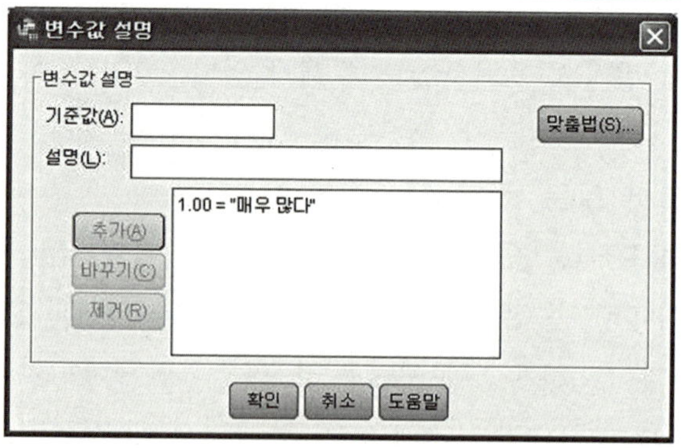

••그림 6-11 **메모 작업이 끝난 상태**

	이름	유형	너비	소수점이...	설명	값
1	표본번호	숫자	8	2		없음
2	키	숫자	8	2	키(cm)	없음
3	학년	숫자	8	2		없음
4	복학생	숫자	8	2	복학생 여부	없음
5	인기도	숫자	8	2	이성 간의 인기도	{1.00, 매우 많

나서 더 입력할 내용이 없어지면, 그때 OK 버튼을 누른다. 입력내용을 변경하고 싶으면 [바꾸기] 또는 [제거] 단추를 눌러서 수정작업을 하면 된다.

〈그림 6-11〉은 메모작업(설명 및 값)이 끝난 상태를 보여준다. 이 화면은 내친 김에 〈복학생〉 변수에 숫자 1은 복학생을, 숫자 2는 재학생이란 내용을 입력한 후의 모습이다. 키의 경우도 '설명'에 "키(cm)"라는 메모를 덧붙였다.

이 상태에서 윈도우 창 맨 밑에 있는 메뉴 바에서 〈변수 보기〉를 클릭하면, 완성된 자료 입력상태를 볼 수 있다(〈그림 6-12〉).

이렇게 완성된 자료는 즉시 저장하여야 한다. 저장 방법은 일반적인 윈도우 사용법과 동일하다. 즉, [파일]–[다른 이름으로 저장] 기능을 이용하여 저장한다. 저장된 자료를 불러올 때는 [파일]–[열기]–[데이터] 기능을 사용한다.

••그림 6-12 **입력 작업이 완료된 상태**

	표본번호	키	학년	복학생	인기도
1	1.00	170.00	3.00	1.00	1.00
2	2.00	180.00	2.00	2.00	2.00
3	3.00	190.00	2.00	1.00	3.00
4	4.00	175.00	4.00	2.00	4.00
5	5.00	185.00	1.00	2.00	5.00
6	6.00	195.00	1.00	2.00	.
7	7.00	172.00	4.00	1.00	3.00
8	8.00	182.00	4.00	1.00	.
9	9.00	192.00	2.00	2.00	2.00
10	10.00	180.00	3.00	2.00	4.00

••그림 6-13 입력된 자료 저장 또는 불러오기

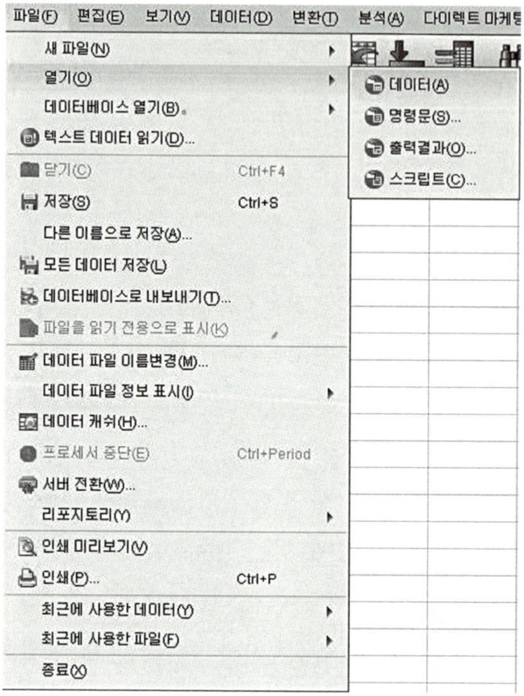

(2) 분석 및 모수추정 연습

남자 대학생 1만 명의 평균 키(모평균)를 알아내기 위해 1만 명으로부터 단지 10명의 표본을 추출하였다. 따라서 우리가 알고 싶은 것은 모평균값이지만 우리가 관찰 가능한 것은 10명으로부터 얻을 수 있는 키의 표본평균값이다. 따라서 수행해야 할 작업은, 일단 10명으로부터 키의 표본평균값을 구하고, **표준오차**를 구한 다음, 신뢰구간 추정법에 의하여 키의 모평균값을 추정해 내는 일이다(표준편차와 표준오차의 다른 점에 유의할 것).

이것은 매우 복잡한 작업처럼 보이지만, SPSS를 이용하면 마우스 클릭 몇 번으로 해결되는 아주 간단한 작업이다. 이 작업을 수행하기 위해서는 자료화면에서 [분석]-[기술통계량]-[데이터 탐색] 기능을 선택하면 된다(〈그림 6-14〉 참조).

••그림 6-14 신뢰구간추정법으로 모평균값 구하는 기능

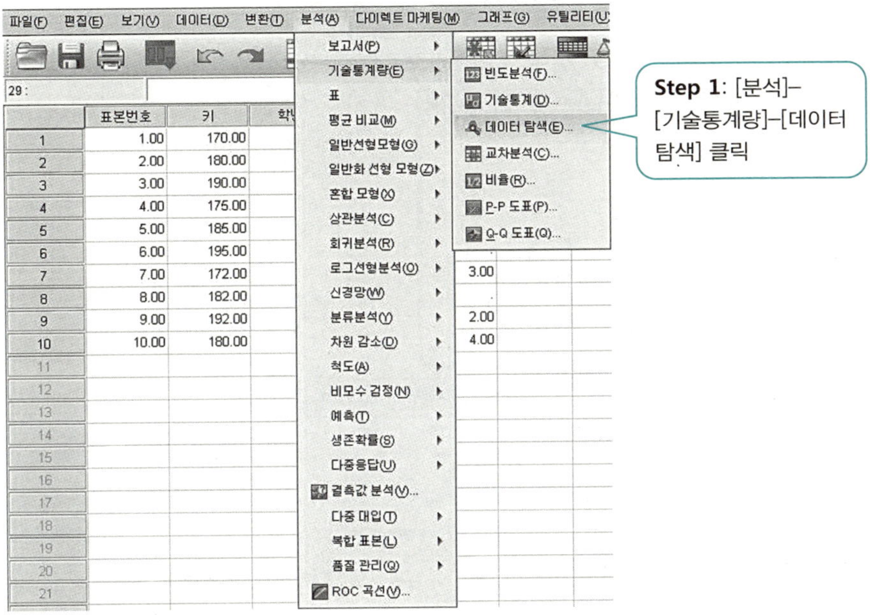

이 기능을 선택하면, 〈그림 6-15〉처럼 추가적인 정보를 묻는 창이 팝업된

••그림 6-15 분석을 위해 요구되는 추가 입력 사항들

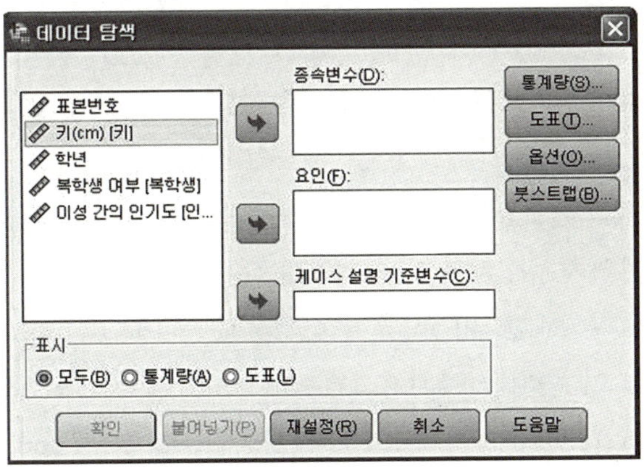

••그림 6-16 옵션 선택하기 (필요시에만)

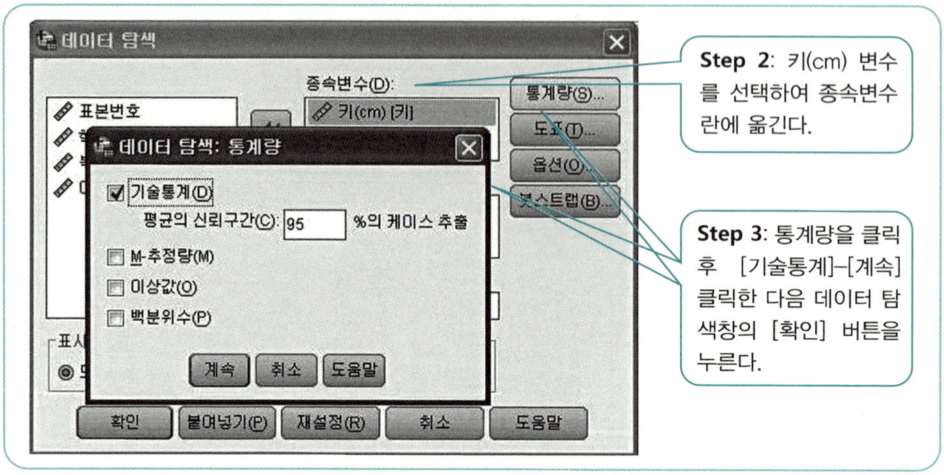

다. 여기서 우리는 지금 "키"의 모수값을 추정하고자 하므로 왼쪽 창에서 "키(cm) [키]"를 선택하여, 오른쪽 화살표 단추를 클릭한다. 화살표 단추는 모두 세 개가 있는데, 맨 위에 있는 [종속 변수:] 칸으로 보내는 화살표 단추를 클릭하면 된다. 그런 다음 [확인] 단추를 누르면, [종속변수:]로 지정되어 있는 변수에 대하여, 신뢰구간 추정법을 적용한 결과가 화면에 나타난다.

여러분들이 원하는 기능은 기본사양(default)으로 이미 정해져 있다. 그러나 혹시 default가 다르게 정해져 있는 경우도 있으므로 〈그림 6-16〉 하단에 있는 [데이터 탐색: 통계량] 단추를 클릭한다. 이때 작은 팝업 창에서 [기술통계]에 체크 표시가 되어 있으면, 기본사양이 잘 선택된 것이다. 그러므로 [계속]을 클릭하면, 작은 팝업 창이 사라진다. 이때 [확인] 단추를 누르면 작업결과가 화면에 나타난다.

분석 결과는 〈그림 6-17〉과 같다. 이 표에는 여러 가지 정보가 많이 수록되어 있지만, 우리에게 가장 의미 있는 정보는 〈그림 6-17〉에서 화살표로 표시한 부분에 다 모여 있다. 우선 키(cm)의 표본평균값은 182.1cm이고, 이것의 표준오차는 2.67270이다. 이 수치를 가지고 1만 명으로 이루어진 모집단의 키의 모평균값은 하한값(Lower Bound) 178.0539cm와 상한값(Upper Bound) 188.1461cm 사

••그림 6-17 신뢰구간추정법에 입각한 분석 결과표

케이스 처리 요약

	케이스					
	유효		결측		전체	
	N	퍼센트	N	퍼센트	N	퍼센트
키(cm)	10	100.0%	0	0.0%	10	100.0%

기술통계

			통계량	표준오차
키(cm)	평균		182.1000	2.67270
	평균의 95% 신뢰구간	하한	176.0539	
		상한	188.1461	
	5% 절삭평균		182.0556	
	중위수		181.0000	
	분산		71.433	
	표준편차		8.45182	
	최소값		170.00	
	최대값		195.00	
	범위		25.00	
	사분위수 범위		16.25	
	왜도		.105	.687
	첨도		-1.102	1.334

이에 존재할 확률이 95%이다.

즉, 우리는 단지 10명이라는 아주 작은 표본을 가지고, 1만 명을 측정했을 때 비로소 알아 낼 수 있는 모집단의 키의 평균값을 추정할 수 있게 된 것이다. 모집단의 키의 평균을 족집게 마냥 단 하나의 숫자로 알아내지는 못하지만, 키의 모평균값이 존재할 범위를 매우 능률적으로 추정해낸 것이다. 마치 아침에 냉장고 문을 열고, 오렌지 주스를 마시듯이 말이다.

연 | 습 | 문 | 제

※ 이 책의 제1장에서 통계학을 배우면 가보지 않은 장소와 가보지 않은 시간대에서 일어나는 일을 추정할 수 있는 능력이 생긴다고 하였다. 과연 이 말이 맞는 말일까? 여러분이 다음 문제를 풀 수 있다면, 당연히 맞는 말이라고 수긍하게 될 것이다.

01 1990년도에 미국 사람들의 평균 연봉은 얼마였을까?

해설 SPSS 패키지 속에는 샘플용 자료가 몇 개 수록되어 있다. [파일]−[열기]−[데이터]를 클릭 하면, 연습용 데이터 목록이 뜬다. 그 중에서 Employment Data를 선택하면, 미국인 474명에 대한 고용자료가 화면에 나타난다. 여러 변수들 중에서 [Salary](현재의 연봉)를 선택하여 신뢰구간추정법을 적용하면, 미국인 전체의 평균적인 봉급수준 모수값을 추정할 수 있다. 앞에서 설명한 대로 [분석]−[기술통계량]−[데이터 탐색] 기능을 선택한 후, 분석할 대상 변수로 Salary를 선택하여 [확인] 단추를 누르면 된다. 〈그림 6-18〉은 그 결과표인데, 이를 통해 미국인들의 1990년도 연봉수준을 다음과 같이 95% 확률로 추정할 수 있게 된다. 오직 474명으로 이루어진 표본을 통해 미국인 전체(모집단)의 연봉수준을 추정한다.

$32,878 < 미국인의 평균연봉수준(모수값) < $35,960

•• 그림 6-18 미국인의 연봉수준 추정 결과표

기술통계

			통계량	표준오차
현재급여	평균		$34,419.57	$784.311
	평균의 95% 신뢰구간	하한	$32,878.40	
		상한	$35,960.73	
	5% 절삭평균		$32,455.19	
	중위수		$28,875.00	
	분산		291578214.5	
	표준편차		$17,075.661	
	최소값		$15,750	
	최대값		$135,000	
	범위		$119,250	
	사분위수 범위		$13,162	
	왜도		2.125	.112
	첨도		5.378	.224

$n = 474$

이 고용자료에는 미국인들의 현재의 연봉수준뿐 아니라 초봉수준에 대한 자료도 수록되어 있다. 따라서 우리는 다음과 같은 질문에도 답할 수 있다.

02 미국인들의 초봉 연봉수준은 어떠한가?

해설 앞의 과정을 그대로 따라하되, 분석대상이 될 변수만 Beginning Salary [salbegin]로 선택하면 된다. 다음과 같은 추정치를 찾아내었다면, 훌륭하게 과제를 수행한 것이다.

$16,305 < 미국인 전체의 초봉 연봉수준 < $17,726 (신뢰확률 95%)

03 평균적인 미국인들은 몇 년 동안 교육을 받는가?

제 7 장 SPSS의 기본적인 사용방법

본 장은 통계분석방법에 관해 논의하기 전에 SPSS-Win의 다양한 기능들 중 유용한 것들을 소개하고자 한다.

제 1 절 SPSS-Win: 유용한 기능들

SPSS-Win을 이용한 통계분석 처리방법은 본문에 이미 설명하였다. 그러나 자료의 입력 및 출력결과의 보고 등과 관련하여, 알아두면 유용한 기능들이 많이 있다.

1. 자료 불러들이기

주로 숫자로 이루어진 파일 작업을 할 경우 엑셀(Excel)을 사용하는 경우가 많다. 그런데 엑셀로 저장된 파일(*.xls)을 SPSS에 불러들여 통계분석을 해야 할 때가 있다. 예를 들어, 학생 16명에 대한 성적처리 및 성적과 관련 있을 요인들을 〈그림 7-1〉과 같이 엑셀로 정리하였다고 하자(파일명: 성적.xls). 그런데 나중에 이것을 SPSS로 분석할 필요가 생겼다면, 다음과 같은 절차로 SPSS에 불러들여야 한다.

••그림 7-1 **엑셀 파일**

성적

	A	B	C	D
1	학번	성적	공부시간	학년
2	1	90	10	1
3	2	80	8	1
4	3	88	6	2
5	4	93	9	2
6	5	90	11	3
7	6	85	10	3
8	7	83	5	4
9	8	78	3	4
10	9	96	12	1
11	10	88	11	1
12	11	94	10	2
13	12	82	6	2
14	13	77	2	3
15	14	91	15	3
16	15	95	20	4
17	16	86	8	4

① 엑셀 프로그램에서 해당 파일을 불러들인 후, 화면에서 분석할 자료 범위(A1. D17)를 마우스로 드래그하여 지정한다. 그런 다음, 마우스의 오른쪽 버튼을 눌러서, [복사] 기능을 선택한다.

② SPSS-Win 프로그램을 시작하여, 〈그림 7-2〉와 같은 화면에서, 마우스의 오른쪽 버튼을 누른 후, [붙여넣기](Paste)를 선택하면 엑셀 파일에 있던 자료 내용이 SPSS 스프레드 시트로 복사된다. 그런데 주의할 점이 있다.

복사되는 자료 영역은 자료 포인터(보통은 윈도우 화살표)가 위치해 있는 셀에서부터 복사된다. 이런 문제가 생기는 것을 피하기 위해서는 포인터를 첫째 행과 첫째 열로 이루어진 셀에 미리 맞춰 놓고, [붙여넣기] 작업을 시행한다.

••그림 7-2 SPSS-Win에 복사한 엑셀 파일 붙여넣기

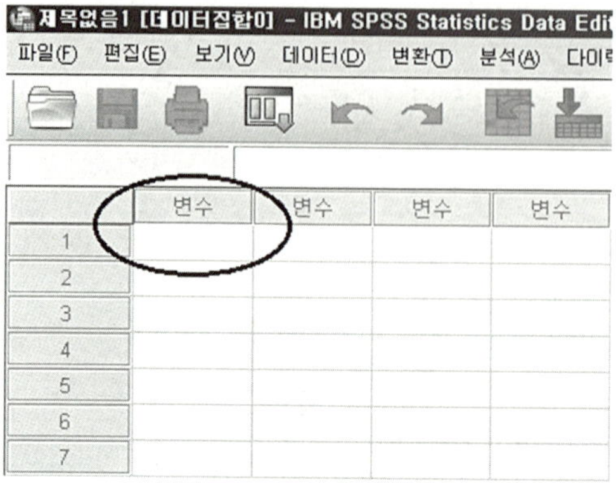

③ 앞의 두 절차를 거치면, 엑셀 파일은 SPSS에 자동 복사된다. 〈그림 7-3〉은 자료를 불러들인 모습을 보여준다. 그런데 한 가지 문제가 또 있다. 엑셀 파일에서 〈학번, 성적, 공부시간, 학년〉 등 글자(alpha-numeric)로 입력한 내용이 SPSS 데이터 편집기에는 〈....〉로 읽혀진다.

••그림 7-3 엑셀 자료가 SPSS 데이터 편집기에 복사된 모습

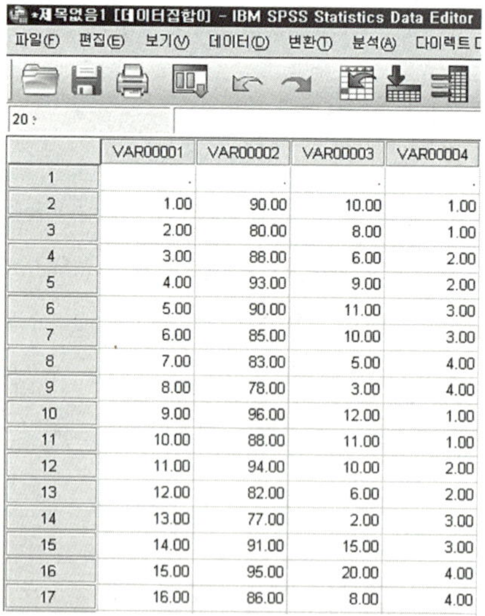

	VAR00001	VAR00002	VAR00003	VAR00004
1	.	.	.	.
2	1.00	90.00	10.00	1.00
3	2.00	80.00	8.00	1.00
4	3.00	88.00	6.00	2.00
5	4.00	93.00	9.00	2.00
6	5.00	90.00	11.00	3.00
7	6.00	85.00	10.00	3.00
8	7.00	83.00	5.00	4.00
9	8.00	78.00	3.00	4.00
10	9.00	96.00	12.00	1.00
11	10.00	88.00	11.00	1.00
12	11.00	94.00	10.00	2.00
13	12.00	82.00	6.00	2.00
14	13.00	77.00	2.00	3.00
15	14.00	91.00	15.00	3.00
16	15.00	95.00	20.00	4.00
17	16.00	86.00	8.00	4.00

이 문제를 해결하는 가장 간단한 방법은 〈....〉을 무시하고, 대신 변수이름 〈var00001〉부터 〈var00004〉를 새로 입력하는 것이다. SPSS에서는 〈....〉을 인식하지 않고 자료를 처리하는 것이 기본사양으로 선정되어 있기 때문에 자료분석상 아무 문제가 없다. 그러나 변수 이름을 일일이 다시 입력해야 하는 불편함은 감수해야 한다. 변수가 많지 않을 때는 무시해도 될 정도의 불편이지만, 만일 변수의 가짓수가 많을 때는 문제가 될 수도 있다. 이럴 경우에는 다음과 같은 다소 복잡한 절차를 밟아야 한다.

④ SPSS 데이터 편집기의 파일메뉴에서 〈데이터베이스 열기〉 기능을 다음과 같이 사용해야 한다.

〈파일〉-〈데이터베이스 열기〉-〈새커리〉

이 절차에 따르면 다음과 같이 〈데이터베이스 마법사〉가 화면에 나타나고, 마법사의 지시에 따라 엑셀 파일을 불러들이면 된다. 그러나 〈데이터베이스 마법사〉의 지시는 얼마간 복잡하다. 따라서 웬만하면, 변수이름을 다시 입력하는 불편함을 감수할 것을 권고한다.

••그림 7-4 데이터베이스 마법사의 모습

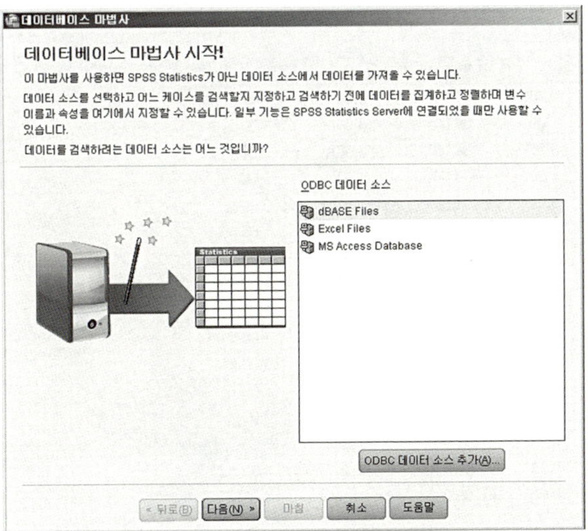

2. 변수계산

앞의 [성적] 데이터에는 성적과 성적에 영향을 미치는 요인, 즉 공부시간이란 자료를 모두 포함하고 있다. 분석자가 성적을 종속변수로 하고, 공부시간을 독립변수로 하여 회귀분석을 실시할 수 있도록 되어 있다. 그런데 분석자가 공부시간과 성적 간의 관계가 직선관계가 아니라 곡선관계일지도 모른다는 생각을 하게 되었다. 즉, 분석자가 생각하기에 성적은 공부시간의 제곱에 비례할 것 같았다. 이럴 경우 〈공부시간의 제곱〉이라는 새로운 변수가 필요하다. 이 변수를 만드는 방법은 SPSS의 변수계산(변환-변수계산) 기능을 이용하는 것이 가장 편리하다.

① SPSS의 데이터 편집기에 [성적] 파일을 불러 연다.

② 새로운 변수를 입력할 열(column)을 선택한다. 그러면 그 열이 황토색으로 변한다(〈그림 7-5〉).

••그림 7-5 새로 만들 변수의 위치를 지정

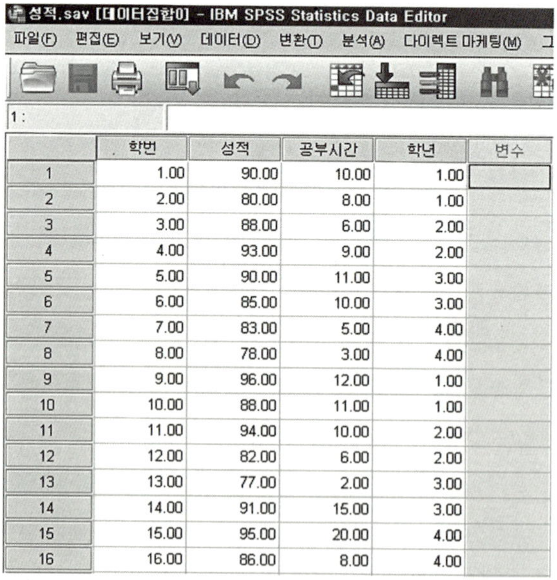

	학번	성적	공부시간	학년	변수
1	1.00	90.00	10.00	1.00	
2	2.00	80.00	8.00	1.00	
3	3.00	88.00	6.00	2.00	
4	4.00	93.00	9.00	2.00	
5	5.00	90.00	11.00	3.00	
6	6.00	85.00	10.00	3.00	
7	7.00	83.00	5.00	4.00	
8	8.00	78.00	3.00	4.00	
9	9.00	96.00	12.00	1.00	
10	10.00	88.00	11.00	1.00	
11	11.00	94.00	10.00	2.00	
12	12.00	82.00	6.00	2.00	
13	13.00	77.00	2.00	3.00	
14	14.00	91.00	15.00	3.00	
15	15.00	95.00	20.00	4.00	
16	16.00	86.00	8.00	4.00	

Step 1: [변환]–[변수계산] 클릭

③ 화면 상단의 메뉴 바에서 [변환(T)]－[변수계산(C))] 기능을 선택한다. 그러면 다음과 같은 활성창이 열린다. 여기서 새로 만들 변수의 이름을 [대상변수]의 빈칸에 입력한다. 그런 다음 오른쪽 수식 칸에 [공부시간*공부시간]이란 공식을 입력한다. 그러면 새 변수가 앞에서 노랗게 표시되어 있던 열에 자동으로 입력되어 화면에 나타난다(〈그림 7-6〉).

••그림 7-6 **변수계산 기능**

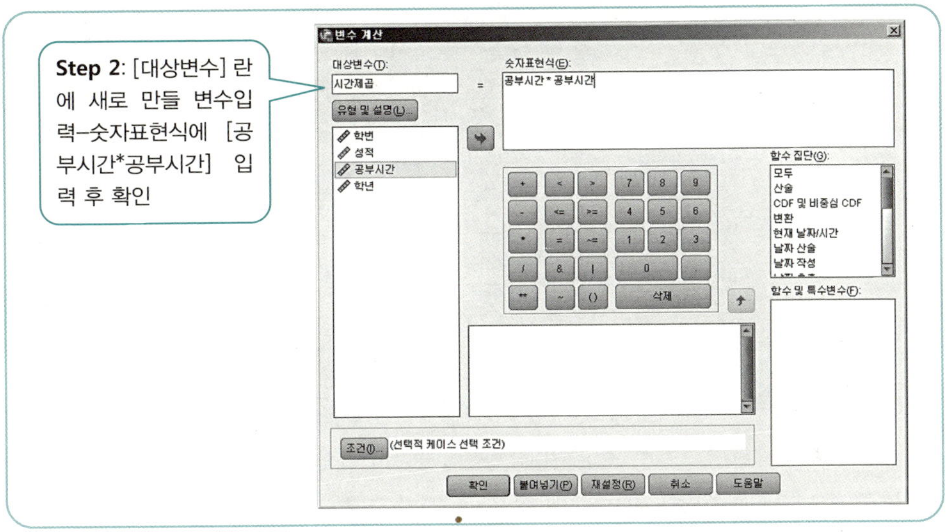

이 활성창의 오른쪽 하단에 보면, 다양한 함수들(functions)을 사용할 수 있도록 만들어 놓았는데, 이 함수들은 엑셀의 함수들과 대동소이하다. 계산기 판도 수록되어 있어서 숫자판을 이용해 편리하게 새 변수를 만들 수 있다. 〈그림 7-7〉은 새 변수 생성이 완료된 모습이다.

그림 7-7 변수생성이 완료된 모습

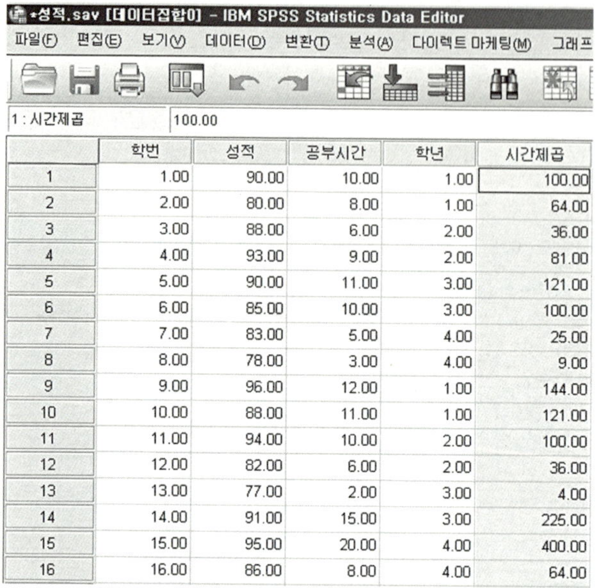

	학번	성적	공부시간	학년	시간제곱
1	1.00	90.00	10.00	1.00	100.00
2	2.00	80.00	8.00	1.00	64.00
3	3.00	88.00	6.00	2.00	36.00
4	4.00	93.00	9.00	2.00	81.00
5	5.00	90.00	11.00	3.00	121.00
6	6.00	85.00	10.00	3.00	100.00
7	7.00	83.00	5.00	4.00	25.00
8	8.00	78.00	3.00	4.00	9.00
9	9.00	96.00	12.00	1.00	144.00
10	10.00	88.00	11.00	1.00	121.00
11	11.00	94.00	10.00	2.00	100.00
12	12.00	82.00	6.00	2.00	36.00
13	13.00	77.00	2.00	3.00	4.00
14	14.00	91.00	15.00	3.00	225.00
15	15.00	95.00	20.00	4.00	400.00
16	16.00	86.00	8.00	4.00	64.00

이러한 변수계산(C) 기능은 의외로 사용할 필요가 많은데, 예를 들어, 인구 일인당 소득, 시간당 속도, 증감비율 등 비율(ratio) 변수를 만들 때는 매우 유용하다. 그리고 매출수량 * 단가 = 매출원가, 매출원가 – 생산원가 = 이익 등 실적관련 변수를 만들 때도 많이 사용된다.

3. 코딩변경(R)

앞의 변수계산(C) 기능과 유사하지만, 약간 성격이 다른 기능이 Recode(다른 변수로 코딩변경)이다. 앞의 [성적] 데이터의 경우를 다시 보자. 분석자가 학년에 따른 성적을 분석함에 있어서, 몇 학년이냐 하는 요인보다는 고학년이냐 저학년이냐 하는 요인으로 바꿔서 분석해보고 싶어졌다고 하자.

이럴 경우 분석자는 1학년과 2학년은 저학년으로 분류하고, 3학년과 4학년은 고학년으로 재분류해야 한다. 이처럼 자료를 새로 분류해야 할 때 다른 변수로 코딩변경(R)기능이 매우 유용하게 사용된다. 다음은 다른 변수로 코딩변경(R) 기능을 사용하는 절차를 예를 들어 설명한다.

① 데이터편집기 화면상에서 새로 만들 변수가 위치할 열(column)을 지정한다. 이것은 앞에서 Compute 기능을 사용했을 때와 동일하다.

② 화면 상단의 메뉴 바에서 변환(T)탭을 선택하면 코딩변경을 선택할 수 있다. 즉, 코딩변경(R) 방법은 [같은 변수로] 바꾸는 것과 [다른 변수로] 바꾸는 것 두 가지가 있는데, 보통 다른 변수로 바꾸는 것이 권장된다. 왜냐하면 같은 변수로 변환하는 경우에 원자료가 완전히 바뀌어서 다시 회복할 수 없기 때문이다. 그러나 다른 변수로 변환하게 되면, 원자료도 남아 있고 변환된 자료도 사용할 수 있다. 따라서 특별한 이유가 없는 한 다른 변수로 변환할 것을 권고한다(〈그림 7-8〉).

••그림 7-8 코딩변경 명령문 시행하기

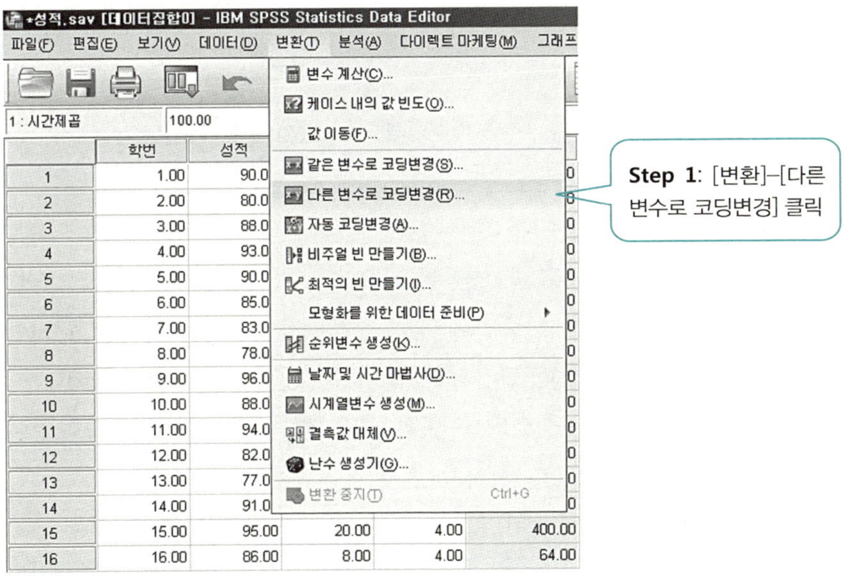

③ 위의 절차를 수행하고 나면, 화면에 새로운 활성창이 뜬다. 여기서 변환할 변수, [학년]을 선택하면 〈그림 7-9〉와 같은 상태가 된다. 그런데 새로 만들 변수 이름이 아직 안 만들어져 있기 때문에 물음표(?)가 제시되어 있다. 오른쪽 작은 빈 칸에 새로 만들 변수(Output Variable)의 이름(Name)과 그것의 간단한 내용(Label)을 입력한다. 본 사례에서는 새 변수 이름을 [고학년]이라고 입력하고, Label에는 [3, 4학년]이라고 입력하여, 시간이 많이 지난 다음에도 고학년의 정의가 3학년과 4학년임을 알 수 있도록 기입해 준다.

••그림 7-9 새로운 변수로 변환하는 과정

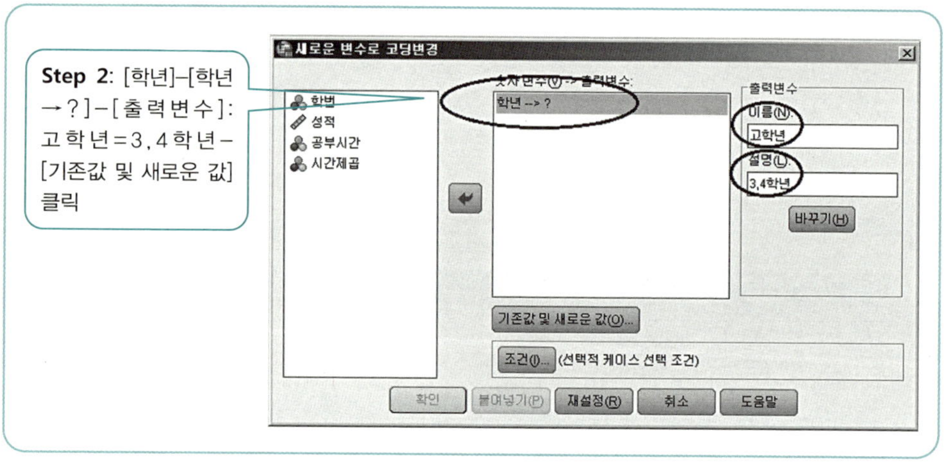

④ 이제 자료를 변환할 준비가 되어 있으므로, 본격적으로 변환작업에 착수하도록 하자. 〈그림 7-9〉의 하중앙에 있는 [기존값 및 새로운 값(O)…]이라는 버튼을 누르면, 〈그림 7-10〉과 같은 활성창이 뜬다. 우리는 1학년과 2학년은 고학년이 아니므로 "0"의 값을 갖도록 변환하고, 3학년과 4학년은 고학년이므로 "1"의 값을 갖도록 변환하고자 한다.

그러므로 구변수의 값이 1이면 신변수의 값에 0을 부여한 후, [추가(A)] 버튼을 누른다. 구변수의 값이 2일 때도 신변수의 값으로 0을 부여한 후, [추가] 버튼을 누른다. 구변수의 값이 3일 때에는 신변수의 값을 1로 부여하고 [추가]하고, 구변수의 값이 4일 때에도 신변수의 값을 1로 부여한다(〈그림 7-10〉).

••그림 7-10 **변수값 새로 부여하기**

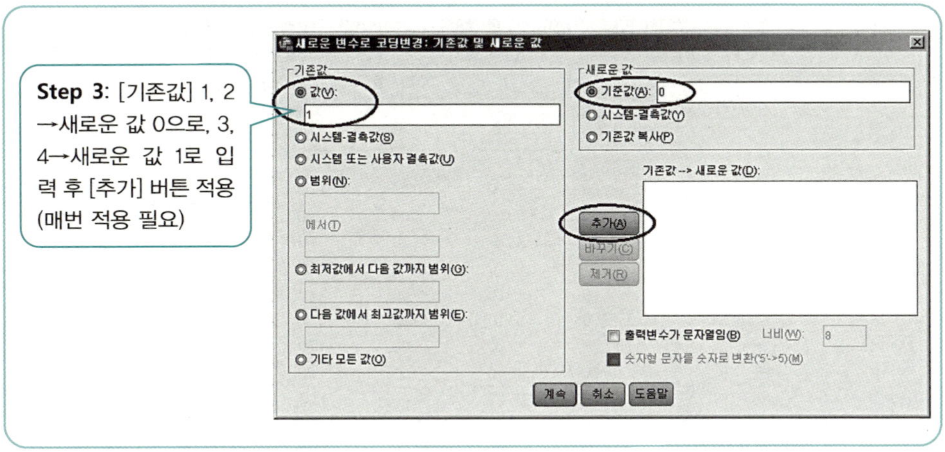

⑤ 새 변수값을 다 입력하였으면, [계속하기] 버튼을 누른다. 그러면 이 활성창은 저절로 닫히고, 예전의 활성창으로 돌아간다. 예전 활성창에서 [변환(Change)] 버튼과 [확인] 버튼을 각각 클릭하면, 새로운 변수가 생성된다. 〈그림 7-11〉은 새 변수가 생성된 모습을 나타내준다. 그런데 기존 변수를 다른 변수로 변환하였기 때문에, 예전 변수는 그대로 남아 있는 채로 새 변수가 만들어진 것을 알 수 있다. 다시 말하지만, 기존 변수를 동일한 변수로 변환하였다면, 예전 변수는 없어져 버리게 된다. 이 점을 유의하기 바란다.

••그림 7-11 자료가 코딩변경 기능에 의해 변환된 모습

	학번	성적	공부시간	학년	고학년
1	1.00	90.00	10.00	1.00	.00
2	2.00	80.00	8.00	1.00	.00
3	3.00	88.00	6.00	2.00	.00
4	4.00	93.00	9.00	2.00	.00
5	5.00	90.00	11.00	3.00	1.00
6	6.00	85.00	10.00	3.00	1.00
7	7.00	83.00	5.00	4.00	1.00
8	8.00	78.00	3.00	4.00	1.00
9	9.00	96.00	12.00	1.00	.00
10	10.00	88.00	11.00	1.00	.00
11	11.00	94.00	10.00	2.00	.00
12	12.00	82.00	6.00	2.00	.00
13	13.00	77.00	2.00	3.00	1.00
14	14.00	91.00	15.00	3.00	1.00
15	15.00	95.00	20.00	4.00	1.00
16	16.00	86.00	8.00	4.00	1.00

4. 데이터의 일부분만 선택하여 분석하기

다른 사람이나 기관으로부터 데이터를 입수한 경우, 자신의 분석목적에 합당한 자료들도 있지만 그렇지 않은 자료들도 많이 들어 있는 경우가 있다. 이럴 경우 자신에게 필요한 데이터만 선별하여 분석하든지, 아니면 그런 자료들만으로 새로운 자료 파일을 생성할 필요가 생긴다. 전자를 케이스 선택이라고 하고, 후자를 파일분할이라고 하는데, 이 기능을 사용해야 할 경우가 의외로 많다.

(1) 케이스 선택

앞의 [성적] 사례에서 "고학년"만을 대상으로 공부시간과 성적 간의 관계를 분석하려고 한다고 가정하자. 이럴 경우 "저학년"은 분석대상에서 탈락시키고, "고학년"만 선별하여 분석대상으로 삼아야 한다.

① 이 작업은 [케이스 선택] 명령문을 이용하여 수행할 수 있다. 이 명령문은 메뉴 바에 있는 [데이터]를 기능을 클릭하면, 그 서브메뉴로 지정되어 있다.

② [케이스 선택] 기능을 선택하면, 화면에 〈그림 7-12〉와 같은 활성창이 뜬다. 이 창에서 [고학년] 변수를 선택한 후, [조건을 만족하는 케이스(C)]버튼을 클릭한다. SPSS에는 기본사양으로 [모든 케이스(A)]가 지정되어 있으므로, 반드시 [조건을 만족하는 케이스]라는 버튼을 새롭게 선택하여 지정하여야 한다.

••그림 7-12 케이스 선택과정

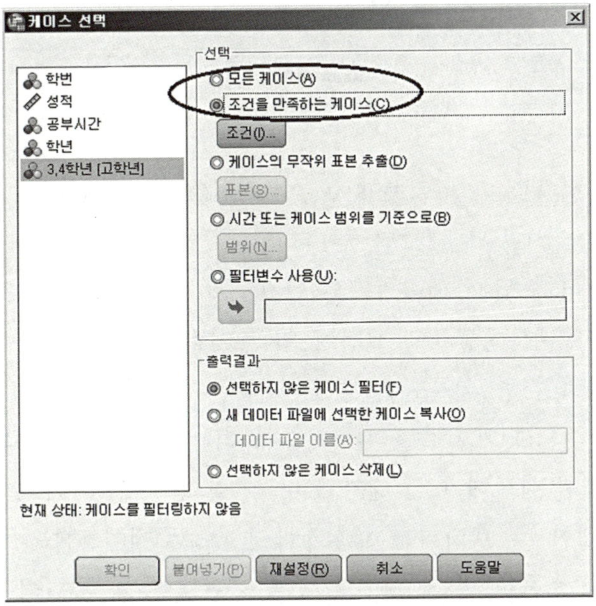

③ 위의 활성창에서 [조건] 버튼을 클릭하면, 케이스를 선택할 조건 공식을 입력할 활성창이 새롭게 뜬다. 본 사례의 경우 "고학력"변수의 값이 "1"인 경우만 분석할 케이스로 선택할 것이기 때문에, 다음과 같이 선택조건식을 입력한다. 입력이 끝나면, 당연히 [계속]하기 버튼을 클릭한다(〈그림 7-13〉).

•• 그림 7-13 선택조건식 입력

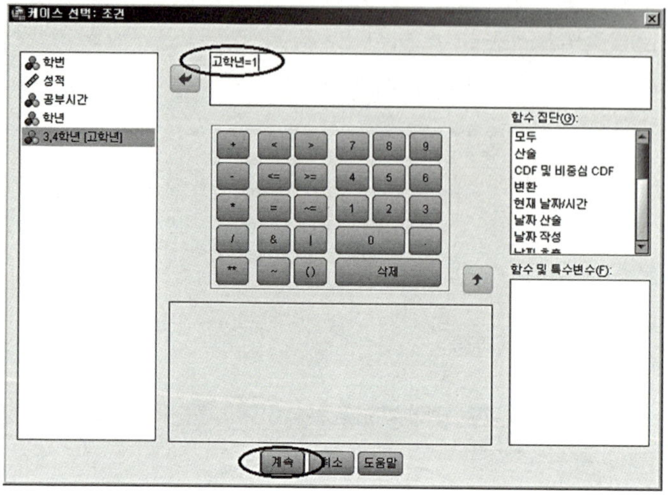

④ 이상의 절차를 다 마치게 되면, 데이터 화면에서 케이스 선택 결과를 눈으로 알아 볼 수 있다. 즉, 〈그림 7-14〉에서와 같이, 맨 왼쪽에 케이스 번호에 빗금(사선)이 그어져 있는 케이스들은 앞으로의 분석에서 제외가 된다. 빗금이 없는 케이스들만 분석대상으로 선정이 되는 것이다.

⑤ 전체 자료들 중 일부만 선별하여 분석하고자 했던 목적이 달성된 경우 또는 새로운 기준으로 케이스를 선별하고자 하는 경우에는, 선별작업을 원점으로 돌려 놓고 다시 시작해야 할 때가 있다. 이럴 경우에는 [데이터]−[케이스 선택] 기능을 선택한 후 나타나는 활성창에서 [모든 케이스]를 선택하여 주어야 한다. 이 작업을 소홀히 한 채 새로운 선별 기준을 추가하게 되면, 자료들이 두 개의 선별 기준에 의해 분석에서 탈락하게 된다.

••그림 7-14 **케이스 선택 결과**

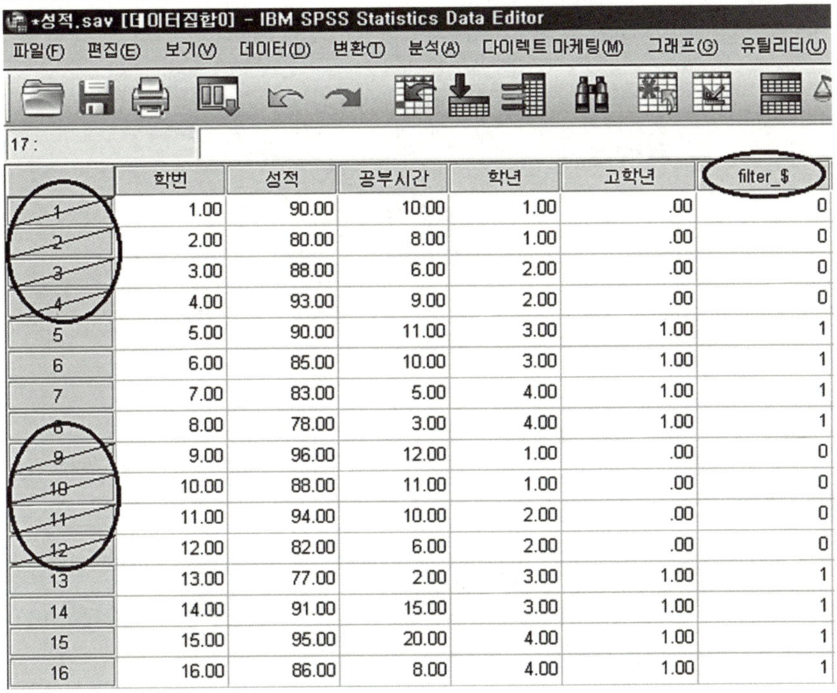

	학번	성적	공부시간	학년	고학년	filter_$
1	1.00	90.00	10.00	1.00	.00	0
2	2.00	80.00	8.00	1.00	.00	0
3	3.00	88.00	6.00	2.00	.00	0
4	4.00	93.00	9.00	2.00	.00	0
5	5.00	90.00	11.00	3.00	1.00	1
6	6.00	85.00	10.00	3.00	1.00	1
7	7.00	83.00	5.00	4.00	1.00	1
8	8.00	78.00	3.00	4.00	1.00	1
9	9.00	96.00	12.00	1.00	.00	0
10	10.00	88.00	11.00	1.00	.00	0
11	11.00	94.00	10.00	2.00	.00	0
12	12.00	82.00	6.00	2.00	.00	0
13	13.00	77.00	2.00	3.00	1.00	1
14	14.00	91.00	15.00	3.00	1.00	1
15	15.00	95.00	20.00	4.00	1.00	1
16	16.00	86.00	8.00	4.00	1.00	1

(2) 파일 분할

앞의 [성적] 데이터 파일에서, 성적분포를 저학년 따로, 고학년 따로 살펴보고자 한다. 이때 사용하는 것이 [파일분할]기능이다.

① 메뉴 바에서 [데이터] – [파일분할] 기능을 선택한다. 그러면 역시 작업창이 활성화되어 나타나는데, 이때 [집단들 비교]를 선택한 후, 비교집단으로 사용할 변수이름을 입력한다. 이 경우는 저학년과 고학년을 구분하여 비교할 생각이므로 비교집단명에 [고학년]을 클릭하여 입력한다.

••그림 7-15 **파일분할 작업창에서의 입력 사례**

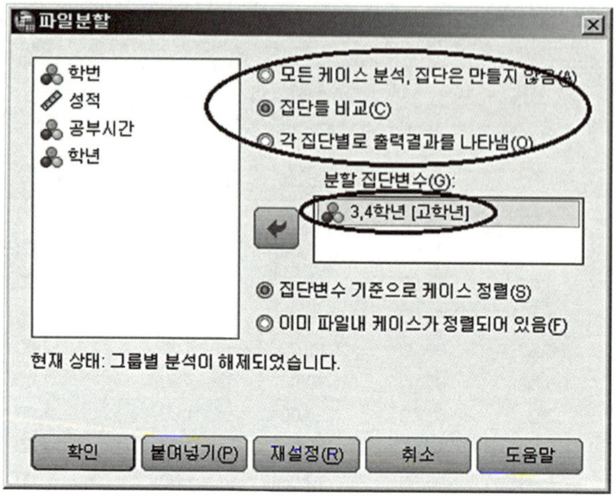

② 위의 과정을 마치고 [확인]버튼을 클릭하면, 〈그림 7-16〉과 같이 자료가 집단별로 나뉘어 재정리되어 있는 것을 볼 수 있다. 이 경우는 원자료가 고학년 여부(저학년은 "0", 고학년은 "1")에 따라 새롭게 정렬된다.

③ 위와 같이 파일을 분할한 것이 어떤 장점을 가져다 주는지는 간단한 자료분석을 해보면 명확해진다. 앞의 [성적] 파일에 대해 빈도분석을 해보면([분석]-[기술통계량]-[빈도분석]), 〈표 7-1〉과 같이 성적분포가 저학년 따로, 고학년 따로 출력되는 것을 볼 수 있다.

••그림 7-16 **자료 파일에 비교집단별로 분할된 모습**

18 :

	학번	성적	공부시간	학년	고학년
1	1.00	90.00	10.00	1.00	.00
2	2.00	80.00	8.00	1.00	.00
3	3.00	88.00	6.00	2.00	.00
4	4.00	93.00	9.00	2.00	.00
5	9.00	96.00	12.00	1.00	.00
6	10.00	88.00	11.00	1.00	.00
7	11.00	94.00	10.00	2.00	.00
8	12.00	82.00	6.00	2.00	.00
9	5.00	90.00	11.00	3.00	1.00
10	6.00	85.00	10.00	3.00	1.00
11	7.00	83.00	5.00	4.00	1.00
12	8.00	78.00	3.00	4.00	1.00
13	13.00	77.00	2.00	3.00	1.00
14	14.00	91.00	15.00	3.00	1.00
15	15.00	95.00	20.00	4.00	1.00
16	16.00	86.00	8.00	4.00	1.00
17					

5. 파일 합치기

(1) 케이스 추가: 여러 명의 코딩작업 결과를 합하는 경우 등

자료의 케이스 수가 매우 많아서 한 사람이 입력작업을 하기 어려운 경우에는 여러 명이 각자 코딩작업을 수행한 후, 이들의 작업내용을 합치는 것이 편리한 경우가 많다. 즉, 몇 천 개의 케이스를 혼자 입력하는 것은 매우 힘든 일이지만, 그것을 열 명이 나눠서 입력한 후 입력 파일들을 합하면 그것은 그렇게 어려운 일이 아니게 된다. 이때 사용하는 기능이 [케이스 추가] 기능이며, 사용하는 방법도 어렵지 않다.

① 작업자들이 각자 데이터 파일을 만든다. 이때 변수이름 등을 사전에 동일하게 지정해 놓으면 편리하다. 여기서는 예를 들기 위해, 앞의 [성적] 데이터에 대응하여 [성적2]라는 새로운 데이터 파일을 만들었다.

② 데이터 편집기의 메뉴 바에서 [데이터]－[파일 합치기]－[케이스 추가] 기능을 선택한다.

그림 7-17 명령문 선택하기

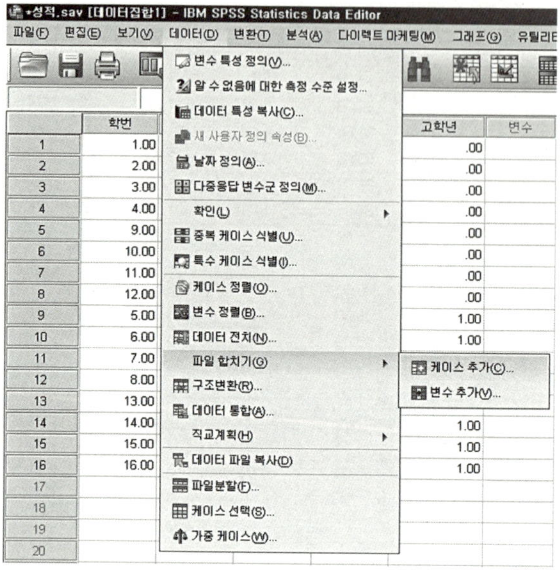

③ 앞의 절차를 완료하면, 합칠 파일 이름을 묻는 작업창이 화면에 뜬다. 그러면 [성적2] 자료 파일을 선택하여 열어 준다.

그림 7-18 케이스 추가를 위한 작업창

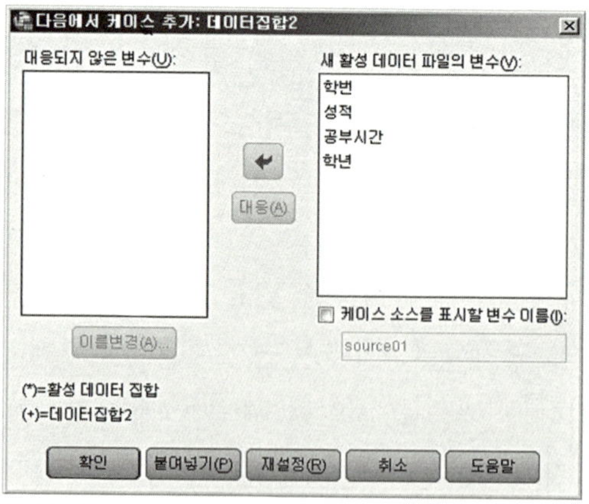

④ [성적] 파일에 합칠 [성적2] 파일을 열고 나면, 다음과 같은 작업창이 다시 뜬다. 코딩 작업시에 변수이름 등을 통일하여 놓았으므로, 이 작업창에서 별도의 작업을 할 필요 없이 [확인] 단추를 클릭하면 된다.

⑤ [케이스 추가] 작업의 결과는 즉각적으로 화면에 나타나는데, 〈그림 7-19〉가 그 모습을 보여 주고 있다.

••그림 7-19 케이스 추가 결과

학번	성적	공부시간	학년
1	90	10	1
2	80	8	1
3	88	6	2
4	93	9	2
5	90	11	3
6	85	10	3
7	83	5	4
8	78	3	4
9	96	12	1
10	88	11	1
11	94	10	2
12	82	6	2
13	77	2	3
14	91	15	3
15	95	20	4
16	86	8	4
17	90	10	1
18	80	8	1
19	88	6	2
20	93	9	2
21	90	11	3
22	85	10	3
23	83	5	4
24	78	3	4

앞의 [성적] 파일에서는 하나의 과목에 대한 성적 자료를 수록하고 있다. 그런데 만약 동일한 학생들이 다른 과목을 수강하고 있어서, 다른 교수님이 그 과목의 성적을 별도로 SPSS 등에 입력하였다고 하자. 이런 경우 두 교수의 성적 자료를 하나로 합하면, 학생들의 학업성적에 대하여 훨씬 더 풍부한 정보를 얻을 수 있게 된다. 이때 사용하는 것이 [자료합치기] 기능 중에서 [변수추가] 명령문이다.

① 기존의 [성적] 파일과 합할 새로운 파일이 존재하거나, 새롭게 생성되어야 한다. 여기서는 다른 과목의 성적이 [성적3] 데이터파일에 저장되어 있다고 가정한다. 이때 [성적] 파일과 [성적3] 파일에 수록되어 있는 케이스들의 순서와 위치가 동일하여야 한다(순서와 위치가 동일하지 않을 경우에도 파일을 합하는 방법이 있기는 하지만, 매우 복잡하므로 여기서는 따로 설명하지 않는다).

② 데이터 편집기의 메뉴 바에서 [데이터]－[파일 합치기]－[변수추가] 기능을 선택한다.

③ 위의 절차를 마치면, 합칠 파일 이름을 묻는 작업창이 나온다. 여기서는 [성적] 파일에 [성적3] 파일을 합하는 과정이기 때문에, 작업창에서 [성적3] 파일을 선택하여 열면 된다.

④ 그러면 〈그림 7-20〉과 같은 작업창이 다시 나타난다. 여기서는 추가적인 작업이 필요 없으므로 [확인]단추를 누르면 된다.

••그림 7-20 변수추가 작업창

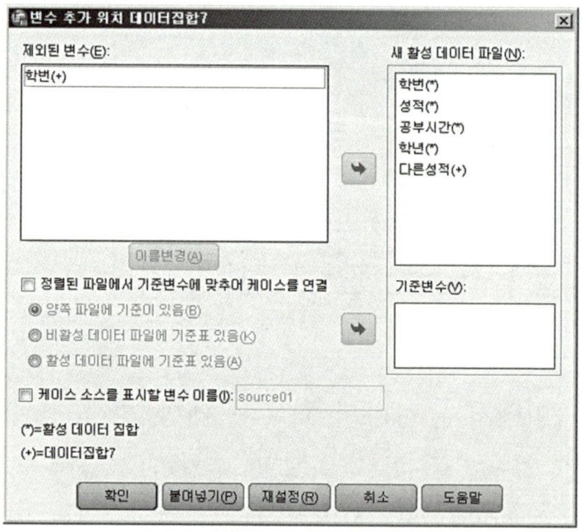

⑤ 작업 결과는 당연히 화면에 즉각적으로 나타난다. 〈그림 7-21〉에서 보면 [다른 성적]이란 변수 및 해당 정보가 기존 파일에 추가되어 있는 것을 알 수 있다.

••그림 7-21 [파일 합치기] 중 [변수추가] 작업의 결과

19 :

	학번	성적	공부시간	학년	다른성적	변수
1	1.00	90.00	10.00	1.00	85.00	
2	2.00	80.00	8.00	1.00	90.00	
3	3.00	88.00	6.00	2.00	90.00	
4	4.00	93.00	9.00	2.00	75.00	
5	5.00	90.00	11.00	3.00	80.00	
6	6.00	85.00	10.00	3.00	85.00	
7	7.00	83.00	5.00	4.00	95.00	
8	8.00	78.00	3.00	4.00	90.00	
9	9.00	96.00	12.00	1.00	88.00	
10	10.00	88.00	11.00	1.00	84.00	
11	11.00	94.00	10.00	2.00	92.00	
12	12.00	82.00	6.00	2.00	88.00	
13	13.00	77.00	2.00	3.00	90.00	
14	14.00	91.00	15.00	3.00	78.00	
15	15.00	95.00	20.00	4.00	90.00	
16	16.00	86.00	8.00	4.00	85.00	

6. 보고서 만들기: 통계처리 결과물을 워드프로세서로 보내기

통계처리가 끝난 결과물은 그것으로 끝이 아니라 워드프로세서로 보고서를 작성해야 비로소 작업이 완결된다. 구슬이 서 말이라도 꿰어야 보배라고 하듯이 보고서를 잘 써야 분석을 제대로 했다는 평가를 받는다.

그런데 보고서를 잘 썼다는 것은 ① 내용의 품질이 우수하다는 것과 ② 보고서의 모양이 보기에 좋다는 것을 모두 포함하고 있다. 분석 및 보고 내용의 품질은 분석자의 지적 능력과 노력의 종합적인 결과이다. 그러나 보고서 모양을 보기 좋게 만드는 것은 지극히 테크니컬 한 문제이다. 이 부록에서는 테크니컬 한 부분에 대해서만 설명한다.

보고서를 작성할 때 워드프로세서의 각종 기능을 활용하면, 형식적인 측면에서 향상을 가져올 수 있다. 그러기 위해서는 SPSS 결과물을 한글(hwp) 프로그램으로 보내야 하는데, 여기에는 ① 개체복사 방법과 ② 파일로 내보내기 방법이 있다. ③ 이 밖에 요즈음엔 인터넷에 직접 분석결과를 업로드하므로 이 방법도 알아두면 유용하다. 그러나 이것은 여기서 별도로 설명하지 않는다.

(1) 개체복사 방법

이 방법은 매우 간편한 방법으로 SPSS 분석 결과물을 워드프로세서로 보내는 방법이다. 그러나 간편한 만큼 제약도 있다. 워드프로세서에서 편집이 자유롭지 않은 점이 단점이다.

① 분석할 자료파일을 열고, 분석을 실시하여, 결과물이 Output 뷰어(화면)에 나온 상태에 있어야 한다.

② 보고할 필요가 있는 분석표로 마우스의 포인터를 옮긴 후, 마우스의 왼쪽 버튼을 클릭한다. 그러면 지정 여부를 알 수 있도록 분석표의 외곽에 박스(Box)가 지정되며, 왼쪽에는 화살표가 나타난다.

그림 7-22 개체복사하는 방법

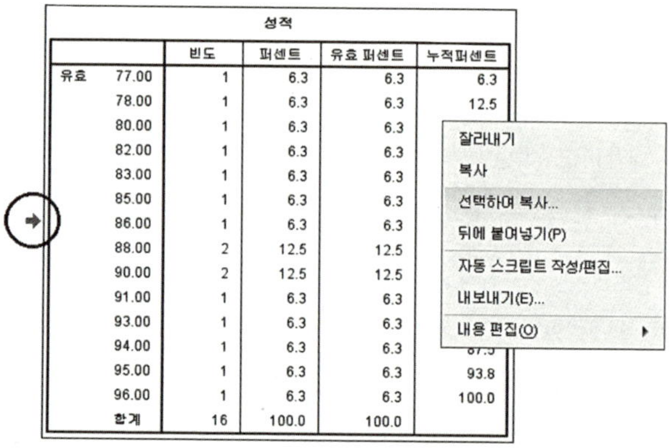

성적

		빈도	퍼센트	유효 퍼센트	누적퍼센트
유효	77.00	1	6.3	6.3	6.3
	78.00	1	6.3	6.3	12.5
	80.00	1	6.3	6.3	
	82.00	1	6.3	6.3	
	83.00	1	6.3	6.3	
	85.00	1	6.3	6.3	
	86.00	1	6.3	6.3	
	88.00	2	12.5	12.5	
	90.00	2	12.5	12.5	
	91.00	1	6.3	6.3	
	93.00	1	6.3	6.3	
	94.00	1	6.3	6.3	[illegible]
	95.00	1	6.3	6.3	93.8
	96.00	1	6.3	6.3	100.0
	합계	16	100.0	100.0	

③ 위의 절차에 의해 지정된 분석표에 마우스 포인터를 맞춘 상태에서, 이번에는 마우스의 오른쪽 버튼을 클릭한다. 작은 작업창이 나오는데, 여기서 [개체복사](Copy Objects) 기능을 선택한다. 그냥 [복사하기](Copy) 기능을 선택하면, 작업이 잘 이루어지지 않는다.

④ 한글(hwp) 등 워드프로세서 프로그램을 실행하고, 위에서 복사한 분석표를 붙일 지점을 선택한 후, 메뉴 바에서 [편집]-[붙이기] 기능을 시행한다.

그러면 다음과 같이 분석표가 워드프로세서 안으로 붙여진다.

		빈 도	퍼 센 트	유효퍼센트	누적퍼센트
유효	77	1	6.3	6.3	6.3
	78	1	6.3	6.3	12.5
	80	1	6.3	6.3	18.8
	82	1	6.3	6.3	52.0
	83	1	6.3	6.3	31.3
	85	1	6.3	6.3	37.5
	86	1	6.3	6.3	43.8
	88	2	12.5	12.5	56.3
	90	2	12.5	12.5	68.8
	91	1	6.3	6.3	75.0
	93	1	6.3	6.3	81.3
	94	1	6.3	6.3	87.5
	95	1	6.3	6.3	93.8
	96	1	6.3	6.3	100.0
	합계	16	100.0	100.0	

⑤ 위의 분석표에 마우스 포인터를 맞춘 상태에서 다시 마우스 오른쪽 버튼을 누르면 작업창이 나온다. 여기서 [개체속성]－[글자처럼 취급]－[설정] 절차를 밟게 되면, 이후의 작업은 일반 워드프로세서를 사용하는 방법에 따라 수행하면 된다.

이상의 절차는 분석표뿐만 아니라 그래프를 개체복사할 때도 동일하게 적용된다.

(2) 파일로 내보내기 방법

앞의 개체복사 방법보다 다소 복잡하지만, 그 대신 편집 능력이 향상되는 대안적인 방법이 있는데, 그것이 바로 SPSS 결과물을 파일로 내보내는 기능이다.

① 분석결과물에 출력결과 뷰어(화면)에 나타난 상태에서 작업을 시작한다.

② 보고서에 사용할 분석표에 마우스 포인터를 맞춘 후, 마우스 오른쪽 버튼을 누른다. 그러면 작업창이 활성화되는데, 여기서 [내보내기]기능을 선택한다.

•• 그림 7-23 내보내기 기능선택

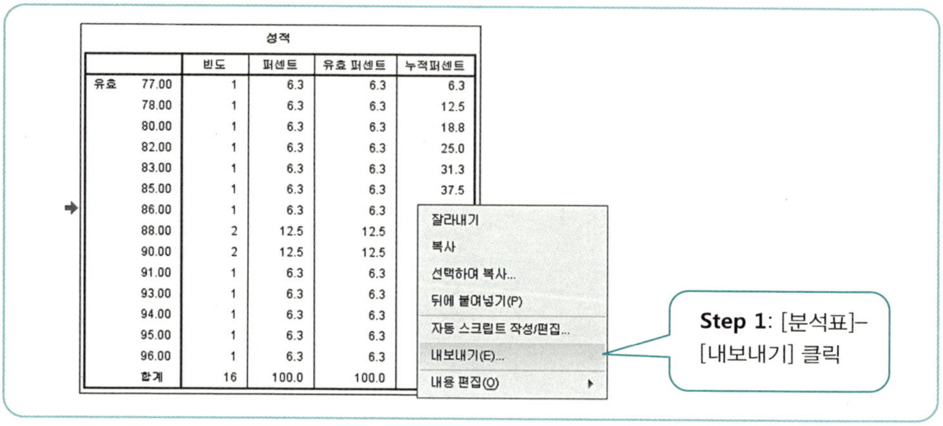

③ 위의 절차를 마치면 새로운 작업창이 나온다.

•• 그림 7-24 내보내기 출력결과

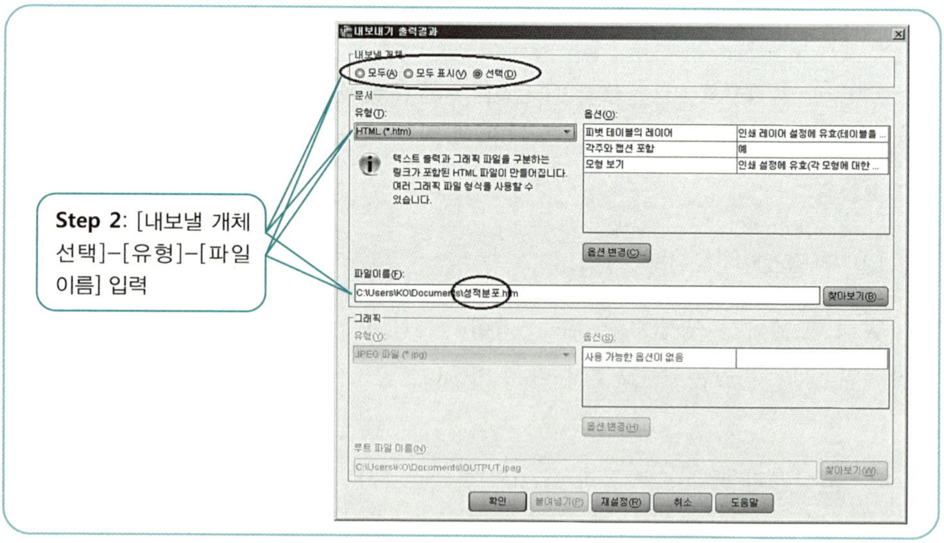

그 결과 왼쪽 상단에 있는 파일유형은 [Word/RTF(*.doc)]이 자동으로 선택되어 있다. 본 절에서는 HTML(*.html)로 유형을 수정하였다. 그러나 그래프(Charts)를 파일로 내보낼 때는 기본사양을 [없음(그래픽만)]이라는 선택사양으로 바꿔주어야 하는데, 이때 파일유형은 자동으로 [JPEG file(*.jpg)]로 바뀌게 된다.

왼쪽 하단의 [내보내기 대상]작업 칸에서는 모든 개체(모두 또는 모두표시)를 내보낼 것인지, 선택된 개체만(선택) 내보낼 것인지를 선택하도록 하고 있다. 요즈음은 컴퓨터의 성능이 향상되어 있으므로, 모든 개체를 파일로 내보낸 후 워드프로세서에서 필요한 것들을 선별하는 작업을 수행하는 것도 가능하다. 그러나 컴퓨터 사양이 낮은 경우에는 필요한 개체만 선별해서 파일로 내보내는 것이 효과적이다.

④ 위의 작업창에서 가운데 부분에 있는 파일이름 칸에 출력될 파일명(예, 성적분포)을 입력한다. 이때 저장할 디렉토리를 자신에게 편리한 곳으로 지정해 두면 나중에 사용하는 데 편리하다.

•• 그림 7-25 한글(hwp)에서 파일열기 작업중

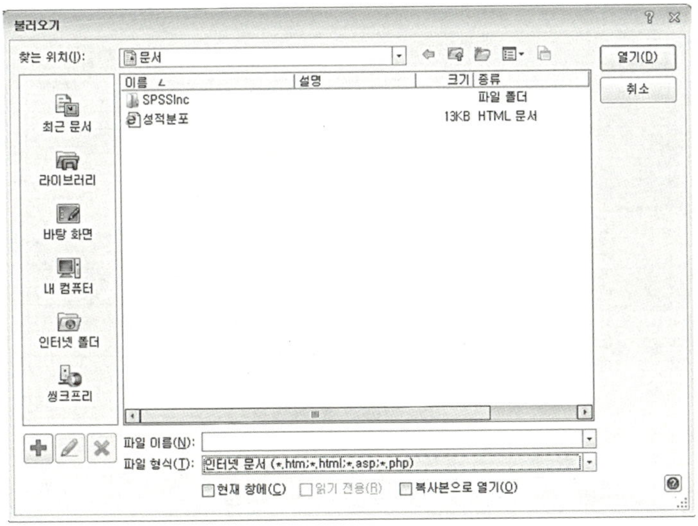

⑤ 한글(hwp) 등 워드프로세서에서 해당파일(예, 성적분포.htm)을 불러오기 하면 된다. 이때 유의할 점은 파일형식을 [인터넷 문서](*.htm;*html:*asp;*php)로 지정해 주어야 한다는 것이다. 파일형식을 인터넷 문서로 지정해 주지 않으면, 파일이름 자체가 작업창에 떠오르지 않는다.

⑥ 위의 절차를 수행하면, SPSS 분석결과물이 한글(hwp) 등 워드프로세서의 작업파일로 화면에 나타나게 된다. 그러나 이 파일은 아직 (*.htm) 확장자를 갖고 있기 때문에 워드프로세서에서 [다른 이름으로 저장하기] 기능을 선택하여 .hwp 확장자를 갖는 파일로 변환하여 저장해야 한다. 일단 .hwp 파일형식으로 저장되면, 그 다음부터는 일반 워드프로세서 작업파일과 동일하게 각종 기능을 적용할 수 있게 된다.

••그림 7-26 내보내진 파일을 Hwp에서 [불러오기]한 모습

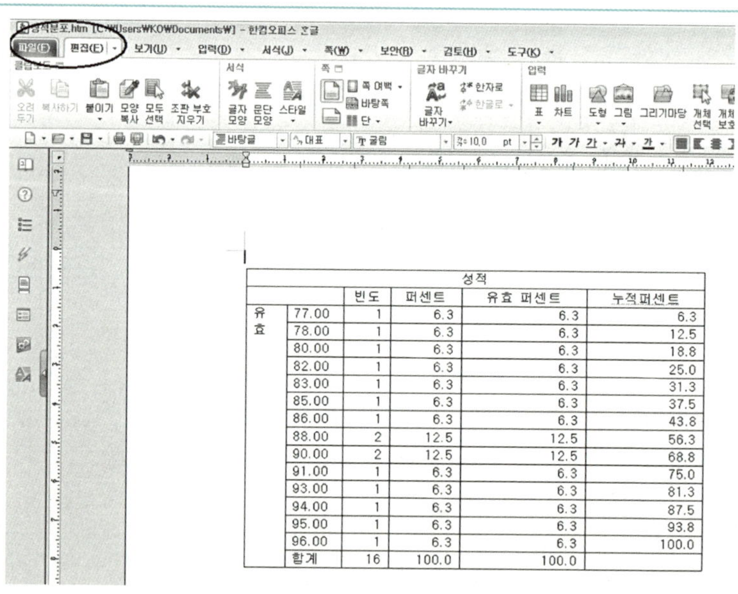

성적					
		빈도	퍼센트	유효 퍼센트	누적퍼센트
유효	77.00	1	6.3	6.3	6.3
	78.00	1	6.3	6.3	12.5
	80.00	1	6.3	6.3	18.8
	82.00	1	6.3	6.3	25.0
	83.00	1	6.3	6.3	31.3
	85.00	1	6.3	6.3	37.5
	86.00	1	6.3	6.3	43.8
	88.00	2	12.5	12.5	56.3
	90.00	2	12.5	12.5	68.8
	91.00	1	6.3	6.3	75.0
	93.00	1	6.3	6.3	81.3
	94.00	1	6.3	6.3	87.5
	95.00	1	6.3	6.3	93.8
	96.00	1	6.3	6.3	100.0
	합계	16	100.0	100.0	

7. 작업결과를 파워포인트로 불러들이기

파워포인트를 이용한 프레젠테이션 기회가 많아짐에 따라 SPSS 분석결과물을 파워포인트로 직접 작성해야 할 필요성도 커지고 있다. 물론 앞에서 설명한 대로, SPSS 결과물을 파일로 내보내서 워드프로세서로 읽어서 편집한 다음, 그것을 다시 파워포인트로 보낼 수도 있겠다. 그러나 더 간편한 방법은 SPSS 결과물을 직접 파워포인트에서 읽는 방법이다. 이 절차는 매우 간단하다.

① SPSS 분석결과 출력결과문서 뷰어에서 파워포인트에서 사용할 분석표 또는 차트를 선정한다. 이 분석표(또는 차트)에 마우스 포인트를 맞춘 다음, 마우스 오른쪽 버튼을 클릭한다. 팝업되는 작업창에서 [복사]기능을 선택한다. 유의할 점은 이때는 [개체복사]가 아니라 단순한 [복사]기능을 선택하여야 한다는 점이다.

② 파워포인트 프로그램을 실행한 후, [편집]-[붙여넣기] 작업을 수행한다. 그러면 SPSS 분석결과표(또는 차트)가 자동으로 파워포인트 화면에 떠오르게 된다.

③ 주의할 점은 특별히 없지만, 파워포인트에서 해당 결과물을 삽입할 경우, 메뉴 바의 맨 오른쪽 상단에 [새 슬라이드(N)] 명령문을 사용하면 편리하다. [새 슬라이드]를 클릭하면, [슬라이드 레이아웃]을 묻는 작업창이 팝업되는데, 여기서 자신이 원하는 양식을 선택하면 된다. 그런 다음 [편집]-[붙여넣기] 기능을 실행하면 원하는 작업을 수행할 수 있다. 〈그림 7-27〉은 성적분포표를 파워포인트에 붙여넣은 모습이다.

••그림 7-27 파워포인트에 SPSS 결과물을 [붙여넣기] 한 모습

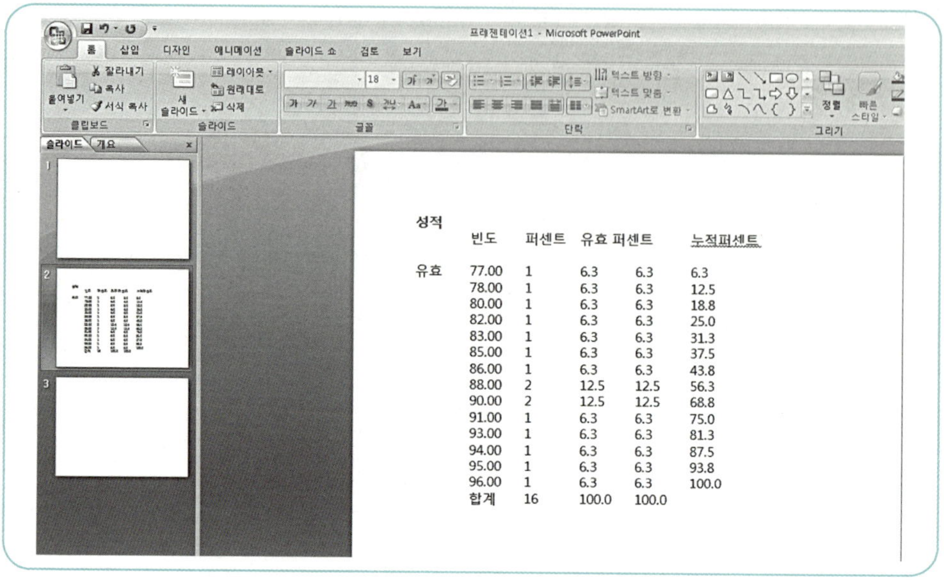

성적

		빈도	퍼센트	유효 퍼센트	누적퍼센트
유효	77.00	1	6.3	6.3	6.3
	78.00	1	6.3	6.3	12.5
	80.00	1	6.3	6.3	18.8
	82.00	1	6.3	6.3	25.0
	83.00	1	6.3	6.3	31.3
	85.00	1	6.3	6.3	37.5
	86.00	1	6.3	6.3	43.8
	88.00	2	12.5	12.5	56.3
	90.00	2	12.5	12.5	68.8
	91.00	1	6.3	6.3	75.0
	93.00	1	6.3	6.3	81.3
	94.00	1	6.3	6.3	87.5
	95.00	1	6.3	6.3	93.8
	96.00	1	6.3	6.3	100.0
	합계	16	100.0	100.0	

8. SPSS에서 표 편집하기

(1) 표의 크기 바꾸기

SPSS 출력결과문서 뷰어에 나타나 있는 분석결과표들 중에서 편집하고자 하는 표를 더블 클릭하여 선택한다. 표의 외곽선 및 내부선에 마우스 포인터를 위치하고 있으면 〈화살표〉가 나타나는데, 이 화살표를 드래그 함으로써 표의 외곽선 및 내부선을 이동시킬 수 있다. 그렇게 함으로써 표를 크게도 할 수 있고, 작게도 만들 수 있다. 이것은 마치 워드프로세서(예, HWP)에서 표의 크기를 조정하는 것과 흡사하다.

(2) 셀 내부의 글자 및 숫자의 크기와 모양바꾸기

표 안의 글자 또는 숫자를 편집하고 싶으면, 해당 셀에 마우스 포인터를 이동시킨다. 해당 셀을 마우스로 더블 클릭하면, 작업창이 나오고 거기서 [툴 바(Tool Bar)]를 선택한다. 툴 바의 작업 기능은 〈그림 7-28〉과 같다. 이 툴 바를 이용하며, 글자 및 숫자의 크기와 위치 및 색깔 등을 바꿀 수 있다. 그리고 맨 뒤에 있는 버튼을 클릭하면, 해당 분석표를 그래프로 변환시켜 주기도 한다.

•• 그림 7-28 **툴 바의 기능에 관한 설명**

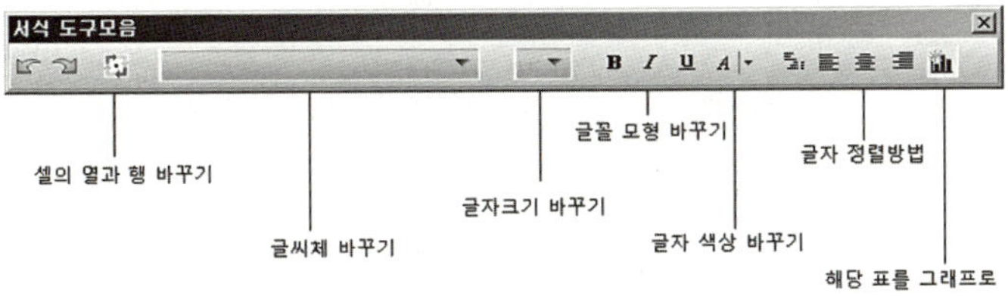

9. 그림표 편집하기

SPSS의 차트 기능은 매우 훌륭하여서, 기본사양에 따라 그려진 그래프를 그대로 사용하여도 무방하다. 그러나 현대사회는 감성(感性)의 시대로서 차트를 좀 더 감각적으로 편집하고 싶어하는 사람도 많다. 여기서는 알아두면 편리한 차트 편집 기법을 설명한다. 설명대상도 막대그래프에 한정하지만, 다른 유형의 차트들도 아래 설명을 응용하면 어렵지 않게 작업을 수행할 수 있다.

(1) 막대그래프 편집

① 기본 차트 생성: 분석자료를 데이터 편집기에 불러온 후 [그래프]-[레거시 대화상자]-[막대도표] 또는 [도표작성기]-[막대도표] (더블클릭 또는 드래그)기능을 이용하여 기본 막대그래프가 출력결과문서 뷰어에 나타나도록 한다. 다음은 예를 들기 위해, [성적] 파일로부터 〈공부시간〉의 분포도를 막대그래프로 그린 것이다.

② 그래프 편집 준비: 위 그래프를 편집하기 위해서는 위 그래프에 마우스 포인터를 맞추고 마우스 왼쪽 버튼을 더블 클릭한다. 그러면 다음과 같은 작업창이 나온다.

••그림 7-29 학생들의 공부시간 분포도

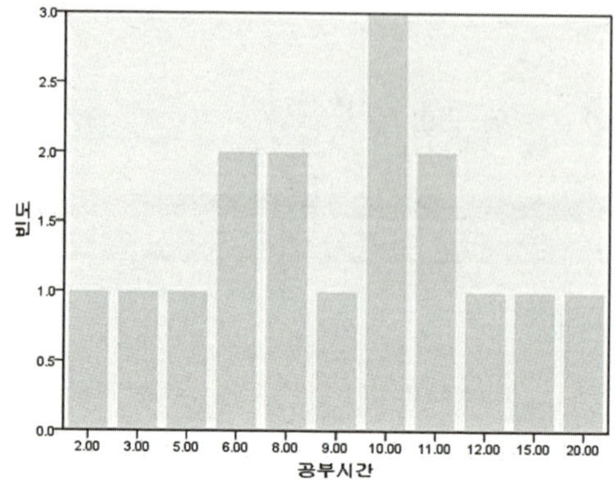

③ 그래프 색깔 바꾸기: 만약 그래프의 색깔을 바꾸고 싶다면, 위의 작업창에서 색깔을 바꾸고 싶은 곳에 마우스를 클릭 한 다음 팝업 창에서 원하는 색깔을 선택하면, 막대그래프의 색깔이 〈그림 7-30〉과 같이 바뀐다.

••그림 7-30 그래프보드편집기를 활용한 차트편집 작업창

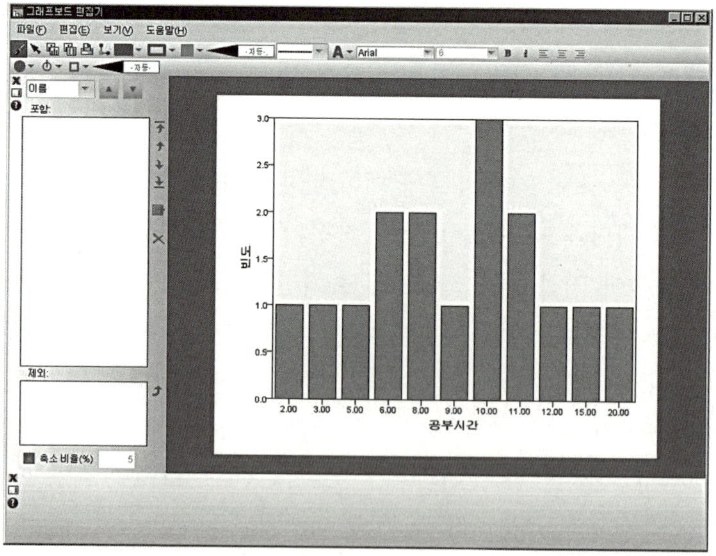

••그림 7-31 **색깔이 바뀐 막대그래프**

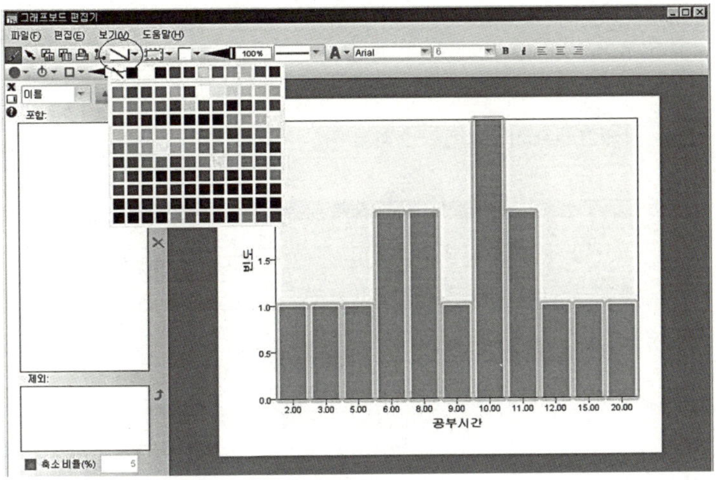

④ 막대그래프 외곽선 바꾸기: 위의 막대그래프는 색깔이 달라져서 보기가 좋아졌지만, 여기에 막대그래프의 외곽선을 검은색으로 그린다면 훨씬 더 좋을 것이다. 이 작업은 작업창에서 [외곽선]을 선택하고, 색깔을 검은 색으로 지정하여 실행 명령을 내린다. 그 결과는 〈그림 7-32〉와 같다.

••그림 7-32 **외곽선이 있는 막대그래프**

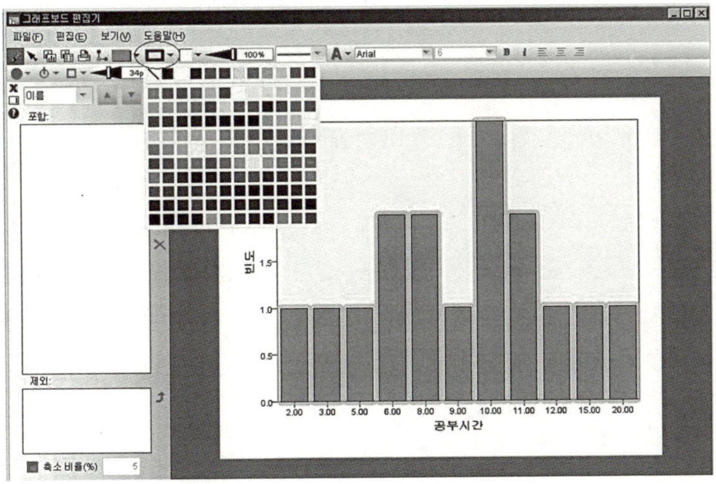

⑤ 막대그래프에 숫자 입력하기: 막대의 높이를 구체적인 숫자로 표시하는 것이 좋을 때가 있다. 막대그래프에 숫자를 입력하기 위해 도표편집기를 활용하면 된다(〈그림 7-33〉).

••그림 7-33 **막대그래프의 높이를 숫자로**

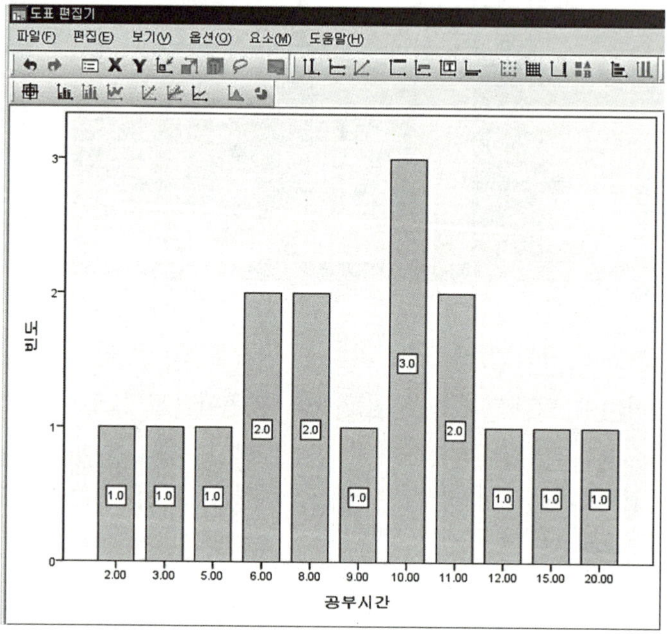

⑥ 가로 막대그래프로의 변경은 '도표좌표계 전치' 기능을 사용하면 되는데, 막대그래프의 가로, 세로 축이 바뀌게 된다.

••그림 7-34 **가로 막대그래프로 변환**

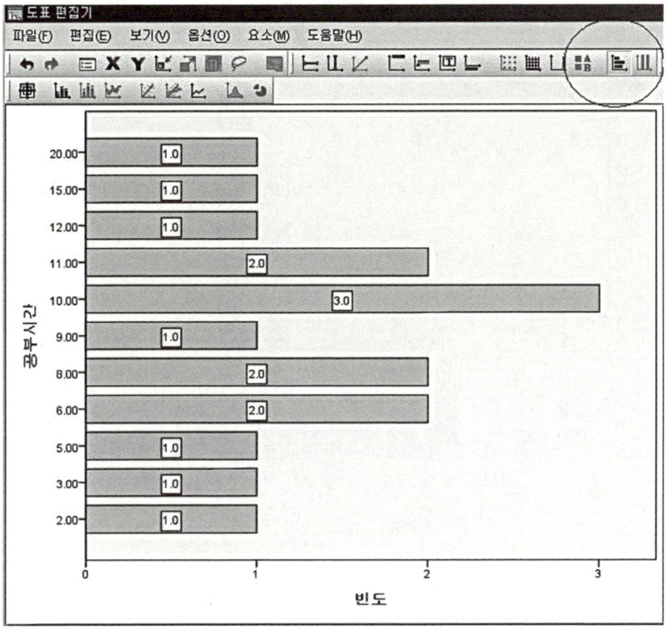

(2) 히스토그램 편집

히스토그램 역시 막대그래프의 일종이다. 그러나 막대그래프는 단순한 빈도를 그림으로 나타내준다. 〈그림 7-35〉에서 X-축의 단위 간격은 “1”이다. 그러나 히스토그램을 나타내는 〈그림 7-36〉에서는 X-축의 단위 간격이 “2.5”로 조정되어 있다. 이처럼 히스토그램은 원자료를 어느 정도 가공하여 그림표로 표현해 준다.

그림 7-35 성적분포를 막대그래프로 나타낸 것

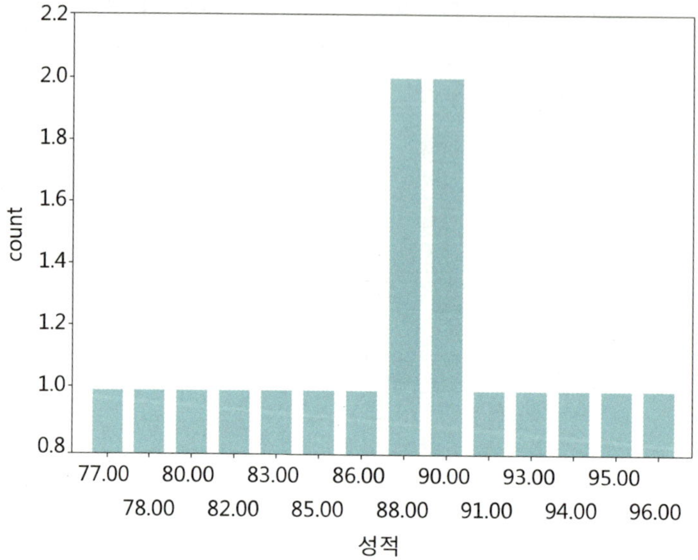

그림 7-36 성적분포의 히스토그램

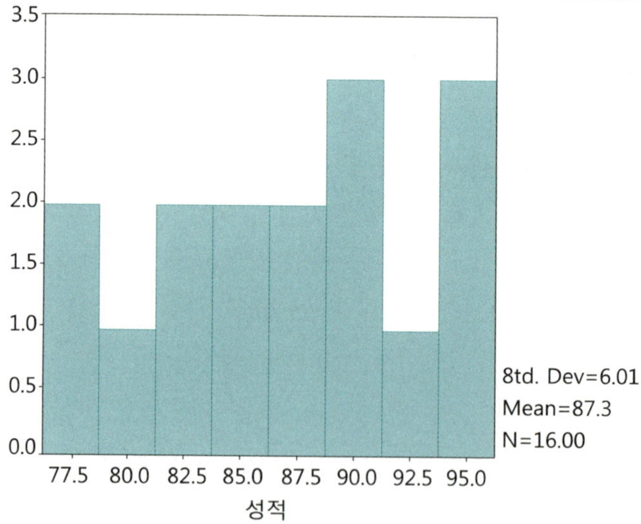

10. 표와 그림표를 워드프로세서에서 읽기

SPSS의 분석표와 그래프는 [편집]-[개체복사]한 후, 워드프로세서에서 [붙여넣기]를 시행하면 된다. 그러나 이렇게 불러들여진 분석표와 그래프는 워드프로세서에서 그림파일로 인식되기 때문에, 크기 등은 쉽게 바꿀 수 있지만, 색깔이나 내용은 바꿀 수 없다. 그러므로 멋있는 표와 그래프를 만들기 위해서는 워드프로세서로 불러들이기 이전에 편집작업을 완료해야 한다.

제 8 장 가설검정과 t-검정

제 1 절 가설검정

가설의 형식은 선언적 형식(예, …는 … 한다)과 조건적 형식(예, …하면 할수록, 더욱더 …할 것이다)을 취한다. 일반적으로는 영가설(null hypothesis, 또는 귀무가설이라고도 함)과 대립가설(alternative hypothesis) 또는 연구가설(research hypothesis)로 구분된다.

영가설과 대립가설은 하나의 세트로서, 영가설이 채택되면, 대립가설은 부결된다. 반대로 영가설이 부결되면, 대립가설이 채택된다.

일반적으로 영가설은 두 개 이상의 변수가 서로 관계가 **"없다"**(또는 상관관계가 "0"이다)는 진술이고, 반대로 대립가설은 관계가 **"있다"**(즉, 상관관계가 "0이 아니다")라는 진술의 형태를 띤다. 그리고 영가설은 "H_o"로 표시하고, 대립가설은 "H_1"으로 표기한다.

〈사례 1〉 μ가 두 변수간의 상관관계인 경우

영 가 설 H_0 : $\mu=0$

대립가설 H_1: $\mu\neq0$

〈사례 2〉 μ가 평균 키와 같이 특정 수치인 경우

영 가 설 H_0: $\mu=173\text{cm}$

대립가설 H_1: $\mu\neq173\text{cm}$

〈사례 3〉 μ의 방향이 알려져 있는 경우

$$\text{영 가 설 } H_0: \mu = 0$$
$$\text{대립가설 } H_1: \mu > 0$$

1. 영가설을 검정하는 가장 쉬운 방법 : 신뢰구간 추정법

가장 쉬운 사례인 모평균의 크기를 검정하는 경우를 생각해보자. 어느 한 대학교의 남자 대학생 1만 명의 평균키가 과연 175cm인지 여부를 알고자 한다(모평균은 175cm). 그러나 1만 명의 키를 모두 측정하는 것은 물리적으로 어렵기 때문에, 표본조사를 실시한다. 표본의 크기는 400명으로 한다. 그 결과 이 표본에서 얻어진 통계량, 즉 표본평균은 178cm이고, 표본의 표준편차 2cm라고 하자.

그러면 가설은 다음과 같이 세워진다.

$$\text{영 가 설 } H_0: \mu = 175\text{cm}$$
$$\text{대립가설 } H_1: \mu \neq 175\text{cm}$$

앞에서 설명한 신뢰구간 추정법을 대입하면, μ는 하한값 177.804cm와 상한값 178.196cm 사이에 존재할 확률이 95%가 된다.

$$178 - 1.96 \times 2/\sqrt{400} \leq \mu \leq 178 + 1.96 \times 2/\sqrt{400}$$
$$178 - 0.196 \leq \mu \leq 178 + 0.196$$
$$177.804 \leq \mu \leq 178.196$$

따라서 95%의 신뢰도로 가설을 검정하면, μ가 175cm일 확률은 매우 작다. 따라서 이 경우에는 대립가설이 채택되고, 영가설은 기각된다.

이상은 모평균의 키에 대한 통계학적 검정 사례를 설명하였지만, 이러한 검정방식은 다양한 모수를 검정하는 데에도 두루 사용되고, 또 모평균값이 173cm가 아니라 여러 값(예, "0")을 가질 때에도 그대로 적용된다. 요즈음은 컴퓨터 기술도 발달되어서, SPSS 등을 이용하면 신뢰구간의 하한값과 상한값이 자동으로 계산되어 출력된다.

그런데 신뢰구간추정법을 이용한 검정방식이 실제로는 많이 사용되지 않는다. 논리적으로는 맞지만, 다소 유치하다고 생각하는 것 같다. 그래서 통계학적 분석가들은 다음과 같이 좀 더 세련되어 보이는 기법을 더 많이 사용한다. 다만, 내용적인 면에서는 동일하다.

2. critical *t*-값을 이용한 가설검증 방법

앞에서 설명한 *t*-분포의 특징으로 다시 돌아가 보자(자유도가 30보다 커서 *t*-분포와 정규분포가 거의 비슷한 경우를 상정한다).

이때 남자대학생의 키의 모평균값이 175cm이고, 표본평균값은 178cm, 그리고 표본의 표준편차는 2cm이다. 앞의 신뢰구간추정법은 표본평균값을 중심으로 가설검정을 전개해 나갔는데, critical *t*-값을 이용한 가설검증법은 모평균을 중심으로 논리를 전개해 간다.

즉, 모평균값이 175cm이므로, 모평균으로부터 어느 정도까지 벗어나면, 확률 면적이 전체 면적의 95%에 도달할 것인지를 계산하는 것이다. 그것은 자유도가 30보다 클 때, 〈제6장〉에서 설명한 *t*-분포의 특성에 따라, *t*-값이 하한값 −1.96에서 상한값 +1.96일 때 *t*-분포 전체 면적의 95%가 된다. 따라서 이 경

그림 8-1 *t*-분포에 의한 critical *t*-값

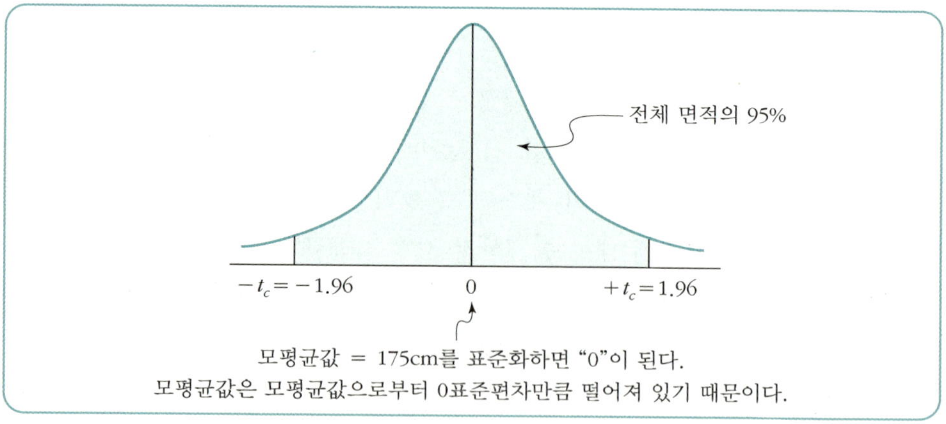

우 critical t-값은 −1.96 또는 +1.96이 된다(critical t-값의 정확한 크기는 제6장에 수록된 〈표 6-1〉을 보면 쉽게 파악할 수 있다).

이 단계에서, 제5장의 제3절 “Bull’s Eye와 Strike Zone”을 다시 상기해보자. 야구에서 투수가 정중앙이 아닌 그 비슷한 구역에 공을 던지면 모두 스트라이크로 판정을 한다. 마찬가지로 표본조사를 한 경우, 표본의 평균값이 모평균값과 아주 일치하지는 않더라도, 모평균에서 크게 벗어나지 않는 범위에 있다면, 표본평균값이 모평균값을 알아맞힌 것으로 (즉, 스트라이크로) 판정한다.

이 원리를 가설검정에 도입하면, 표본평균값을 표준화한 t값이 critical t-값보다 절대값에서 작은 수치라면, 모평균이나 표본평균이나 같은 것으로 간주한다. 반대로 표본평균의 t-값이 critical t-값보다 (절대치에서) 크다면, 이는 표본평균이 모평균으로부터 너무 멀리 떨어져 있어서, 둘이 똑같다고 간주하기 어렵게 된다.

이상의 원리를 그림으로 설명하면, 〈그림 8-2〉와 같다.

표본평균을 표준화한 값, 즉 t-값은 다음 공식에 의해 구해진다. (요즈음은

그림 8-2 critical t-값을 이용한 가설검증

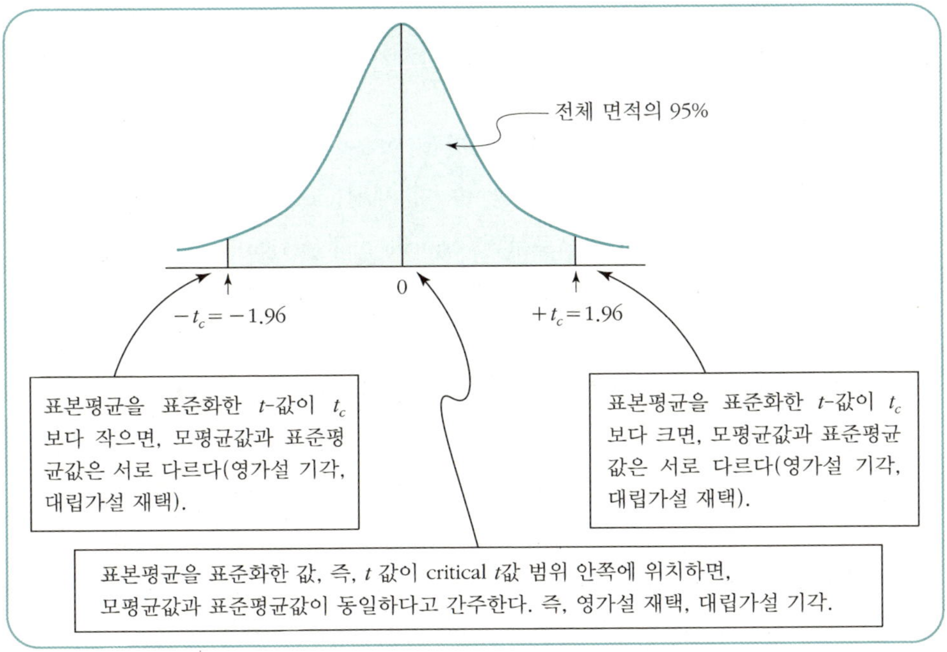

컴퓨터 프로그램에 의해 자동으로 계산된다.)

$$t = \frac{m-\mu}{s/\sqrt{n}}$$

(자세한 설명은, 제6장 제2절로 되돌아갈 것)

이번 사례의 경우, t값은 30이 된다.

$$t = \frac{178-175}{2/\sqrt{400}} = \frac{3}{0.1} = 30$$

따라서 t 값이 critical t-값인 1.96보다 훨씬 크므로, 모평균값과 표본평균값은 현저히 다른 값이 된다. 그 결과 영가설(H_0 : μ = 175cm)은 기각되고, 대립가설(H_1 : $\mu \neq$ 175cm)이 채택된다.

그렇다면 critical t-값을 이용한 가설검증법이 가설검증의 대세인가? 아직 그렇지 않다. 더 세련된 방법이 존재하기 때문이다. 일부 통계학자들은 critical t 검증방법을 사용하기는 한다. 그러나 대다수는 다음에 설명할 유의수준(α-level)을 이용한 가설검증법을 가장 많이 사용한다.

3. 유의수준(α-level)을 이용한 가설검증 방법

이 방법 역시 본질적으로는 신뢰구간을 이용한 가설검증이나 critical t-값을 이용한 가설검증과 동일하다. 다만 좀 더 세련(elegant)되어 보일 뿐이다.

〈그림 8-2〉에서 모평균값으로부터 critical t-값(±1.96)까지의 면적은 전체 면적의 95%를 차지한다. 이를 거꾸로 생각하면, critical t-값 바깥의 면적이 전체 면적의 5%가 된다. 이런 바깥 면적 5%를 유의수준(α-level 또는 significance level)이라고 한다. 혹자는 이를 기각역(棄却域, rejection area)이라고 한다.

일반적으로 유의수준을 5%(α=0.05)로 설정하는 경우가 대다수이지만, 경우에 따라 1%(α=0.01) 또는 10%(α=0.1)로 다양하게 적용하기도 한다.

유의수준을 0.05로 한다는 것을 알기 쉽게 표현하면 다음과 같다.

선거에서는 최다 득표를 한 후보가 승리한다(노태우 후보는 약 34%의 득표로 대통령에 당선되었다. 즉 67%의 국민이 그를 뽑지 않았어도 선거제도상 승리자가 되었다).

법률제정은 선거보다 더 엄격한 규칙을 통과하여야 한다. 일반 법률을 제정할 때는 국회의원 과반수만 찬성하면 법률이 통과된다(즉, 반대자가 50% 미만이어야 한다).

헌법 개정은 법률 개정보다 더 중요한 일이므로 더 엄격한 규칙을 적용한다. 국회의원의 2/3 이상이 찬성하여야만 헌법개정이 가능하다(즉, 반대자가 1/3 이하로 작아야 한다).

그런데 과학적 발견에 있어서는 헌법보다 더 엄격한 규칙을 적용한다. 일반적으로 사회과학에서는 95% 이상이 찬성해야 비로소 새로운 발견으로 인정한다(바꿔 말해, 새로운 발견 사항에 대하여 100명 중 5명 이상이 반대하면, 그 발견은 인정되지 않는다. 즉, 반대자가 5% 이하가 되어야 비로소 그 발견은 새로운 발견으로 인정받기 시작하는 것이다. 이것이 바로 유의수준, α-level이다).

그러나 자연과학적 발견은 사회과학보다 더 엄격하여서, 일반적으로 99%의 찬성이 있어도 그것도 부족하다고 할 때가 있다. 즉, 자연과학에 있어서는 반대자가 100명 중 1명만 나타나도 새로운 발견으로 인정받지 못한다. 그만큼 엄격한 규칙을 적용하는 것이다. 예를 들어, 신약 개발의 사례를 들어보자. 부작용이 10만 명당 1%, 즉 1000명이 발생한다면, 이 신약은 식약처의 승인을 못 받는다. 이때는 α-level이 1%보다도 훨씬 적은 수치로 적용되는 것이다.

이를 좀 더 어렵게 표현하면, 약품개발 같은 경우에는 Type II error가 1%를 넘으면 안 되게 하고 있다. 그런 만큼 Type I error의 발생확률이 커지는 것은 어쩔 수 없는 현상으로 용인한다.

과거에는 α-level을 계산하기 위해서, 반드시 〈표 6-1〉과 같은 통계표를 사용했어야 했다. 그러나 요즈음에는 컴퓨터 소프트웨어의 발달로 모든 표본통계량에 대하여 해당 α-level이 자동으로 계산되어 나온다.

따라서 우리는 영가설을 기각하는 최대 유의수준을 5%로 정해 놓고, 해당 통계량의 α-level이 5%보다 큰가 작은가만 판별하면 된다. 도출된 α-level이 크다면 반대자가 많다는 것으로서 영가설 기각 대상이 된다. 반면, α-level이 낮다면, 반대자가 적다는 것으로서, 영가설을 채택하게 된다.[1]

1) 가설검정의 영역은 한쪽만을 대상으로 측정하면 단측검정(one-tail test)이라 부르고 양쪽의 변

그림 8-3 유의수준을 이용한 가설검증

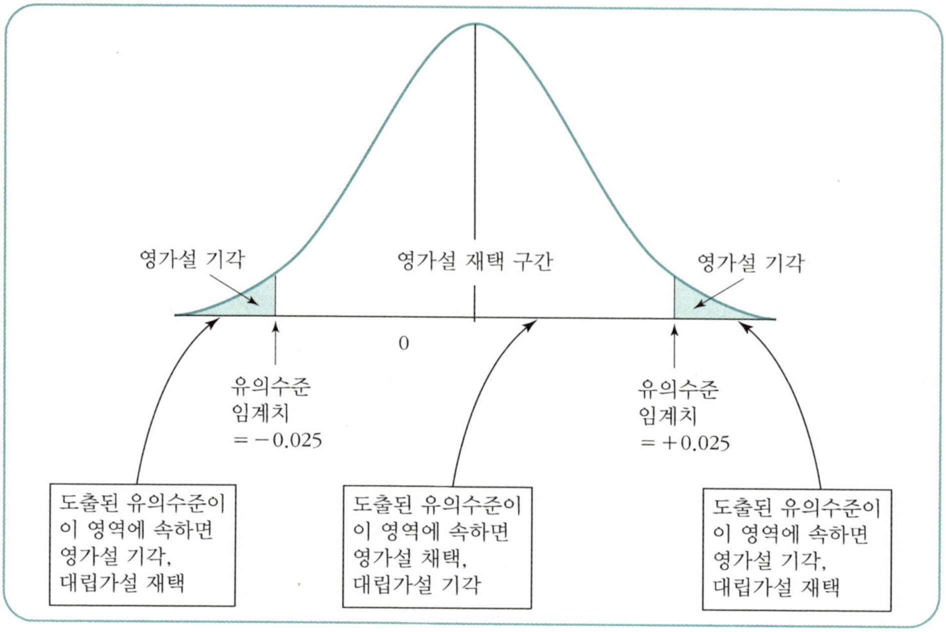

이상 세 가지 방식의 가설검증 방법을 설명하였다. 이해하기 쉬운 순서로는 ① 신뢰구간 추정법을 이용한 가설검증, ② critical *t*-값을 이용한 가설검증, 그리고 ③ 유의수준을 이용한 가설검증법이다. 그러나 실제로 많이 사용되는 것은 유의수준 이용법이고, critical *t*-값을 이용한 가설검증법은 간혹 사용되며, 신뢰구간추정법은 거의 사용되지 않는다. 그 이유는 논리적인 문제가 있어서가 아니라 세련도의 차이이자, 분석가들의 관행 차이이다.

멋있어 보이기 위해서는 유의수준 검증법을 사용해야 한다. 따라서 다소 이해하기 어렵더라도 유의수준 검증법을 숙지하는 것이 필요하다.

화를 모두 알아보고자 할 때 측정하는 방식을 양측검정(two-tail test)이라 부른다. 예를 들어, 국고보조금과 부채의 관계를 알아본다고 하면 "국고보조금이 많을수록 지방자치단체의 부채가 증가 또는 감소가 없었다"고 가정하면(변화없음) 영가설에 해당하고 "국고보조금이 많을수록 지방자치단체의 부채가 감소되었다"로 가정하면 대립가설에 해당한다.

제 2 절 T-검정(평균에 대한 가설검정)

모집단에 대한 가설검정은 크게 모집단의 평균이나 비율에 의한 가설검정과 분산에 대한 가설검정으로 구분된다. 평균에 대한 가설검정은 모집단의 수에 따라 T-검정과 분산분석으로 구분된다. 일반적으로 평균비교방법이라 말할 수 있다. 또한 분산에 대한 가설검정은 모집단의 수에 따라 카이제곱검정과 F-검정으로 분석할 수 있다.

본절에서는 평균비교방법인 T-검정에 대하여 알아본다. T-검정은 모집단이 1개인 경우와 2개인 경우에 분석할 수 있는 기법이다. 다만 모집단이 3개 이상인 경우에 분산분석을 활용하여 검정할 수 있는데 〈제12장〉 분산분석에서 구체적으로 다루기로 한다.

모집단이 1개인 경우 측정횟수가 1번일 경우 일표본 T-검정, 동일한 모집단을 대상으로 2번 측정한 경우 대응표본 T-검정(쌍체비교라 부르기도 함)을 활용하여 평균이 어떠하다는 가설이 맞는지, 또는 2개의 모집단 평균이 서로 다른지를 검정할 수 있다.

함축하면 모집단의 수에 따른 평균차이검증을 위한 분석방법은 T-검정이다. SPSS에서 평균비교(T-검정)는 [일표본 T-검정], [독립표본 T-검정], [대응표본 T-검정], [일원배치분산분석(ANOVA)]이 가능하다.

1. 일표본 T-검정

많은 사람들이 A마트를 찾는다. A마트는 수제 소시지가 맛이 좋다는 평을 받아 인산인해를 이루고 있다. 그러던 어느 날 소비자들로부터 실제 300g짜리를 구매하여 실무게를 측정해보니 거기에 못 미친다는 항의가 자주 제기되었다. 이에 담당 매니저가 매일 수제로 생산되는 소시지의 무게가 정확히 300g이 되는지 알아보기 위해 50개 표본을 무작위로 추출하여 무게를 기록한 뒤 조사를 하게 된다.

••그림 8-4 일표본 T-검정을 위한 데이터 입력

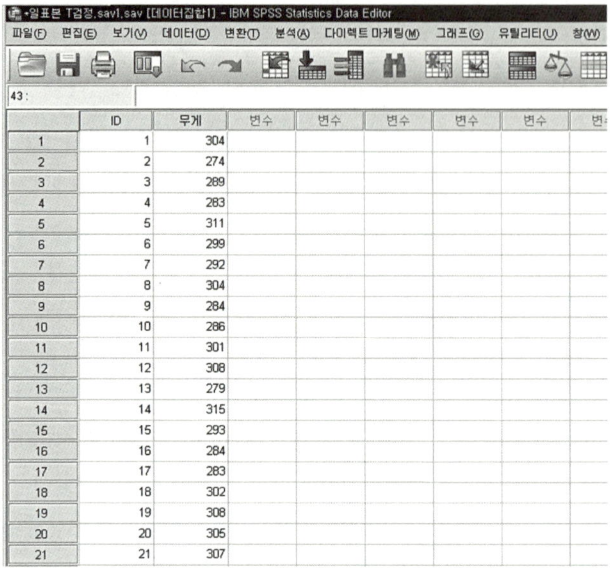

일표본 T검정.sav1.sav [데이터집합1] - IBM SPSS Statistics Data Editor

파일(F) 편집(E) 보기(V) 데이터(D) 변환(T) 분석(A) 다이렉트 마케팅(M) 그래프(G) 유틸리티(U) 창(W)

43 :

	ID	무게	변수	변수	변수	변수	변수
1	1	304					
2	2	274					
3	3	289					
4	4	283					
5	5	311					
6	6	299					
7	7	292					
8	8	304					
9	9	284					
10	10	286					
11	11	301					
12	12	308					
13	13	279					
14	14	315					
15	15	293					
16	16	284					
17	17	283					
18	18	302					
19	19	308					
20	20	305					
21	21	307					

영 가 설: "A 마트에서 판매되는 수제소시지의 평균무게는 300g이다."

연구가설: "A 마트에서 판매되는 수제소시지의 평균무게는 300g이 아니다."

$$H_0:\ \mu = 300$$

$$H_1:\ \mu \neq 300$$

분석을 위해 소시지 50개를 무작위 추출하여 그 무게를 입력한 결과는 〈그림 8-4〉와 같다.

일표본 가설점정을 위한 실행절차는 [분석]-[평균비교]-[일표본 T-검정]을 선택한다.

일표본 대화창이 나타나면 [A마트 소시지무게] 변수를 검정변수란으로 옮긴다. 검정값은 귀무가설에서 주장하는 300g을 입력한 후 [옵션] 버튼을 클릭한다. 옵션 창에서 신뢰구간의 초기지정값(default)은 95%이다. 다만 연구자의 의도에 따라 99%, 90%로 변경할 수 있다. 그 후 [계속] 버튼을 클릭하면 다시 대화창으로 돌아가는데 이때 [확인] 버튼을 클릭하면 일표본 T-검정이 실행된다.

•• 그림 8-5 일표본 T-검정 도출과정

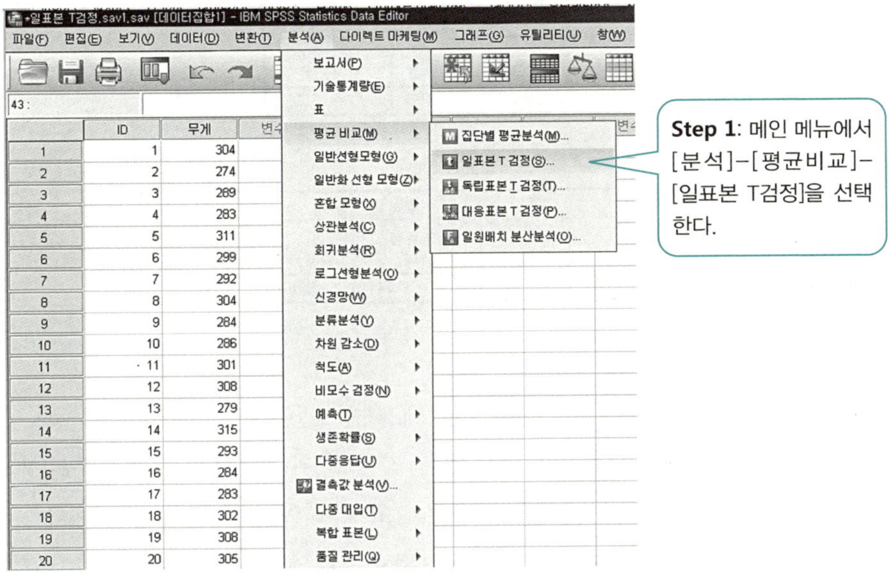

•• 그림 8-6 일표본 대화창, 옵션

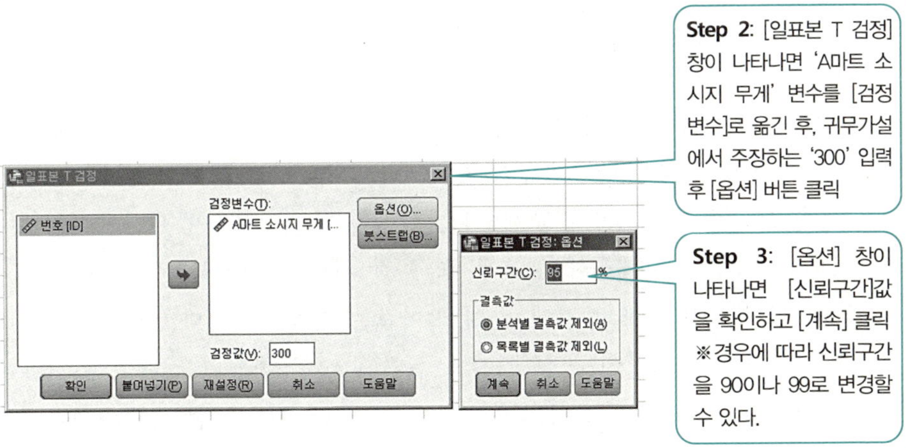

일표본 T-검정을 실행하면 〈그림 8-7〉과 같은 분석결과가 도출된다.

••그림 8-7 일표본 T-검정 결과

일표본 통계량

	N	평균	표준편차	평균의 표준오차
A마트 소시지 무게	50	296.09	13.163	1.862

일표본 검정

	검정값 = 300					
	t	자유도	유의확률 (양쪽)	평균차	차이의 95% 신뢰구간	
					하한	상한
A마트 소시지 무게	-2.099	49	.041	-3.907	-7.65	-.17

일표본 통계량은 A마트 소시지 무게에 대한 관측치(N), 평균, 표준오차가 표시된다. 또한 [일표본 검정] 표 상단에 검정값은 귀무가설에서 주장하는 300g을 의미한다. 검정통계량은 t값이 -2.099이고 유의확률(양쪽)이 0.05보다 작은 0.041이므로 A마트에서 수제로 만들어지는 소시지의 무게는 300g이 아니라는 대립(연구)가설을 채택할 수 있다. 즉 영가설($H_0 : \mu = 300$)을 기각하고 연구가설($H_1 : \mu \neq 300$)을 채택할 수 있다.

2. 대응표본 T-검정

대응표본은 단일모집단에서 추출한 하나의 표본을 대상으로 동일한 표본추출과정을 거친다. 일반적으로는 실험 전과 실험 후로 구분하여 각각 측정한 후 이 값들 간 유의미한 차이가 있는지를 검정하는 것이다. 이 검정방법을 쌍체비교라 부르기도 한다. 대응표본은 두 평균 간 차이를 검정하는 것으로 평균의 차이가 0보다 유의미하게 큰지에 관해 알아보는 분석방법이다.

이미 설명한 바와 같이 실험 이전의 집단과 실험 이후의 집단이 동일한 집단이기 때문에 독립표본 T-검정을 활용할 수가 없다. 왜냐하면 상관관계가 존재할 개연성이 크기 때문이다.

본 절에서는 최근 우리나라 공공기관에 국제회계기준(IFRS)가 도입된 이후 자산 등의 변화를 알아본다. “국제회계기준의 도입으로 인한 총자산 평균의 차이가 있을 것이다"라는 연구가설을 토대로 대응표본 T-검정을 실시한다. 국제회계기준이 도입된 공공기관은 시장형과 준시장형을 합해 28개 기관이다. 이 중 비교가 가능한 26개의 총자산자료와 가상의 4개 공공기관의 총자산자료는 저자가 임의로 작성하여 자연로그를 취하여 분석을 실시하게 된다. 이해를 돕기 위해 설명하면 국제회계기준이 도입되기 전에는 기업회계기준에 근거한 총자산 지표이고, 도입 후에는 국제회계기준에 근거한 총자산 지표이다.

영 가 설: "공공기관의 총자산은 국제회계기준 도입 전과 도입 후 차이가 없다."

연구가설: "공공기관의 총자산은 국제회계기준 도입 전과 도입 후 차이가 있다."

$$H_0 : \mu_1 - \mu_2 = 0$$

$$H_1 : \mu_1 - \mu_2 \neq 0$$

분석을 위해 30개 공공기관의 총자산 자료를 추출하여 그 자료를 입력한 결과는 〈그림 8-8〉과 같다.

•• 그림 8-8 대응표본 T-검정을 위한 데이터 입력

파일(F) 편집(E) 보기(V) 데이터(D) 변환(T) 분석(A) 다이렉트 마케팅(M) 그래프(G) 유틸리티(U) 창(W)

	id	도입전	도입후	변수	변수
1	부산항만공사	15.38	15.39		
2	인천국제공항공사	15.87	15.87		
3	인천항만공사	14.66	14.66		
4	한국가스공사	17.01	17.22		
5	한국공항공사	14.78	14.79		
6	한국남동발전(주)	15.52	15.74		
7	한국남부발전(주)	15.43	15.60		
8	한국동서발전(주)	15.32	15.56		
9	한국서부발전(주)	15.32	15.50		
10	한국석유공사	16.92	17.08		
11	한국수력원자력(주)	17.22	17.36		
12	한국전력공사	18.12	18.68		
13	한국중부발전(주)	15.45	15.61		
14	한국지역난방공사	15.02	15.25		
15	대한석탄공사	13.48	13.32		
16	제주국제자유도시개발센터	13.30	13.34		
17	한국감정원	12.86	12.89		
18	한국관광공사	13.83	14.12		
19	한국광물자원공사	14.69	14.72		
20	한국도로공사	17.67	17.69		
21	한국마사회	14.68	14.68		
22	한국방송광고공사	13.81	13.82		

그림 8-9 대응표본 T-검정 도출과정

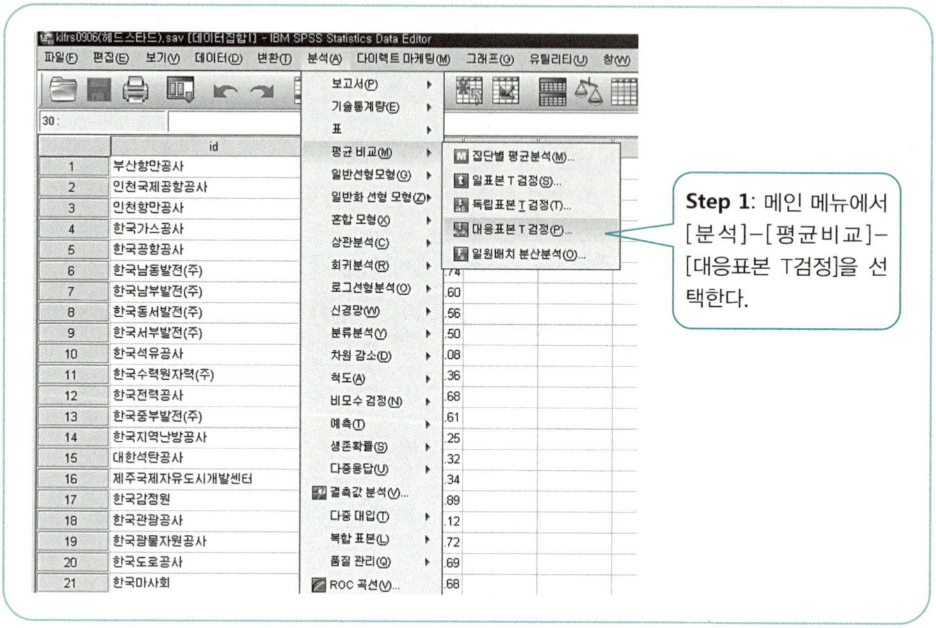

대응표본 가설검정을 위한 실행절차는 [분석]-[평균비교]-[대응표본 T-검정]을 선택한다.

대응표본 대화창이 나타나면 [도입 전](기업회계기준 지표) 변수와 [도입 후](국제회계기준 지표; 실험 후) 변수를 블록설정하여 대응변수로 옮긴다. 대응변수에 변수 1과 변수 2가 표시되는데 일반적으로 변수 1은 실험 전, 변수 2는 실험 후의 지표라고 인식하면 된다. 그 다음 [옵션] 버튼을 클릭하면 대응표본 T-검정 옵션 창이 나타나는데, 신뢰구간의 초기지정값(default)은 95%이다. 신뢰구간의 설정은 일표본 T-검정과 동일하게 99%, 90%로 변경할 수 있다. 그 후 [계속] 버튼을 클릭하면 다시 대화창으로 돌아가는데 이때 [확인] 버튼을 클릭하면 대응표본 T-검정이 실행된다.

대응표본 통계량은 도입 전과 도입 후의 기초통계량, 즉 총자산 지표에 대한 관측치(N), 평균, 표준오차가 표시된다. 국제회계기준이 도입되기 전에 측정한 30개 공공기관의 총자산의 평균(ln)은 15.434이고, 표준편차는 1.577이다. 그

그림 8-10 대응표본 대화창, 옵션

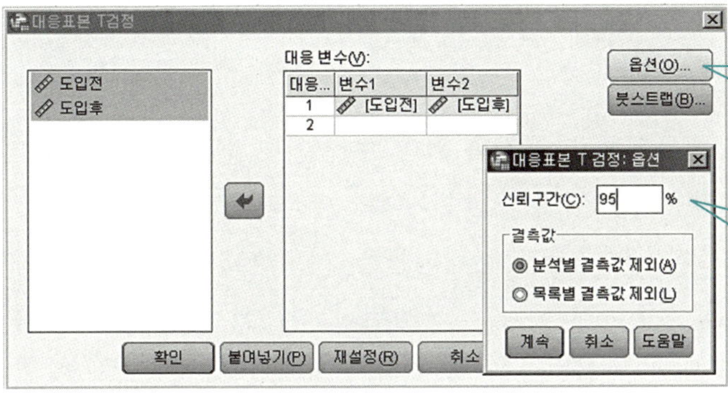

Step 2: [대응표본 T검정] 창이 나타나면 '도입전' '도입후'라는 변수를 [대응변수]로 이동시킨 후 [옵션] 버튼 클릭

Step 3: [옵션] 창에 [신뢰구간] 값을 확인하고 [계속] 버튼을 클릭한 후, 대응표본 T검정] 창에서 [확인] 버튼 클릭

러나 국제회계기준이 도입된 후 공공기관의 총자산 평균(ln)은 15.521이고, 표준편차는 1.630이다. [대응표본 검정] 표를 살펴보면 국제회계기준이 도입된 이후 총자산 평균(ln)이 −0.086만큼 증가하였다는 것을 알 수 있다. 또한 검정통계량 t값이 −3.337이고, 이 값의 유의확률이 0.002로서 이 값은 유의수준이 0.05보다 작으므로 국제회계기준의 도입으로 인한 공공기관의 총자산 평균은 차이가

그림 8-11 대응표본 T-검정 결과

대응표본 통계량

		평균	N	표준편차	평균의 표준오차
대응 1	도입전	15.4345	30	1.57744	.28800
	도입후	15.5212	30	1.63060	.29771

대응표본 상관계수

		N	상관계수	유의확률
대응 1	도입전 & 도입후	30	.997	.000

대응표본 검정

		대응차					t	자유도	유의확률 (양쪽)
		평균	표준편차	평균의 표준오차	차이의 95% 신뢰구간 하한	차이의 95% 신뢰구간 상한			
대응 1	도입전 - 도입후	-.08669	.14229	.02598	-.13982	-.03356	-3.337	29	.002

있다는 대립(연구)가설을 채택할 수 있다. 즉 귀무가설($\mu_1 - \mu_2 = 0$)을 기각하고 연구가설($\mu_1 - \mu_2 \neq 0$)을 채택할 수 있다.

3. 독립표본 T-검정

독립표본 T-검정은 대응표본 T-검정과 달리 모집단이 하나가 아니라 두 개의 모집단을 검정할 때 활용되는 검정방법이다. 즉, 각각의 모집단에서 서로 독립적으로 추출한 표본으로부터 구한 표본평균들을 서로 비교하여 평균차이가 통계적으로 유의미한지를 검정하게 된다. 즉, 광역시도와 시 두 모집단의 일인당 지방세부담액 평균에 대한 가설검정을 위해 각각 30개 지방자치단체의 일인당 지방세부담액을 조사하였다.

영 가 설: "지방자치단체 형태에 따른 일인당 지방세부담액에는 차이가 없다."
연구가설: "지방자치단체 형태에 따른 일인당 지방세부담액에는 차이가 있다."

$$H_0: \mu_1 - \mu_2 = 0$$
$$H_1: \mu_1 - \mu_2 \neq 0$$

분석을 위해 30개 공공기관의 총자산 자료를 추출하여 그 자료를 입력한 결과는 〈그림 8-12〉와 같다. 우리나라 지방자치단체 중 광역시 · 도(집단 1)와 시(집단 2)의 일인당 지방세 부담액의 차이를 검증해보기로 한다.

독립표본 가설검정을 위한 실행절차는 [분석]−[평균비교]−[독립표본 T-검정]을 선택한다(〈그림 8-13〉).

[독립표본 T-검정] 대화창이 나타나면 일인당 지방세부담액을 [검정변수]란으로 옮기고, 지방자치단체형태는 [집단변수]로 옮기면 된다. 집단변수로 옮기게 되면 [지방자치단체형태 ??]라는 문구가 나타나는데 이는 집단정의가 필요하다는 신호이다. 따라서 [집단정의]를 클릭하면 [집단정의] 대화창이 나타나는데 집단 1은 '1'로 집단 2는 '2'로 입력하면 된다(〈그림 8-15〉).

••그림 8-12 독립표본 T-검정을 위한 데이터 입력

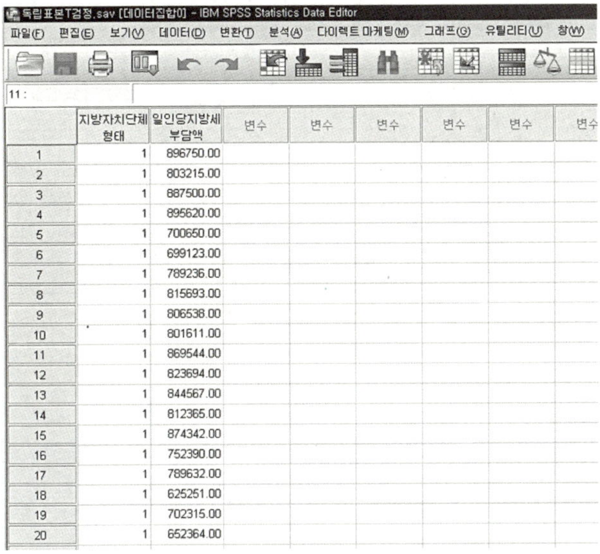

••그림 8-13 독립표본 T-검정 도출과정

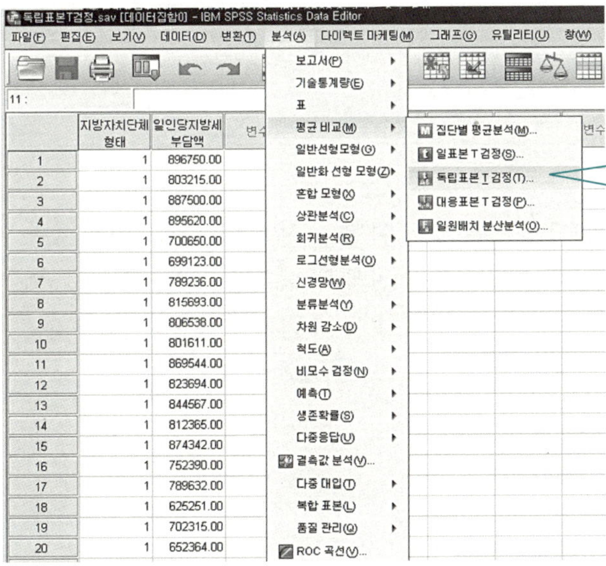

Step 1: 메인 메뉴에서 [분석]–[평균비교]–[독립표본 T검정]을 선택한다.

••그림 8-14 독립표본 대화창, 옵션

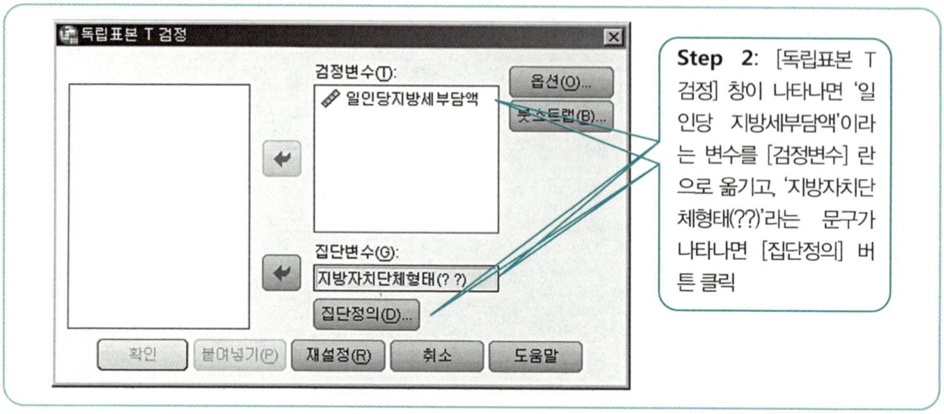

••그림 8-15 집단정의 대화창션

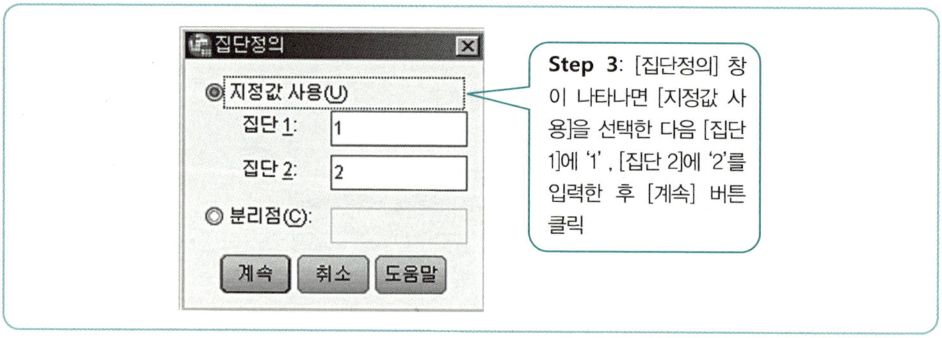

집단을 지정한 후 [계속] 버튼을 클릭하면 〈그림 8-16〉과 같이 [집단변수]의 표시문구가 '지방자치단체형태(1 2)'로 변하게 되는데 이는 집단변수가 정확히 지정되었음을 알려준다. 그 후 분석을 위한 추가적인 옵션을 저장하기 위해 [옵션] 버튼을 클릭하면 신뢰구간값과 결측값을 확인하고 [계속] 버튼을 클릭하면 분석을 위한 대화창으로 다시 돌아간다.

그림 8-16 독립표본 T-검정 대화창, 옵션

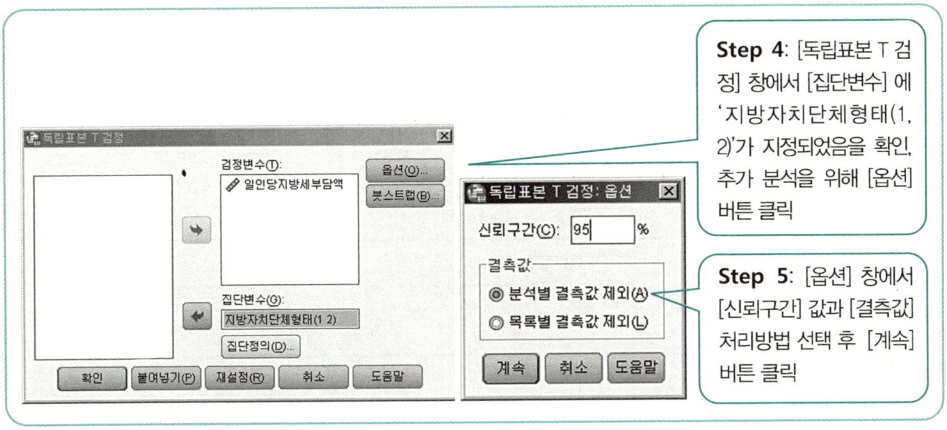

그림 8-17 독립표본 T-검정 대화창

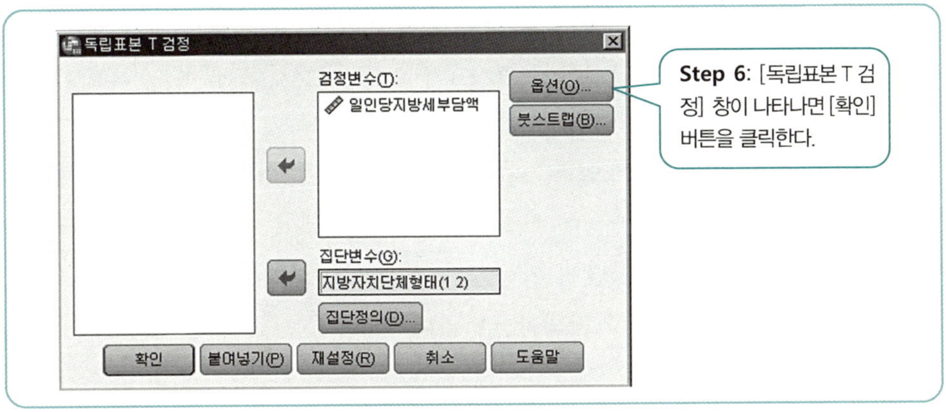

이렇듯 [독립표본 T-검정] 대화창이 나타나면 [확인] 버튼을 클릭하면 된다.

그림 8-18 독립표본 T-검정 결과

집단통계량

	지방자치단체형태	N	평균	표준편차	평균의 표준오차
일인당지방세부담액	1	30	756559.2333	97314.73163	17767.15790
	2	30	675166.4333	81833.22125	14940.63374

독립표본 검정

		Levene의 등분산 검정		평균의 동일성에 대한 t-검정						
									차이의 95% 신뢰구간	
		F	유의확률	t	자유도	유의확률 (양쪽)	평균차	차이의 표준오차	하한	상한
일인당지방세부담액	등분산이 가정됨	.657	.421	3.506	58	.001	81393	23214.1	34924.7	127860.9
	등분산이 가정되지 않음			3.506	56.342	.001	81393	23214.1	34895.6	127890.0

독립표본 통계량은 지방자치단체 형태별로 일인당 지방세부담액의 기초통계량 즉, 관측치(N), 평균, 표준오차가 표시된다. [독립표본 검정] 표를 살펴보면 levene의 동분산 검정결과를 알 수 있다. 이 검정은 두 모집단의 분산이 동일한가를 검정하는 방법으로 검정통계량(F값)이 0.657이고, 이에 따른 유의확률이 0.421로 이 값은 유의수준이 0.05보다 크기 때문에 '두 모집단간 분산은 동일하다'는 귀무가설을 채택할 수 있다. 또한 독립표본 T-검정 통계량 T값은 3.506이고 유의확률이 0.001이기 때문에 "'집단 1'과 '집단 2'의 일인당 지방세 부담액 평균은 차이가 있다"라는 판단이 가능하다. 따라서 귀무가설($\mu_1-\mu_2=0$)을 기각하고, 연구가설($\mu_1-\mu_2\neq 0$)을 채택할 수 있다.

연 | 습 | 문 | 제

※ (1~4) 문제는 이훈영(2010)의 통계학에서 아이디어를 일부 제공받았음을 밝힌다. E전자에서 생산하는 형광등의 평균수명은 2,000시간이라고 제품포장 뒷면에 적혀 있다. 그러나 제품을 사용하던 소비자들이 2,000시간을 사용할 수 없다는 주장하면서 시민단체를 통해 이를 밝혀줄 것을 건의하였다. 이에 시민단

체의 전문가들이 이 제품 100개를 표본으로 실제 사용시간을 조사해보았다. 조사결과 형광등 100개의 평균수명은 1,880시간이고, 표준편차는 150시간이라고 밝히고 있다. 위 조사결과에 근거하여 유의수준(α) 0.05에서 검정하라(왼쪽 꼬리검정). 다만, 유의수준이 0.05이고 자유도는 99이기 때문에 t분포상의 임계치 $(-t(0.05,\ 99)=1.66$이다.

01 영가설과 대립(연구)가설을 설정해보시오.

해설 영가설: E전자 형광등의 평균수명은 2,000시간보다 (   )거나 (   )다.
$(\mu \geq 2{,}000$ or $\mu = 2{,}000)$
연구가설: E전자 형광등의 평균수명은 2,000시간보다 (   )다.
$(\mu < 2{,}000)$

02 연구가설 설정을 위한 검정의 종류는 무엇인가?

03 검정통계량 산출식$\left(t=\dfrac{m-\mu}{s/\sqrt{n}}\right)$에 근거하여 t값을 도출해보시오.

해설 평균수명(m) = 1,880시간
표준편차(s) = 150시간
우선 공식을 이용하여 t-값을 구하시오.

$$t\text{-값: } t=\frac{m-\mu}{s/\sqrt{n}}$$

추가로 SPSS를 활용하여 t-값을 비교해보시오.

04 임계치와 비교하여 가설의 채택여부를 결정하시오. 괄호 안의 t값은 얼마인가?

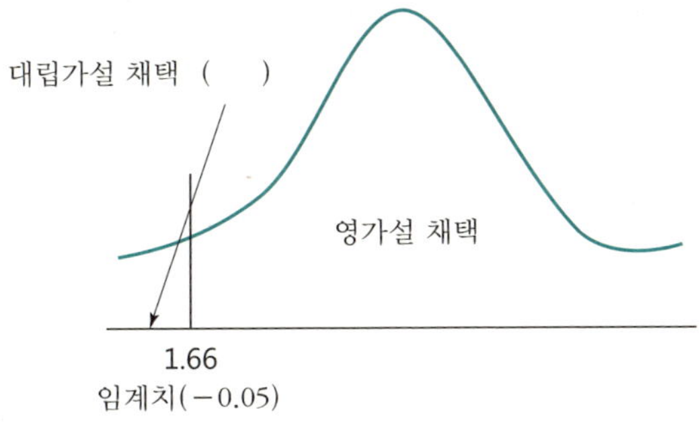

※ (5~9) 최근 들어 비만은 사회적 문제가 되기 시작하였다. 대부분 여성의 마음을 사로잡는 것이 바로 다이어트 식품이다. A 제약회사에서는 최근 다이어트 효과가 탁월한 천연식품을 캡슐로 만들어 시판에 들어갔다. 이에 다이어트 식품의 효과가 있는지 검정하기 위해 30명을 대상으로 섭취 전과 섭취 후의 체중변화를 측정해보았다. 측정결과 평균 체중이 1.833kg이 줄어들었고, 이 감량무게의 표준편차는 2.069로 측정이 되었다. 위 조사결과에 근거하여 다이어트 식품의 효과를 검정하라(오른쪽 꼬리검정). 다만, 유의수준(α)이 0.05이고, 자유도 29(=30−1)이며, t-분포상의 임계치(t(0.05, 29)는 1.699이다.

05 영가설과 대립(연구)가설을 설정해보시오.

해설 영가설: A 제약회사 다이어트 식품은 효과가 (   )다.
($\mu_d = \mu_{(섭취\ 전-섭취\ 후)} \leq 0$ or $\mu_{(섭취\ 전-섭취\ 후)} = 0$)
연구가설: A 제약회사 다이어트 식품은 효과가 (   )다.
($\mu_d = \mu_{(섭취\ 전-섭취/\ 후)} > 0$)

06 연구가설 설정을 위한 검정의 종류는 무엇인가?

07 검정통계량 산출식 $\left(t_{m_d} = \dfrac{m_d - \mu_d}{s_d/\sqrt{n}}\right)$에 근거하여 t값을 도출해보시오.

해설 감량무게평균(m_d)=1,8333kg
감량무게표준편차(s_d)=2.069kg
우선 공식을 이용하여 t-값을 구하시오.

$$t\text{-값: } t_{m_d} = \frac{m_d - \mu_d}{s_d/\sqrt{n}} = \frac{(\quad) - (\quad)}{(\quad)\ /\ \sqrt{(\quad)}} =$$

08 임계치와 비교하여 가설의 채택여부를 결정하시오. 괄호안의 t값은 얼마인가?

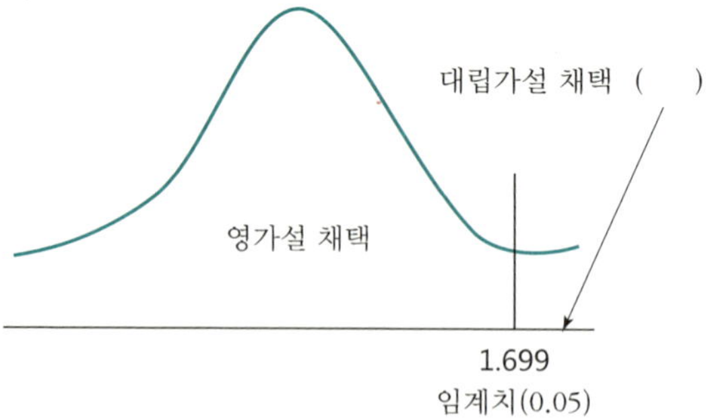

09 SPSS를 활용하여 통계적 추론(t-값)을 구하시오.

	섭취 전	섭취 후
1	76	74
2	55	53
3	74	74
4	75	71
5	71	69
6	76	74
7	70	68
8	62	62
9	77	68
10	75	72
11	77	75
12	63	59
13	74	74
14	75	73
15	71	69
16	76	73
17	70	68
18	62	62
19	69	68
20	75	72
21	73	71
22	79	78
23	75	71
24	74	74
25	69	67
26	76	75
27	75	77
28	75	71
29	75	76
30	71	72

1) 대응표본 통계량?

2) 대응표본 상관계수?

3) 대응표본검정량?

4) 평균?

5) 표본편차?

6) t-값?

7) 유의확률?

※ (10~13) 한국의 자동차시장에서 주로 사용되는 타이어는 여러 가지가 있지만 주로 K타이어와 H타이어가 사용된다. 일반적으로 동일한 등급의 타이어는 평균사용 km가 동일하다고 알려져 있다. 그러나 소비자들은 이 두 타이어의 평균사용 km에 차이가 있는지 알고 싶어 K타이어와 H타이어 50개를 무작위로 추출하여 조사를 하게 된다.

조사결과 K타이어의 평균사용 km가 50,000이고, 표준편차는 2,900km이다. 한편 H타이어의 평균사용 km는 54,000km이고, 표준편차는 3,800km이다. 위 조사결과에 근거하여 유의수준 0.05수준에서 두 회사 타이어의 평균사용 km에 차이가 있는지 검정하시오. 단 두 타어의 회사의 분산이 다르다고 가정하고, 유의수준(α)이 0.05에서 검정하라(양측꼬리 검정).

두 모집단의 분산이 다르다는 가정하에 산출된 자유도는 다음과 같다(SPSS에서 자동으로 계산된다).

$$df = 91.619$$

자유도가 91.619인 t분포상의 임계치는 약 −1.985, +1.985에 해당함.

10 영가설과 대립(연구)가설을 설정해보시오.

영 가 설: K타이어와 H타이어의 평균사용 km는 (   )다. ($\mu_A = \mu_B$)

연구가설: K타이어와 H타이어의 평균사용 km는 (   )다. ($\mu_A \neq \mu_B$)

11 연구가설 설정을 위한 검정의 종류는 무엇인가?

12 임계치와 비교하여 가설의 채택여부를 결정하시오. 괄호안의 t값은 얼마인가?

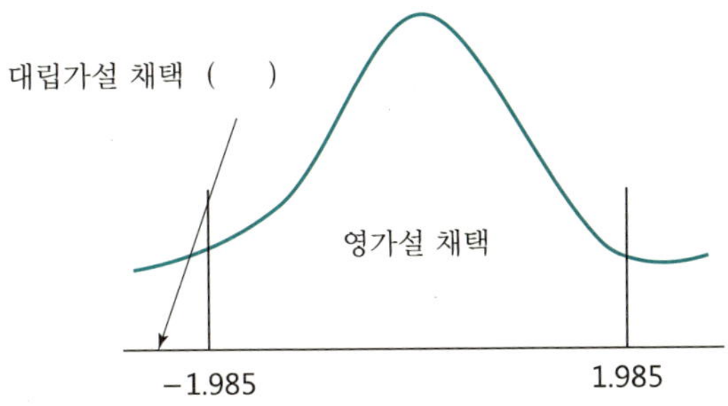

제 2 부

변수 간의 관계분석

제 9 장 회귀분석

제 1 절 회귀분석이란: 오렌지 주스 대 망고 주스

변수(variable)란 하나 이상의 값을 가질 가능성이 있는 수를 변수라고 하고, 이것의 반대는 상수(constant)로서 정해진 값이 하나만 있는 경우이다. 내일의 날씨가 어떠할 것인가 하는 질문에 대한 대답은 변수이며, 오늘의 지하철 요금은 이미 정해진 하나의 가격이 있으므로 상수이다.

1부의 제1장에서부터 제8장까지는 한 개의 변수에 대한 모수값을 통계학적으로 추정하는 작업을 설명한 것이다. 그러나 세상에는 수많은 변수들이 존재하여서 서로 영향을 미친다. 예를 들어, 남자대학생의 키(cm)라고 하는 변수는 그의 이성친구로부터의 인기도라는 변수와 상관관계가 있을 수 있다. 따라서 현실세계에서는 하나의 변수에 대한 모수값을 찾는 것도 중요한 일이지만, 여러 변수들 간의 관계를 찾는 것도 매우 중요하다.

다시 오렌지 주스의 경우를 예로 들어 설명하자면, 오렌지 주스를 만드는 회사는 오렌지 주스를 잘 만들어내는 것이 주된 활동이기는 하지만, 그것보다는 이익을 증대시키는 것이 더 큰 목적이다. 따라서 이 회사는 오렌지 주스를 계속 생산하는 것이 좋은가, 아니면 포도 주스나 망고 주스를 개발하는 것이 더 이익이 많을 것인지 분석해 보아야 한다. 즉, 어떤 제품을 만들 것인가 하는 변수와 소비자들의 취향이라는 변수, 원가 변수와 경쟁회사의 전략이라는 변수들의 관계를 파악하여 회사의 경영전략을 세우는 것이다. 2003년의 경우에는 신제품인 망고 주스의 판매량이 급신장하였다고 한다.

"현재 망고주스 시장에 불붙은 업체 간 한판 다툼은 '원료'와 '입맛' 싸움이다. L음료는 "필리핀, 인도, 콜롬비아 등에서 망고 원료를 가져와 테스트했는데, 필리핀산이 우리 입맛에 가장 맞는 것으로 나타났다"고 말했다. 반면 K식품은 "진한 맛을 살리기 위해 망고과즙은 이스라엘산을, 부드럽게 씹히는 망고 알갱이는 필리핀산을 쓰고 있다"고 한다. 시중에 나와 있는 망고주스의 망고과즙 함량은 대체로 5~25% 정도다. 망고 함량이 너무 높으면 소비자들한테 어필하기 어렵다는 주장도 있다(한겨레 21. 2003. 7. 30).

간단한 주스를 만드는 데도 "원료" 변수와 "입맛" 변수를 따지는데, 사회현상을 분석하는 데에는 훨씬 더 많은 변수들을 고려해야 한다. 여러 변수들 간의 관계를 분석하는 데 있어서, 가장 많이 사용되는 통계기법들 중 하나는 회귀분석(regression analysis)이다. 이 기법은 매우 중요할 뿐 아니라 논리적으로도 흥미로운 아이디어를 많이 담고 있다. 게다가 과거에 발생했거나 현재에 진행중인 사건과 현상의 원인을 밝히는 데에도 유용하고, 미래에 일어날 일들에 대한 예측을 하는 데에도 매우 활용도가 크다. 몇 번 강조했듯이, 통계학적 분석에서 회귀분석까지 할 수 있다면, 이제는 천리안(千里眼)이 아니라 만리안(萬里眼)도 될 수 있다.

그렇다면 회귀분석이란 무엇인가? 영어로 regress란 progress(전진: 앞으로 나아가기)의 반대어이다. 직역하면, 뒤로 돌아가기 또는 역추적(거꾸로 追跡)하기 정도의 뜻인데, 어찌된 연유인지 회귀(回歸)라고 하는 이해하기 어려운 말로 번역되어 널리 사용되고 있다.

Francis Galton(1822-1911)은 아버지의 키와 자녀들의 키 간의 관계를 규명하고자 하였으나 명확한 관계를 찾지 못하였다. 그러나 완두콩 1세대와 2세대 간 지름의 크기에서 일정한 관계가 있는 것을 찾아내었다. 그의 연구는 Karl Pearson(1857-1936)에게 영향을 주어서 그는 "진화와 형질유전을 수학적으로 그리고 통계적으로 입증하려는 노력을 하였으며" 그 결과 회귀분석을 만들어내게 되었다(윤기중, pp. 33-35).

회귀분석의 시초가 아버지 키와 아들 키 간의 관계규명에서 시작되었다면, 오늘날도 똑같은 실험을 해볼 수 있겠다. 다음 질문에 대한 답을 구해보자.

질문

질문 1: 이소룡의 아버지의 키는 몇 cm일까?

질문 2: 위의 질문 1이 어렵다면, 조금 수정해서, 영화배우 권상우의 아버지의 키는 몇 cm일까?

영화배우 권상우의 부친의 키를 예측하는 가장 간단한 방법은 "한국 남자의 평균 키"로 추정하는 것이다. 1999년에 조사한 바로는 한국 성인 남성의 평균 키는 170.2cm였다.

그러나 조금 더 머리를 쓴 방법은 "권상우 아버지의 연령대가 40-50대이므로, 이 연령대 남자의 평균 키"로 예측하는 것이다. 하지만 40-50대 한국 남성의 키(신장)에 대한 자료를 찾으려면, 노력을 많이 해야 한다. 자료찾기가 쉽지 않기 때문이다. 참고로, 1979년도에 조사한 한국 성인 남자의 평균 키는 165.4cm였다. 따라서 권상우 아버지의 키도 170.2cm라고 추정하는 것보다 165.4cm라고 추정하는 것이 더 낫지 않을까?

위의 두 방법은 나름대로 일리가 있지만, 얼마간 주먹구구식이란 느낌을 준다. 좀 더 과학적인 방법은 없을까? 과학적인 추정방식이 엄청나게 많겠지만,

그림 9-1 아버지 키와 아들 키

••표 9-1 **아들 키와 아버지 키에 대한 자료**

	표본번호	아들키	아버지키	학년	복학생	인기도
1	1.00	170.00	168.00	3	1	1
2	2.00	180.00	175.00	2	2	2
3	3.00	190.00	178.00	2	1	3
4	4.00	175.00	173.00	4	2	4
5	5.00	185.00	173.00	1	2	5
6	6.00	195.00	180.00	1	2	.
7	7.00	172.00	176.00	4	1	3
8	8.00	182.00	169.00	4	1	.
9	9.00	192.00	180.00	2	2	2
10	10.00	180.00	177.00	3	2	4

주: 위 자료는 제6장에 사용된 "남자대학생 키" 자료에 아버지 키를 추가한 것이다. SPSS에서 새 변수 칸을 추가하는 방법은 Excel과 유사하다. [데이터]－[변수 추가] 기능을 사용하면 된다.

비교적 간단하면서도 과학적인 방법은 아마 다음과 같을 것이다.

권상우 나이 또래의 남자들을 일정 숫자만큼 표본으로 선택하여, 응답자의 키와 아버지의 키를 물어 본다. 만약 아버지들의 평균 신장이 아들들의 평균 신장보다 5cm 작았다면, 권상우의 키가 182cm이므로, 그의 아버지의 신장은 177cm일 것으로 추정한다. 일정 숫자의 남자들에게 신장 조사를 해야 한다는 번거로움은 있지만, 좀 더 과학적인 추정으로 보여진다.

회귀분석은 이것보다 조금 더 과학적이다. 사람들에게 조사를 해서 얻어낸 아들 키와 아버지 키에 대한 자료가 〈표 9-1〉과 같다고 가정하자.

이제 아들 키를 x-축에 놓고, 그 아들의 아버지 키를 y-축에 표시하면, 〈그림 9-2〉와 같다. SPSS에서 이런 그래프를 그리는 작업은 매우 쉽다. 메인 메뉴 바에서 [그래프]를 선택한 다음, 서브 메뉴(레거시 대화상자)에서 [산점도/점도표]－[단순산점도]－[정의]－[화살표 버튼으로 *Y*축 변수지정]－[*X*축 변수지정] 후 [확인] 단추를 누르면 그래프가 자동으로 생성된다.

이 그래프에서 아들 키와 아버지 키 간의 관계를 하나의 오차도 없이 정확하게 표시해주는 보조선을 그으라면, 아마 〈그림 9-3〉에 실선으로 표시된 곡선과 같을 것이다.

위의 보조선은 아들 키와 아버지 키의 관계를 오차 없이 잘 나타내주고 있

••그림 9-2 그래프로 본 아들 키와 아버지 키의 관계

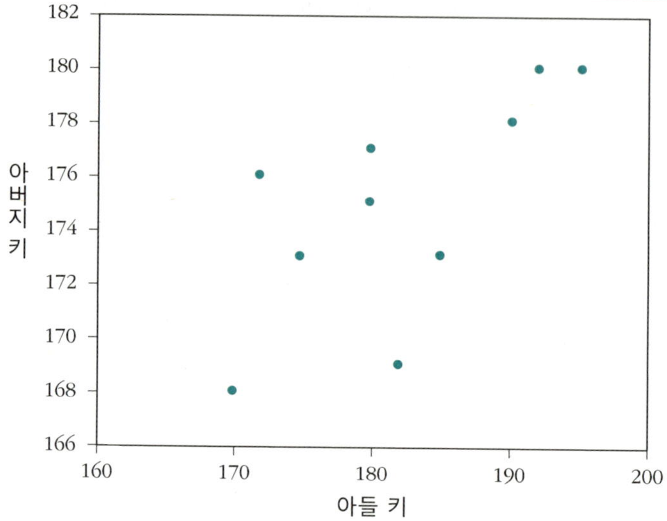

다. 그러나 이 보조선을 수식(數式)으로 나타내려면 어떻게 해야 할까? 아마도 엄청나게 복잡한 수학공식을 사용해야 할 것이다. 아마 수식 표현이 불가능할

••그림 9-3 둘 간의 관계를 완벽하게 표시하는 보조선

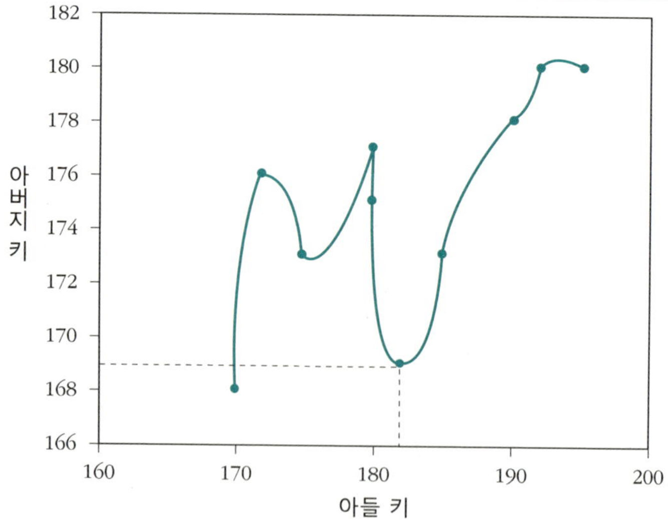

그림 9-4 오차를 최소화하는 보조선

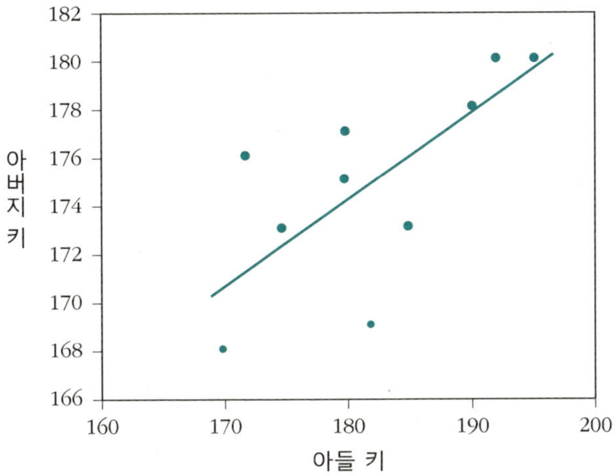

지도 모르겠다. 그렇게 되면 컴퓨터가 제공하는 여러 가지 편리한 점을 사용할 수가 없게 된다. 그리고 이 경우, 권상우의 키가 182cm이므로, 이에 해당하는 아버지의 키는 169cm를 조금 넘는 정도로 추정된다(이 과정은 〈그림 9-3〉과 같이 점선으로 표시됨). 그러나 이런 추정은 매우 불안정하다. 〈그림 9-4〉에서 아들 키가 182cm일 때 아버지 키가 169cm인 표본이 우연히 포함되었기 때문에 그것에 따라 권상우 아버지의 키가 169cm라고 추정하는 것은 말이 안 된다. 만약 이 경우, 이 샘플 말고, 아들 키가 182cm이며 아버지 키가 199cm인 샘플이 대신 사용되었다면, 이때는 권상우 아버지 키가 199cm로 추정되어야 하는데, 이처럼 안정성이 없는 추정은 바람직하지도 않고, 과학적이지도 않다.

그래서 **단순하면서도 안정적인 추정이 가능하게 하는** 보조선을 그릴 필요가 생기는데, 이 목적에 가장 부합되는 것은 "오차를 최소화하는 직선(直線)"을 그리는 것이다. 〈그림 9-4〉는 앞의 아들 키-아버지 키 자료에서 오차를 최소화하는 직선을 그린 모습을 나타낸다. 여기서 오차란 관찰점과 직선 간의 차이를 나타낸다.[1)]

1) 용어정의: 모집단에서 회귀직선을 긋게 되면 불가피하게 오차(error)가 발생한다. 표본집단에서 회귀직선을 그어도 관찰치와 예측치 간의 차이가 발생하는데, 이때는 오차라고 부르지 않고 잔

•• 그림 9-5 회귀방정식 도출 과정

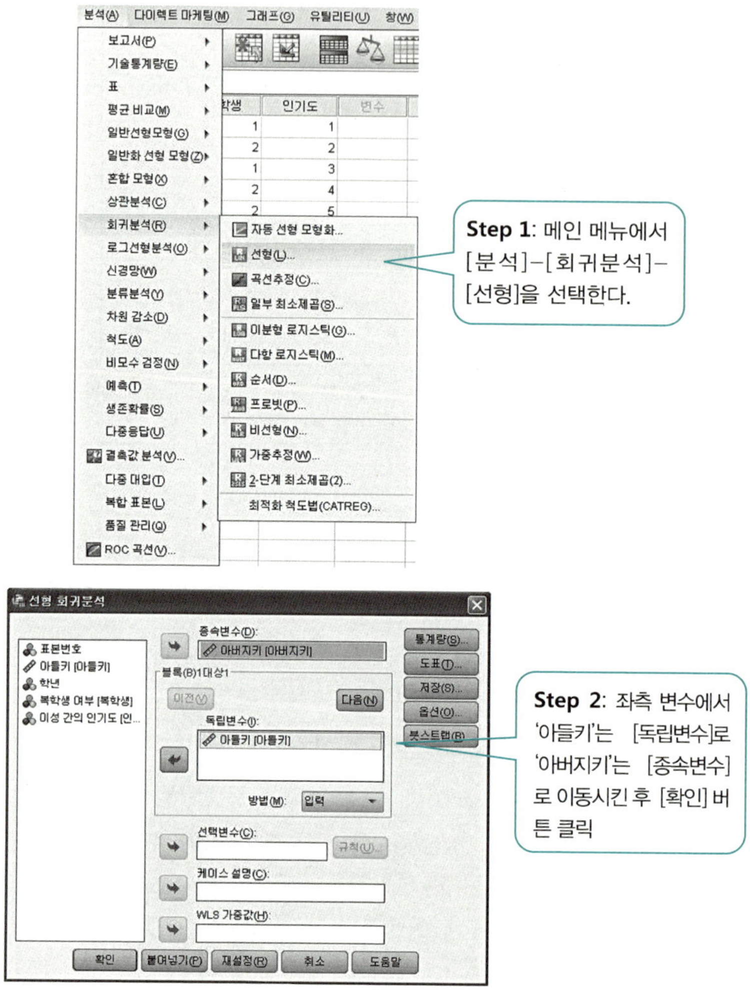

〈그림 9-4〉와 같이 오차를 최소화하는 보조선을 회귀직선(regression line)이라고 하며, 회귀직선으로 x-축 변수(독립변수)와 y-축 변수(종속변수) 간의 관계를 찾아내는 방법을 최소자승법(Ordinary Least-Square: OLS)이라고 한다. 그리고

차(residual)라고 한다.

이 회귀직선을 수식으로 표시한 것을 OLS 회귀방정식이라고 한다. 회귀방정식 역시 SPSS를 이용하면 매우 간편하게 도출된다.

메인 메뉴에서 [분석]을 선택하고, [회귀분석]-[선형]을 선택한 후, 팝업 메뉴에서 화살표 버튼을 이용하여 [종속변수] 변수와 [독립변수] 변수를 〈그림 9-5〉와 같이 지정해주면 된다.

회귀분석을 하라는 명령을 위와 같이 지시하면, 컴퓨터가 다음과 같이 OLS 회귀방정식을 추정하여 그 결과를 화면에 보여준다. 〈표 9-2〉에는 매우 많은 정보들이 수록되어 있는데, 회귀방정식을 추정하기 위해 우선적으로 필요한 것은 맨 아래에 있는 〈Coefficients 표〉이다. 이 표에서 B라고 나타나 있는 수치들은

표 9-2 회귀방정식 추정 결과

진입/제거된 변수[a]

모형	진입된 변수	제거된 변수	방법
1	아들키[b]	.	입력

a. 종속변수: 아버지키

b. 요청된 모든 변수가 입력되었습니다.

모형 요약

모형	R	R 제곱	수정된 R 제곱	추정값의 표준오차
1	.684[a]	.467	.401	3.23241

a. 예측값: (상수), 아들키

분산분석[a]

모형		제곱합	자유도	평균 제곱	F	유의확률
1	회귀 모형	73.312	1	73.312	7.017	.029[b]
	잔차	83.588	8	10.448		
	합계	156.900	9			

a. 종속변수: 아버지키

b. 예측값: (상수), 아들키

계수[a]

모형		비표준화 계수		표준화 계수	t	유의확률
		B	표준오차	베타		
1	(상수)	113.407	23.237		4.880	.001
	아들키	.338	.127	.684	2.649	.029

a. 종속변수: 아버지키

회귀계수(regression coefficients)로서, 이를 이용하여, 아들 키와 아버지 키에 대한 회귀방정식 다음과 같이 추정하게 된다.

[아버지 키 추정값] = 113.407 + 0.338 × [아들 키]

이 회귀방정식 추정치에 의거하여, 권상우 아버지의 키는 174.923cm로 추정된다.

$$174.923 = 113.407 + 0.338 \times 182$$

위 공식을 이용하여, 키가 175cm인 학생의 아버지 키도 다음과 같이 추정할 수 있다.

$$172.557 = 113.407 + 0.338 \times 175$$

회귀방정식으로 X-변수(독립변수)와 Y-변수(종속변수) 간의 관계를 추정하는 것은, ① 회귀직선을 이용하기 때문에 오차가 어느 정도 발생하는 것을 피할 수 없지만, 그 대신 ② 매우 간편하고, ③ 안정성이 높으며, ④ 컴퓨터(또는 수학공식)에 의해 그나마 오차를 최소화시키고 있다는 장점이 있다.

그러나 장점이 있는 만큼, 단점도 있다. 회귀분석을 잘못 활용하는 경우, 엉뚱한 추정치를 양산할 수 있기 때문이다. 따라서 다음 제2절부터는 회귀분석을 조금 더 구체적으로 설명하고자 한다.

제 2 절 회귀직선의 기울기 검증

1. 두 변수 간의 관계

X-변수와 Y-변수는 어떤 관계를 갖든지, 아니면 아무런 관계도 없든지 한다. 만약 둘 간에 관계가 있다면, 그것들이 원인과 결과로 맺어진 관계인지(인과관계, causation), 아니면 이유야 어떻든 두 변수가 같은 방향으로 움직이는 상관

관계(correlation)인지 생각해 보아야 한다.

어떤 학생이 "공부를 열심히 했더니 성적이 오르더라" 하는 것은 인과관계이다. 그러나 "비 오는 날 시험 보면 점수가 좋다"든지 하는 말은 상관관계를 나타낸다. 실제로 그런 일이 발생한다 하더라도, 비 오는 날과 성적 간에 인과관계가 있다고 보기 어렵기 때문이다. 우리가 흔히 "징크스" 또는 "머피의 법칙"이라고 하는 것들은 대부분 상관관계이다. 물론 상관관계는 징크스에만 해당하는 것이 아니라 인과관계로 밝혀진 관계 이외의 것들을 거의 다 포함하는 관계이다.

앞의 아들 키-아버지 키의 사례를 통해서도 인과관계와 상관관계의 차이를 살펴볼 수 있다. 생물학적으로 볼 때 아버지 키 또는 키와 관련된 유전자는 아들의 키를 결정하는 데 큰 영향을 미친다. 따라서 아버지 키가 원인이 되고, 아들 키가 결과가 되는 관계도 어느 정도 생각해 볼 수 있다. 그러나 앞의 제1절에서는 [아들 키]를 X-축에 놓아 독립변수로 설정했고, [아버지 키]는 Y-축에 놓아 종속변수로 설정했다. 이것은 유전학적으로 보면 어불성설이지만, 두 변수를 인과관계가 아니라 상관관계로 생각했다면 별다른 문제가 없는 설정이다. 그리고 회귀분석의 대상이 되는 변수들 간의 관계는 거의 대부분 상관관계이다.

두 변수 간의 상관관계는 ① 양의 상관관계와 ② 음의 상관관계가 있다. 즉, X-변수가 증가하면 할수록 Y-변수도 증가한다면, 양의 상관관계이다. 그러나 X-변수가 증가함에 따라 Y-변수가 감소한다면, 이것은 음의 상관관계이다.

2. 상관관계와 가설

어떤 모집단이 하나 있다고 하자. 그리고 이 모집단에서 X-변수와 Y-변수가 상관관계가 있다고 하자. 이럴 때 두 변수 간의 상관관계를 회귀방정식으로 표시하면 다음과 같다.

$$Y = \alpha + \beta X + e$$

(여기서 회귀방정식의 절편과 기울기가 α와 β로 표시되는 이유는 이것이 모집단을 대상으로 한 공식임을 나타냄. e는 오차를 뜻함)

만약 X와 Y가 아무 상관관계가 없다면, 그것은 $\beta=0$으로 표시된다.
만약 X와 Y가 양의 상관관계를 갖는다면, 그것은 $\beta>0$으로 표시된다.
만약 X와 Y가 음의 상관관계를 갖는다면, 그것은 $\beta<0$으로 표시된다.

회귀분석에서는 X변수와 Y변수가 상관관계가 있느냐 여부를 검증할 때, 일단 두 변수 간에 관계가 없다(즉, $\beta=0$)는 영가설(零假說, null hypothesis)을 먼저 세우고, 이것이 맞는지 아닌지 검증한다. 즉, 검증 결과 영가설이 채택되면 두 변수 간에 상관관계가 없는 것이고, 만약 검증 결과 영가설이 기각되면 대립가설($\beta\neq0$)이 채택된다는 논리구조를 취하고 있다.

영 가 설 H_0: $\beta=0$
대립가설 H_1: $\beta\neq0$

3. 가설의 검증

(1) 가설검증의 기본 원리

모집단에 대해 전수조사를 하면, 앞의 회귀방정식($Y=\alpha+\beta X+e$)에서 α와 β를 직접 구해낼 수 있다. 그러므로 별도의 검증을 거칠 것도 없이, β값이 0이 아니라면 X-변수와 Y-변수가 서로 상관관계가 있는 것이다.

그런데 모집단에 대하여 전수조사를 하기 어려운 경우가 많아서 표본조사를 해야 할 때가 많다. 그리고 표본조사의 경제성과 효율성 때문에 표본조사를 시행하는 경우도 많다.

만약 모집단이 아니라 표본집단에 대해 회귀분석을 한다면, 회귀방정식은 다음과 같다.

$$Y=\alpha+\beta X+e$$

그런데 표본집단에서 얻은 회귀직선의 기울기, b의 값이 모집단에서 얻은 기울기 β의 값과 동일하다면 문제가 없겠으나, 두 값이 동일하리란 보장은 전혀 없다. 따라서 우리는 표본집단에서 얻은 b를 통해 모집단의 β를 추정해야 한다.

추정방법은 정규분포의 특성을 이용하여 표본평균으로부터 모평균의 신뢰구간을 추정해냈던 과정과 거의 유사하다. 즉, 하나의 모집단으로부터 무수한 가짓수의 표본집단들을 추출해낼 수 있고, 표본집단들마다 서로 다른 회귀직선들이 만들어진다(〈그림 9-6〉 참조). 그 결과 표본집단마다 서로 다른 기울기들(b_1, b_2, b_3, …… b_i)이 도출된다. 이렇게 도출된 표본기울기들을 도수분포표로 정리하면, 절대분포인 정규분포가 된다.

그림 9-6 표본집단의 기울기로부터 모집단의 기울기를 추정하는 과정

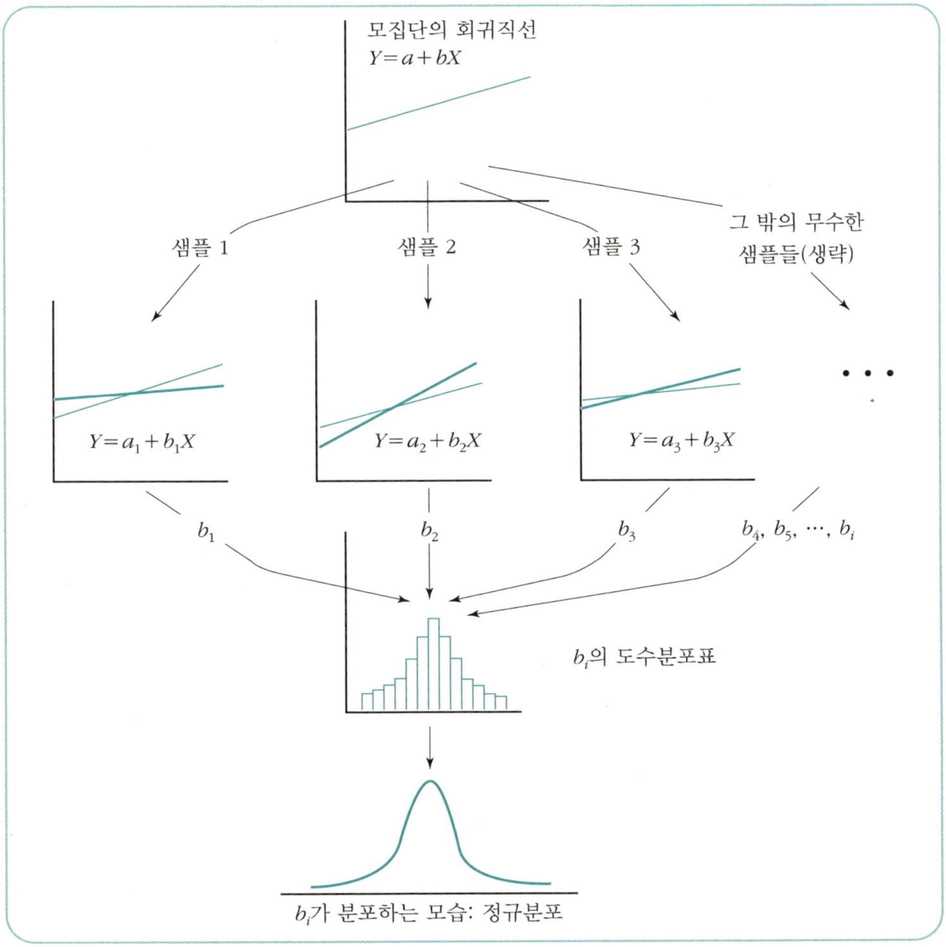

현실 세계에서는 모집단으로부터 추출가능한 표본집단을 추출하는 것이 아니고, 단 1회의 표본집단을 추출하여 조사한다. 즉, 표본기울기가 하나만 도출된다. 이렇게 도출된 하나의 표본기울기(b)를 가지고, 정규분포의 특성을 활용하여, 모집단의 기울기 모수값(β)이 존재할 신뢰구간을 추정해낸다.

(2) [아들 키-아버지 키]의 사례

이미 여러 번 사용한 [아들 키－아버지 키] 자료를 다시 활용하도록 하자. 이 경우 모집단은 어느 대학교 남자 학생 1만 명의 아들과 아버지이며, 찾아내고자 하는 회귀방정식은 다음과 같다.

$$[\text{아버지 키}] = \alpha + \beta \times [\text{아들 키}] + e$$

$$\text{영 가 설 } H_0\text{: } \beta = 0$$

$$\text{대립가설 } H_1\text{: } \beta \neq 0$$

그러나 1만 명을 전수조사할 수 없기 때문에, 여기서는 오직 10명의 남학생으로 이루어진 표본조사에서 회귀방정식을 추정하게 된다.

$$[\text{아버지 키}] = a + b \times [\text{아들 키}] + e$$

그런데 표본집단에서 얻은 b의 값은 모집단의 β값과 같을 수가 없다. 하지만 우리가 진정으로 알고 싶어 하는 것은 β의 값이기 때문에, 관찰가능한 b로부터 β를 추정해내야 한다.

SPSS를 이용한 β값의 추정과정은 우선 자료 파일을 [열기]하는 것으로부터 시작된다. 자료파일이 화면에 나타나면, 메인 메뉴 바에서 [분석]－[회귀분석]－[선형] 기능을 선택한다. 그러면 팝업 창이 나타나는데, 여기서 화살표 버튼을 이용하여 Y-축 변수에 [아버지 키]를, 그리고 X-축 변수에 [아들 키]를 지정한다. 〈주의〉 SPSS에서는 기울기의 모수값을 자동을 생성해준다. 하지만 이 기능은 보통의 경우에 사용하지 않기 때문에 〈선택사양〉으로 지정을 해주어야 한다. 앞의 팝업 창 아래쪽에 [선형회귀분석: 통계량]이라는 단추가 있는데, 이것을 클릭 하면 다시 작은 팝업 창이 떠오른다(〈그림 9-7〉 참조). 이 작은 창에서 [신뢰

••그림 9-7 회귀직선의 기울기에 관한 신뢰구간 도출 기능

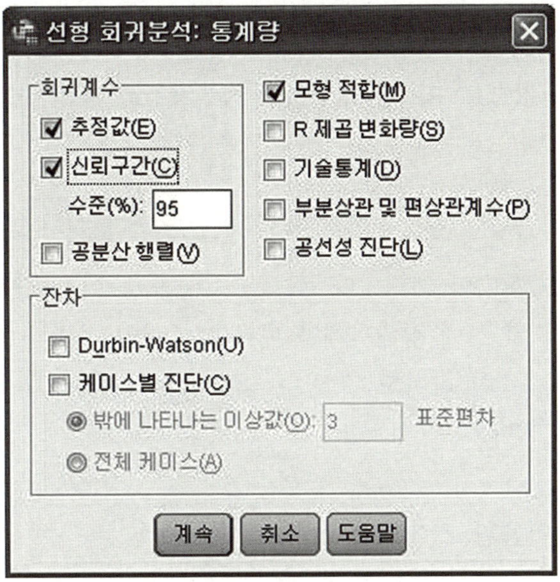

구간]을 선택하여, 회귀분석을 실행시킨다.

위의 과정을 순서대로 실행하면, 〈표 9-3〉과 같이 분석결과가 화면에 나타난다(화면에는 더 많은 정보가 제공되지만, 필요한 정보만 간추린 것임). 이 결과표는 10명으로 이루어진 표본집단에서 도출한 아들과 아버지의 키에 대한 회귀직선의 기울기는 0.338임을 보여준다. 그리고 표준오차는 0.127이다.

••표 9-3 회귀분석의 결과

계수[a]

모형		비표준화 계수		표준화 계수	t	유의확률	B에 대한 95.0% 신뢰구간	
		B	표준오차	베타			하한값	상한값
1	(상수)	113.407	23.237		4.880	.001	59.822	166.992
	아들키	.338	.127	.684	2.649	.029	.044	.632

a. 종속변수: 아버지키

(3) 신뢰구간 추정법을 이용한 가설검증

이런 정보들을 정규분포와 연계시켜서, 1만 명으로 이루어진 모집단의 회귀직선의 기울기(β)에 관한 신뢰구간은 [B에 대한 95% 신뢰구간]에 나타나 있다. 즉, 하한값과 상한값으로 표시된 모집단의 회귀방정식 기울기 값은 다음과 같다.

$$0.044 < \beta < 0.632$$

이 신뢰구간 사이에 "0"이 포함되어 있지 않다. 따라서 영가설($\beta = 0$)은 기각되고, 대립가설($\beta \neq 0$)이 채택된다. 즉, 단 10명으로 이루어진 표본집단에서만 아들 키와 아버지 키 간에 상관관계가 나타나는 것이 아니라, 1만 명으로 이루어진 모집단을 전수조사 하여도 두 변수 간에 상관관계가 있을 가능성이 95%가 된다고 추론하게 된다.[2)]

(4) t-값을 이용한 가설검증

앞의 과정을 통해서 우리는 두 변수 간의 관계를 훌륭하게 검증할 수 있다. 그런데 왜 SPSS에서는 신뢰구간(Confidence Interval)이 기본사양으로 되어 있지 않고, 별도로 선택하는 과정을 거치도록 하고 있을까? 또 〈표 9-3〉에는 [t]와 [Sig.](유의확률)라는 낯선 정보가 기본사양으로 들어와 있는데, 그 이유는 무엇인가?

이 두 가지 질문에 대한 답은 이렇다. 일일이 신뢰구간을 찾아내어 가설을 검증하는 것은 초보자들이 하는 일이다. 통계학 교육을 받은 사람들은 좀 더 수준 높게, t-값만 가지고도 회귀직선의 기울기가 0과 같은지, 아닌지 금새 구분할 수 있기 때문이다.

(5) 유의수준을 이용한 가설검증

앞의 가설검증 규칙에 따르면, 모집단에서 X-변수와 Y-변수 간에 관계가

---

2) 여기서는 회귀직선의 기울기를 추정하는 방법만 설명하고, Y-축 절편에 대한 설명은 따로 하지 않았다. 그 이유는 회귀직선에서의 절편은 보통 해석을 하지 않기 때문이다. 예를 들어, [아들 키]가 0일 때, 절편값은 113이다. 이를 숫자 그대로 해석하면, 아들이 없는 아버지의 키는 113cm라는 것인데, 이것은 말이 안 되는 해석이다. 따라서 Y-절편은 별도로 해석하지 않는 것이 관행이다.

있을 것인지 아닌지 검증하는 것은 상당히 쉬운 일이 될 것이다. SPSS가 작은 표본집단으로부터 회귀직선의 기울기에 대한 측정값(b)을 알려주고, 또 표준오차값도 계산해주며, 당연히 b에 따른 t-값, $t(b)$도 알려주기 때문이다.

〈표 9-3〉에 있는 〈회귀분석 결과표〉로 돌아가 보면, 이런 수치들이 다 계산되어 출력되는 것을 알 수 있다. **그런데 이상하게도 가설검증의 기준이 되는 임계치(t_c)가 분석결과표 어디에도 나와 있지 않다.** 임계치(t_c)가 없다면 가설검증이 불가능하지 않은가? 그렇지 않다. SPSS에서는 임계치보다 더 훌륭한 방법으로 가설을 검증하도록 해주고 있다. 그것이 바로 〈표 9-3〉의 분석결과표에 **[유의확률]**이라고 표시되어 있는 것으로, 이는 **유의수준**(Level of Significance) 또는 흔히 들 α-level이라고 부르는 것이다.

〈그림 9-8〉에서 $t = 2.31$은 임계치이다. 이 값과 $t = -2.31$ 사이에 있는 면적이 t-분포 곡선 밑에 있는 전체 면적의 95%를 차지하고 있기 때문이다. 그렇다면, 역으로, 이 95%에 해당하는 면적의 바깥에 있는 면적은 전체 면적의 5%에 해당한다. 이처럼 임계치 바깥에 있는 양쪽 꼬리 밑의 면적을 유의수준이라고 한다. 즉, **유의수준이란 임계치 바깥의 면적이 전체 면적의 몇 %인가를 나타내준다.**

지금까지 우리는 신뢰구간을 추정할 때도 95% 기준을 적용하였고, 가설검증을 할 때도 95%를 기준으로 임계치(t_c)를 설정하였다. 그렇다면 왜 다른 수치가

그림 9-8 t-분포에서의 유의수준($df = 8$)

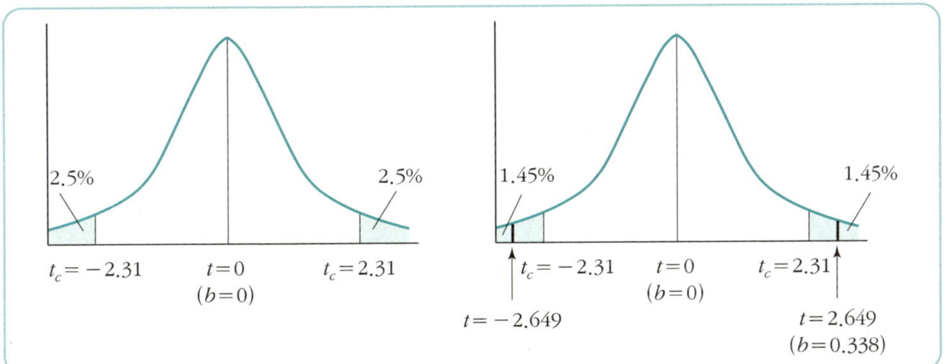

아니고 95%라는 수치를 사용하였는가? 그 이유를 생각해봐야 할 때가 되었다.

95% 기준을 사용한 이유는 두 가지로 답할 수 있는데, 첫째는 상식적인 답변이고, 둘째는 논리학적인 답변이다. 상식적인 답변이란 "다른 대부분의 사람들이 95% 기준을 사용하고 있기 때문에" 우리도 95% 기준을 사용하였다는 것이다. 이 말이 크게 틀리지는 않는다. 95% 기준은 가장 많이 사용되는 기준이 틀림없기 때문이다. 그러나 분석하는 사람에 따라서는 95% 기준 이외에 90% 기준을 사용할 수도 있고, 99% 기준을 사용하는 사람도 있다. 분석가의 취향에 따라서 89% 기준이나, 93% 기준을 사용한다 해서 잘못된 것은 없다. 단지 보통 사람들이 그 기준을 사용하고 있지 않을 뿐이지, 그런 기준들을 "사용할 수 없다"는 규칙은 어디에도 없기 때문이다.

두 번째로 95% 기준을 사용하는 논리학적인 근거는 **"오류를 줄이기 위한 과학자들의 책임감"**에 근거한다. 여기서 오류(error)란 두 가지 종류의 오류를 말한다. 첫째는 *X*-변수와 *Y*-변수 간에 실제로는 상관관계가 있는데도 불구하고 두 변수 간에 상관관계가 없다고 잘못 검증, 해석하는 오류이다(Type I error). 이와 반대로 실제로는 *X*-변수와 *Y*-변수가 상관관계가 없는데도 불구하고, 두 변수 간에 상관관계가 있다고 잘못 판단하는 오류(Type II error)가 있다.

그렇다면 Type I 오류와 Type II 오류 중에 한 가지만 방지할 수 있다면 둘 중 어떤 오류를 방지해야 할 것인가? 이것은 두 오류들 중 어떤 오류를 저질렀을 때 피해가 더 클 것인가를 따져보면 된다. 일반적으로 *X*-변수와 *Y*-변수가 관계가 없는데도 불구하고 관계가 있다고 잘못 판단하는 경우(Type II)가 피해를 더 많이 유발한다. 예를 들어, 실제로는 범죄를 저지른 범인이 아닌데도 불구하고 범인으로 선고하여 억울한 옥살이를 하게 하는 경우가 여기에 속한다. 이런 Type II 오류를 줄이기 위해, 구속된 피의자라 할지라도 판결이 확정되기까지는 "무죄로 추정"하는 원칙이 생겼다.

Type II 오류의 가장 일반적인 사례는 "혹세무민(惑世誣民)"하는 경우들이다. 즉, 어떤 돌팔이가 만병통치약을 개발했다고 하면서, 그 약을 먹으면 안 낫는 병이 없다고 주장한다. 실제로는 그 약이 모든 병을 치료할 수 없다. 그런데도 불구하고 어떤 환자는 자신의 병을 치료하기 위하여 그 약을 사먹는다. 그러면 경제적인 손실을 보는 것은 물론 약의 부작용으로 병세가 더 악화될 수도 있다.

해리 포터와 Type Ⅱ 오류

영화 해리 포터에는 퀴디치라고 하는 새로운 스포츠가 소개되고 있다. 해리가 퀴디치를 할 때, 이를 방해하는 사람이 있었다. 영화에서는 스네이프 선생이 입술을 달싹거려 뭔가를 외울 때마다, 해리의 퀴디치 플레이는 방해를 받는다. 따라서 관객들은 스네이프가 악당 마법사일 것으로 생각하게 된다. 그러나 영화 후반에서 밝혀지듯이 스네이프 선생은 해리의 플레이를 방해하는 주문을 풀기 위해서 노력했던 것이고, 실제 악당 마법사는 따로 있었다.

즉, 스네이프 선생은 실제로는 악당이 아니었지만, 관객들은 한동안 그를 악당으로 잘못 알았던 것이다. 이것이 바로 관객들이 저지른 Type Ⅱ 오류이다.

과학계에는 하루에도 수없이 많은 새로운 발견들이 보고 되고 있다. 대부분 X와 Y 간에 상관관계가 있다는 보고들이다. 그런데 이런 보고들을 모두 받아들이다 보면, 실제로는 X와 Y 간에 관계가 없는데도 불구하고, 그릇되게 둘 간에 관계가 있는 것으로 받아들일 수가 있다. 따라서 과학계에서는 새로운 발견을 했다는 보고를 웬만하면 받아들이지 않으려 하고, 받아들인다 하더라도 굉장히 엄격한 기준을 통과해야만 비로소 X와 Y 간의 관계를 인정한다.

이러한 전통과 철학이 가설검증에도 그대로 반영되고 있다. 가설에는 영가설($\beta=0$)과 대립가설($\beta\neq0$)이 있다고 하였는데, 새로운 발견의 등장을 잘 받아들이려고 하지 않는 과학자들은 영가설의 편을 많이 들어 준다. 즉, 표본에서 회귀직선의 기울기 측정값(b)이 "0"과 다른 수치를 갖는다 해도, 웬만하면 모집단에 대해 전수조사를 해서 얻게 될 기울기의 모수값은 "0"이나 다름없을 것이라고 간주한다. 보통 95% 기준을 많이 사용하는데, 이것은 100명의 심판들 중에서 95명보다 더 많은 수의 심판들이 X와 Y 간에 관계가 있다고 하여야 비로소 관계를 인정하겠다는 것이나 마찬가지다. 만약 기울기 측정값(b)이 상당히 큰 값이라서, 심판관 100명 중에 94명이 "그 정도면 모집단에서 β값이 0이 아닐 것 같다"고 판정했다 해도 그것은 부결된다. 96명 이상의 찬성을 얻어야 비로소 상관관계를 인정하도록 약속되어 있기 때문이다.

이렇듯 100명 중 몇 명이 찬성하느냐 하는 것이 가설검증에서 중요한데, 이것은 바꿔 말해 100명 중 몇 명이 반대하느냐 하는 것과 마찬가지다. [100명 − 상관관계 존재 찬성자 수 = 반대자 수]이기 때문이다. 가설검증을 위한 95% 기준이 "찬성자의 숫자"라면 유의수준(= 1 − 찬성자 수의 %)은 반대자의 숫자(%)를 의미한다. 즉, 95% 기준 혹은 유의수준 5%(α-level = 0.05)를 판정기준으로 채택했다 함은, 100명의 심판관들 중 95명보다 많은 사람들이 상관관계의 존재를 찬성해야 그 관계가 과학적으로 인정되는 것이다. 즉, 상관관계가 존재한다는 발견에 반대하는 심판관이 5명보다 적어야 비로소 X와 Y 간의 관계가 인정된다는 것이다.

〈표 9-4〉에는 사회적으로 적용되고 있는 다양한 의사결정 규칙들을 나열한

표 9-4 다양한 의사결정 규칙들

상황	결정기준	사례
축구 심판의 골인 판정	주심의 단독 판정 (선심의 의견은 참고사항)	2002 월드컵 대회의 모레노 심판
대통령선거	한 표라도 더 얻으면 당선	노태우 씨는 30% 초반의 득표로 대통령에 당선되었음
법안 통과	과반수 득표	보통은 과반출석에 출석자 과반투표로 가결 엄중한 사안에 대해서는 재적자 과반투표로 결정
헌법개정안	재적의원 2/3 이상의 표결	
대통령 탄핵	재적의원 2/3 이상 표결로 탄핵소추안이 가결되고, 헌법재판소 재판관의 2/3가 용인하면 대통령 탄핵이 이루어짐	2004년 봄의 노무현 대통령 탄핵소추안
X-변수와 Y-변수 간의 상관관계 존재 여부의 검증	일반적으로 95% 기준(또는 유의수준 5%)을 사용함	모든 통계학적 가설검증

것이다. 대체로 보아, 사안이 중요할수록 보다 엄격한 결정 규칙을 채택하고 있는 것을 알 수 있다. 이렇게 볼 때, 통계학적 가설검증 기준은 의사결정 기준들 중에서도 가장 엄격한 기준을 적용하고 있는 것을 알게 된다. 사회과학의 경우에는 95% 기준(또는 유의수준 5%)을 가장 널리 채택하고 있으나, 자연과학의 경우에는 99% 기준(또는 유의수준 1%)도 모자라서 99.99% 기준(유의수준 0.1%)을 채택하는 경우도 많다. 그만큼 과학적 발견에는 신중함이 매우 필요하다는 반증이다.

다시 〈표 9-3〉의 회귀분석 결과표로 돌아가 보자. 10명의 표본집단에 측정한 [아들 키－아버지 키]의 회귀직선 기울기 값은 0.338이고, 이것의 *t*-값은 2.649이다. 이 *t*-값 옆에는 Sig.＝0.029라는 통계량이 산출되어 있다. Sig.＝0.029가 뜻하는 것은 이렇다. 100명의 심판관들 중 약 97.1명이 표본에서 측정된 기울기 값 0.338은 상당히 큰 값이므로 모집단의 기울기 모수의 95% 신뢰구간 안에 "0"이 포함되어 있지 않다고 판정한 것이다. 즉, 표본집단에서 뿐 아니라 모집단에서도 [아들 키]와 [아버지 키] 간에 상관관계가 없지 않다고 판정한 것이다. 바꿔 말해, 100명의 심판관들 중 *X*-변수와 *Y*-변수 간에 상관관계가 있다는 판정에 반대하는 심판관이 2.9명이 있다는 것이다. 이것은 95% 기준을 적용할 때, 반대자의 숫자가 5명보다 작기 때문에 상관관계를 인정하는 쪽으로 판정이 내려지는 것이다.

95% 기준만 가지고도 가설검증을 할 수 있는데, 굳이 유의수준을 사용하는 이유는 그것대로 장점이 있기 때문이다. 즉, 어떤 연구자가 자기는 통상적으로 사용되는 95% 기준이나 90% 기준 혹은 99% 기준을 사용하지 않고, 독자적으로 97.1% 기준을 적용하여 가설검증을 하였다고 주장한다고 치자. 이럴 경우 그 과학자를 저지할 방법이 없다. 그러나 이때 유의수준 0.029라는 정보가 있으면, 이 과학자가 지금 발견했다고 주장하는 상관관계는 임계치 선상에 놓여 있다고 판정할 수 있게 된다. 따라서 영가설이 채택되고, 97.1% 기준에 따라, 상관관계가 없는 것으로 판정된다.

굳이 유의수준(Level of Significance)이라는 복잡한 개념을 사용하지 않고, SPSS한테 신뢰구간을 알려달라고 함으로써 간단히 가설을 검증할 수 있다. 그러나 앞으로 "고수(高手)"가 되기 위해서는 고수들이 쓰는 용어와 방법을 따라서 써야 한다. 이것이 마음에 들지 않으면 자신이 고수 중의 고수가 되어서 새로운 기준(rule)과 방법을 만들어내기 바란다.

최종적으로 유의수준 값을 이용한 가설검증 규칙은 다음과 같다.

새로운 가설검증 규칙

95% 기준을 채택할 때(즉, Type I 오류가 발생할 확률을 5% 이내로 억제하려고 할 때), 유의수준 값을 이용한 가설검증 규칙은 다음과 같다.

$$\text{Reject } H_0 \ (\beta=0), \text{ if } \alpha\text{-level} < 0.05$$

여기서 α-level 값은 SPSS에서 [Sig.]로 표시되는데, p-value라고 하는 경우도 있다.

위의 검증 규칙에 따라 영가설이 기각되면, 그때 표본에서 측정된 기울기 값(b)은 유의미(有意味)하다고 부른다. 이것을 영어로 표현하면, "b is significantly different from zero"라고 한다. 직역하면 "0"과 현저하게 다르다고 해야 할 것이다. 그러나 통계학 도입초기에 영어 significance를 유의미하다라고 번역하기 시작했으므로, 이제는 통상적으로, "영가설이 기각될 때 b는 유의미하다" 또는 "X-변수와 Y-변수는 유의미한 상관관계를 갖고 있다"라고 표현하게 되었다.[3]

3) Significant의 의미를 사전에서 찾으면, important, worth noting, large, meaningful 등의 뜻이 있는데, 우리는 이들 중에서 meaningful에 비중을 두고 번역한 것이다. 그러나 통계학 검증에서는 large의 의미가 더 강하다. 표본에서 측정된 기울기 값, b가 상당히 큰 값을 가져야, 모집단의 기울기 값(β)에 대한 신뢰구간 속에 "0"이 포함되지 않을 것이기 때문이다.

제 3 절 회귀방정식의 설명력: R^2

[아들 키 - 아버지 키] 사례에서 아버지의 키를 예측하는 방법으로 ① 아버지들의 평균 키로 예측하는 방법과 ② 회귀직선을 이용해서 추정하는 방법이 있다고 하였다. 예를 들어, 권상우 아버지의 키를 평균값으로 추정하는 것은 간편한 방법이기는 하지만 오차가 클 수도 있는 예측방법이다. 이에 비하여 회귀직선을 이용하는 회귀방정식으로 권상우 아버지의 키를 추정하는 방법은 조금 복잡하지만, 예측의 오차는 줄여줄 것이다. 왜냐하면 회귀직선을 그냥 긋는 것이 아니라 "오차를 최소화하도록" (컴퓨터가) 그리기 때문이다. 그렇다면, 어떤 사실을 평균값으로 예측하는 것에 비하여, 회귀직선으로 예측하는 것이 얼마나 더 오차가 적을 것인가? 이것을 가르쳐주는 것이 **결정계수**(R^2, Coefficient of Determination)라는 것이다.

〈그림 9-9〉에서, 예를 들어, 권상우의 키가 D라면, 권상우 아버지의 키는 평균값으로 예측할 때는 C이고, 회귀직선으로 예측할 때는 B이다. 그러나 권상우 아버지의 실제 키가 A라면, 평균값으로 예측한 것도 틀리고, 회귀직선으로 예측한 것도 틀린다. 그러나 회귀직선으로 예측할 때 오차가 더 적은 것을 나타내주고 있다.

이 그림에서 AC를 전체 편차(total deviation)라고 하는데, 전체편차는 두 부분으로 이루어져 있다. 전체 편차 중에서 일부분은 회귀직선에 의해서 설명되므로, BC만큼을 설명된 편차(explained deviation)라고 한다. 전체편차 중에서 설명된 편차가 어느 정도 비중을 차지하고 있느냐를 측정한 것이 결정계수(R^2)이다.

$$R^2 = \frac{\sum(\text{설명된 편차})^2}{\sum(\text{전체 편차})^2}$$

(이 공식에서 편차를 제곱한 이유는 편차를 모두 합하면 0이 되므로, 이를 피하기 위한 수리적 조치이다. 그리고 Σ가 사용된 이유는 관찰치가 여러 개이기 때문에 관찰치마다 발생한 편차들을 합한 것을 나타내기 위함이다.)

그림 9-9 결정계수(R^2)의 개념

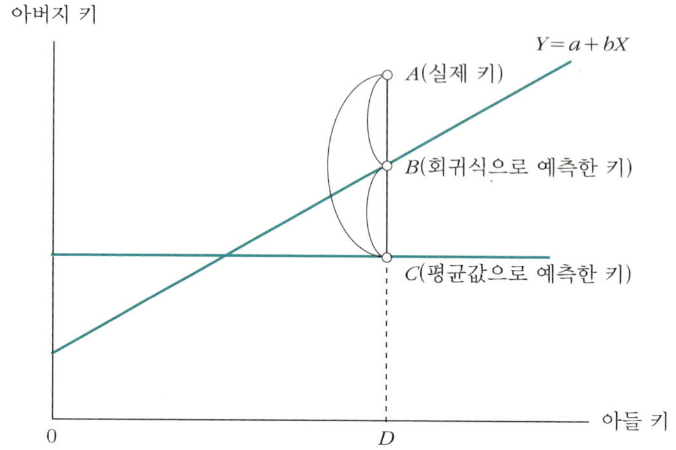

결정계수 값은 0에서 1까지인데, 숫자가 높아질수록 설명력이 높다고 해석한다. 결정계수가 클수록 설명력이 크다고 하는 이유는 다음과 같다. 〈그림 9-9〉에서 알 수 있듯이, 우리가 일반적으로 사람들에 대한 키의 평균값 정도는 상식적으로 알고 있다고 하자. 그렇다면 평균값과 같은 최소한의 정보로 예측하는 것보다 회귀직선을 이용한 예측이 오차가 더 적을 것이다. 왜냐하면 전체 편차(*AC*) 중에서 일부분은 회귀직선에 의해서 설명된 편차(*BC*)이기 때문에, 설명 안 된 편차(*AB*)는 작아질 것이다.

그렇다면 R^2 값이 어느 정도 이상이면 설명력이 높다고 할 수 있을까? 설명력이 높은 기준은 과연 있는가? 일반적으로 횡단면자료(cross section data)를 이용한 회귀분석일 경우 R^2가 0.25 정도면 상당히 높은 편이라고 본다. 그러나 시계열자료(time series data)를 사용한 회귀분석일 경우 R^2의 값이 0.98이 된다 해도 설명력이 크다고 하지 않을 경우가 있다. 시계열자료란 연도별, 분기별, 월별, 또는 일별 자료가 제시되는 것을 말하고, 횡단면자료란 "어느 한 시간대"에 여러 지역에서 수집된 자료들을 말한다.

다시 [아들 키－아버지 키]의 사례로 돌아가 보자. 이 사례는 횡단면자료이다. 이것은 연도별로 키의 변동을 측정한 것은 아니기 때문이다. 이 자료를 가지고 회귀분석을 실시한 결과는 이미 〈표 9-3〉에 수록되어 있는데, 이 표에 의하면 [R square]라는 통계량이 있는데, 그 값은 0.467이다. 상당히 설명력이 높은 경우라는 것을 알 수 있다.

그러나 만약 [R square] 값이 아주 작아서 "0"에 가깝다면, 그것은 회귀방정식을 이용해서 추정하는 예측치의 설명력이 거의 없다는 것이다. 즉, 이 경우는 최소 정보(=상식으로 알 수 있는 평균값)로 예측하는 것이 더 간편하지, 굳이 더 복잡한 회귀직선을 사용할 실익이 없다는 뜻이 된다.

제 4 절 분산분석(ANOVA)

다시 [아들 키－아버지 키]에 대한 회귀분석 결과표를 보면, ANOVA라고 하는 것이 있다. 이것은 Analysis of Variance, 즉 분산분석이라고 하는 것으로서, 회귀분석에 있어서 매우 중요한 역할을 한다. 그러나 분산분석을 하기 위해서는 *F*-분포라고 하는 새로운 분포를 배워야 하는데, 지금 이 단계에서는 무리이다. 이것은 제10장에서 자세히 설명되므로 그때 탐구하기로 하고 여기서는 결론적인 내용만 소개한다.

분산분석은 컴퓨터로 계산되는 *F*-값의 유의도를 가지고 실시하는 것으로, *F*-값의 유의도가 0.05보다 크다면, 회귀분석 전체가 성립되지 않음을 뜻한다. 반대로 *F*-값의 유의도가 0.05보다 작다면, 그 회귀분석은 일단 성립하게 된다. (실제로는 *F*-값의 유의도가 0.05보다 커서, 회귀분석이 성립되지 않는 경우는 그렇게 많지 않다.)

아무튼, 현 단계에서는 분산분석을 이 정도까지만 이해하고, 다음 제10장과 제12장에서 추가적으로 배우기로 한다.

제 5 절 단순회귀분석을 이용한 예측(forecasting)

회귀분석 결과는 ① 가설검증을 위해서 사용될 뿐 아니라 ② 예측을 위해서도 사용된다. 즉, X 변수의 값이 주어지면, 그것에 따른 Y 변수의 값을 예측하는 것이다. 예를 들어, 대형마켓의 관리자는 오렌지 가격을 인하할 경우 얼마나 더 많은 양이 구매될 것인지 알고 싶을 때 회귀분석을 사용한다. 예측은 영어로 prediction이라고 하기도 하며, forecasting이라고 하기도 한다.

앞에서 예로 든 [아들 키–아버지 키]의 경우, 회귀방정식은 〈표 9-3〉에 의하여 다음과 같다.

$$[\text{아버지 키}] = 113.407 + 0.338 \times [\text{아들 키}]$$

그런데 변수 [아들 키]의 회귀계수는 하한값이 0.044이고 상한값이 0.632이다. 따라서 진짜 모집단의 회귀계수는 95%의 확률로 이 구간 안에 위치한다. 따라서 진짜 [아버지 키]는 회귀계수의 하한값을 적용했을 때와 상한값을 적용했을 때 사이에 존재할 가능성이 95%이다. 즉, [아들 키]가 175cm일 때, [아버지 키]는 …

$$\text{하한값 적용시: } 113.407 + 0.044 \times 175 = 121.11$$
$$\text{상한값 적용시: } 113.407 + 0.632 \times 175 = 224.01$$

[아들 키]의 값이 170cm라면, [아버지 키]는 …

$$\text{하한값 적용시: } 113.407 + 0.044 \times 170 = 120.85$$
$$\text{상한값 적용시: } 113.407 + 0.632 \times 170 = 220.85$$

[아들 키]의 값이 180cm라면, [아버지 키]는 …

$$\text{하한값 적용시: } 113.407 + 0.044 \times 180 = 121.33$$
$$\text{상한값 적용시: } 113.407 + 0.632 \times 180 = 227.17$$

이상의 예측결과를 그림으로 표시하면 〈그림 9-10〉과 같다.

•• 그림 9-10 [아들 키]로 예측한 [아버지 키]의 예측 범위

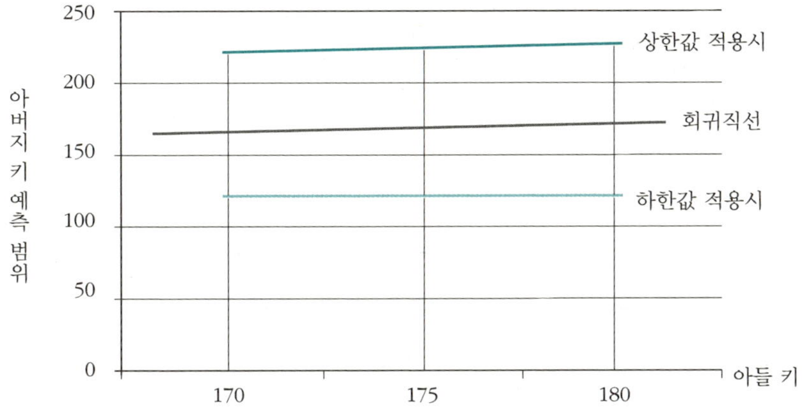

제 6 절 • 단순회귀분석의 요약

1. 결과보고양식

회귀분석을 시행하면, 그 결과표는 〈표 9-2〉와 같이 제시되며, 이를 다시 수록하면 다음과 같다. 이 표를 보면, 매우 많은 정보가 들어 있다. 그러나 이들을 모두 수록하여 제시한다면, 오히려 정보가 너무 많기 때문에 실상을 파악하기 어려워진다. 그래서 분석가들을 보통 다음과 같은 방식으로 결과표를 요약하는데, 이 방식은 매우 널리 사용되고 있다.

표 9-2 회귀방정식 추정 결과

진입/제거된 변수[a]

모형	진입된 변수	제거된 변수	방법
1	아들키[b]	.	입력

a. 종속변수: 아버지키

b. 요청된 모든 변수가 입력되었습니다.

모형 요약

모형	R	R 제곱	수정된 R 제곱	추정값의 표준오차
1	.684[a]	.467	.401	3.23241

a. 예측값: (상수), 아들키

분산분석[a]

모형		제곱합	자유도	평균 제곱	F	유의확률
1	회귀 모형	73.312	1	73.312	7.017	.029[b]
	잔차	83.588	8	10.448		
	합계	156.900	9			

a. 종속변수: 아버지키

b. 예측값: (상수), 아들키

계수[a]

모형		비표준화 계수		표준화 계수	t	유의확률
		B	표준오차	베타		
1	(상수)	113.407	23.237		4.880	.001
	아들키	.338	.127	.684	2.649	.029

a. 종속변수: 아버지키

〈단순회귀분석 결과보고 양식〉

$$[\text{아버지키}] = 113.407 + 0.338[\text{아들키}]$$
$$(4.880)^{***} \quad (2.649)^{**}$$

$N = 10$

$R^2 = 0.467$

$F = 7.017$ (유의확률 $0.029)^{**}$

위 보고양식의 일반형식은 다음과 같이 표현할 수 있다.

[종속변수] = (constant)의 계수값 + 계수값 [독립변수]
(해당 t-값) (해당 t-값)

N(표본의 크기) =

R^2(결정계수) =

F-값 = , Sig.(해당 유의도) =

(단, 위에서 t-값에 부여된 유의확률 값이 0.05보다 작으면, 그 계수가 95%(또는 유의수준 5%)에서 유의미하다는 것을 쉽게 알아보도록 ** 표시를 해준다. 만약 유의확률 값이 0.01보다 작으면, 그 계수가 99%(혹은 유의수준 0.01)에서 유의미함을 알아보기 쉽도록 ***표시를 부여한다. 유의확률 값이 0.05보다는 크지만 0.10보다 작을 때에는 90%(유의수준 10%)에서 유의미하므로 * 표시를 부여해준다.)

주의: 이 보고양식에서는 계수값 밑에 t-값을 쓸 것을 권고하고 있지만, 분석가에 따라서는 t-값 대신 표준오차값을 쓰는 경우도 많다.

2. 회귀방정식 해석방법

앞에서와 같이 간단한 공식으로 회귀분석 결과가 요약되면, 그것은 다음과 같이 해석된다.

"모집단에서 표본크기가 N인 표본집단을 추출하여 회귀분석을 실시한 결과, F-값이 유의미하므로 회귀분석이 성립되었고, [아들 키]가 1cm 더 커질 때마다 [아버지 키]는 0.338cm가 더 커지는 상관관계가 있다. 이 상관관계는 비단 표본집단에만 해당하는 것이 아니라 모집단 전체를 조사한다 하더라도 존재하는 것으로 발견될 가능성이 크다. 왜냐하면 [아들 키]의 계수값에 부여된 t-값이 2.649로 커서 그것의 유의수준이 0.05보다 작으므로, 모집단을 전수조사한다 해도 상관관계가 "0"이 될 가능성이 5% 미만이다. 즉, 모집단에서 [아들 키]와 [아버지 키] 간에 상관관계가 있을 가능성이 95%보다 크다는 것이다. 그리고 이 회귀방정식의 설명력, R^2는 0.467로서 횡단면자료에 대한 분석으로서는 상당히 큰 값이다. 즉, 이 공식을 이용하여 [아버지 키]를 예측한다면 최소정보로 [아버지 키]를 예측할 때보다 오차가 상당히 줄어드는 효과가 있다. 결론적으로 표본조사를 통해 [아들 키]와 [아버지 키] 간의 상관관계를 살펴본 상기 회귀분석은 매우 유용성이 있다고 할 수 있다."

연 | 습 | 문 | 제

※ 서양 속담에 Practice makes Perfect라는 말이 있다. 배운 것을 연습하지 않으면, 배운 것을 완벽하게 이해할 수 없다는 뜻이기도 하다. 본 제7장에서는 회귀분석 중에서도 가장 간단한 것, 즉 독립변수가 하나이고 종속변수도 하나인 단순회귀분석을 설명하였다. 새롭고도 복잡한 개념들이 많이 등장하는데, 이들을 최대한 쉽게 설명하였지만, 아직도 잘 이해가 안 되는 부분들이 있을 것이다. 이것은 다음과 같은 연습문제들을 풀면서 숙지하도록 해야 한다.

01 SPSS를 구동하여 [employee data] 불러들여 열고, 피조사자들의 교육연한(educ)과 초봉(salbegin) 간에 어떤 상관관계가 있는지(혹은 없는지) 회귀분석을 하여 보시오. 회귀분석 결과표를 위의 보고양식대로 정리한 후, 역시 위에 설명한 해석방식에 입각하여 해석하시오.

02 교육을 1년 더 받으면, 초봉을 얼마나 더 많이 받게 되는가?

03 교육을 1년 더 받는 비용이 $1,600라면, 순전히 초봉만 놓고 볼 때, 교육을 1년 더 받을 가치가 있는가? (이 문제를 풀기 위해서는 신뢰구간을 구해야 한다. SPSS에서 신뢰구간을 구하는 절차는 [분석]–[회귀분석]–[선형]–종속변수와 독립

변수 선택 후 선택 사항으로－[통계량]을 선택한 다음, 팝업 창에서 [신뢰구간]을 클릭.)

04 초봉(salbegin)과 현재의 연봉(salary) 간에는 어떤 관계가 있는가? 만약 둘 간에 양의 상관관계가 있다면, 초봉을 많이 받기 위해서는 무엇을 하여야 하는가? 주어진 자료 내에서 답하시오.

05 현재의 직장에 들어오기 이전에 쌓았던 경험(prevexp)이 많으면 많을수록, 현재의 연봉수준(salary)은 얼마나 더 많아지는가? 둘 간의 상관관계를 보고, 여러분이 느낀 점을 쓰시오.

06 현 직장에서 더 오래 근무할수록(jobtime), 현재의 연봉수준은 더 높아지는가?

07 교육연한(educ)과 현재의 연봉수준(salary) 간에는 어떤 관계가 있는가?

08 앞의 (문 6)과 (문 7)의 회귀분석 결과를 감안할 때, 어떤 사람이 더 높은 수준의 연봉을 받기 위해서는, 그는 직장을 그만 두고 교육을 1년 더 받는 것이 유리한가, 아니면 현 직장에서 1년(12개월) 더 근속하면서 추가적인 교육을 받지 않는 것이 유리한가?

제10장 다중회귀분석

제 1 절 왜 다중회귀분석이 필요한가[1)]

제9장에서는 회귀분석의 좋은 점들을 많이 배웠다. 그런데 제9장의 마지막에 수록되어 있는 〈연습문제〉들을 수행하면서 이런 의문이 들었을 것이다. 예를 들어, [employee data]에서 현재의 연봉수준(salary)에 영향을 미치는 요인들이 단 한 개가 아니라 여러 개라는 사실이다. 언뜻 보아도, 교육연한, 초봉수준, 현 직장 이전의 직장에서 얻은 실무경험 연수, 현 직장에서의 재직 개월 수 등이 현재의 연봉수준과 상관관계가 있을 법한 변수들이다. 그리고 〈연습문제〉에는 포함되어 있지 않았지만, 인종, 직종, 성별, 그리고 나이 등도 현재의 연봉수준과 상관관계가 있을 것으로 예상된다. 즉, 현재의 연봉수준과 상관관계가 있을 것으로 예상되는 변수가 8개이므로, 이를 단순회귀분석한다면, 모두 8번의 회귀분석을 실시해야 한다. 그런데 이런 8번의 회귀분석을 단 1회에 해치울 수 있는 방법은 없을까?

다중회귀분석(multiple regression)은 쉽게 말해, 종속변수 1개를 설명하기 위해 독립변수를 2개 이상 여러 개 사용하여 회귀분석하는 것이다. 현실 세계에서는 한 변수에 영향을 미치는 변수가 여러 개 있는 것이 더 보편적이므로, 단순회귀분석보다는 다중회귀분석이 훨씬 더 현실적이다. 그리고 실제로도 회귀분석은 거의 모두 다중회귀분석이다. 이것의 일반 공식은 다음과 같다.

1) 본 장에서는 앞에서 배운 단순회귀분석을 좀 더 복잡하게 응용하는 내용을 다루고 있다. 따라서 본 장의 주제에 관한 입문서를 쓰려하면, 그것만 해도 두꺼운 책 한 권은 된다. 따라서 여기서는 다중회귀분석에 대한 아주 깊이 있는 설명은 피하고, 대신 "기초개념"을 인식시키는 데 주력한다.

모집단에 대한 회귀공식: $Y = \alpha + \beta_1 \cdot X_1 + \beta_2 \cdot X_2 + \beta_3 \cdot X_3 + \cdots$

표본집단에 대한 회귀공식: $Y = a + b_1 \cdot X_1 + b_2 \cdot X_2 + b_3 \cdot X_3 + \cdots$

단순회귀분석에서와 마찬가지로 다중회귀분석에서도 정말로 알고 싶은 것은 β_1, β_2, β_3 등 회귀계수의 모수값이다. 그러나 이것을 직접 찾아내기 어려우므로 모집단에서 표본집단을 추출하여, 그 표본집단에서 얻어진 b_1, b_2, b_3를 가지고 β_1, β_2, β_3 등을 추정하는 방식을 취한다.

제 2 절 SPSS를 이용한 다중회귀분석 실행

다시 [employee data]로 돌아가서, 현재의 연봉수준(Salary)을 종속변수로 하고, 독립변수는 교육연한, 초봉수준, 이전 직장에서의 실무경험, 현 직장에서의 근속월수 같은 4개의 변수로 설정하는 회귀분석을 실시한다.

우선 이 파일을 열고(파일-열기-데이터-employee data-열기), 회귀분석을 하라는 명령문을 클릭한다(분석-회귀분석-선형). 그런 다음 팝업 창이 나오면, 〈그림 10-1〉과 같이 종속변수 1개와 독립변수 4개를 지정한다. 이 팝업 창의 아래쪽에 [선형회귀분석: 통계량]이라는 선택 단추가 있는데, 이것을 누르면 또 다른 팝업 창이 나온다.

작은 팝업 창에서 [추정값], [모형적합], [R 제곱변화량], [기술통계] 등의 선택 사항을 클릭 한다. 그러면 분석결과가 다음과 같이 화면에 출력된다.

•• 그림 10-1 다중회귀분석 실행 방법

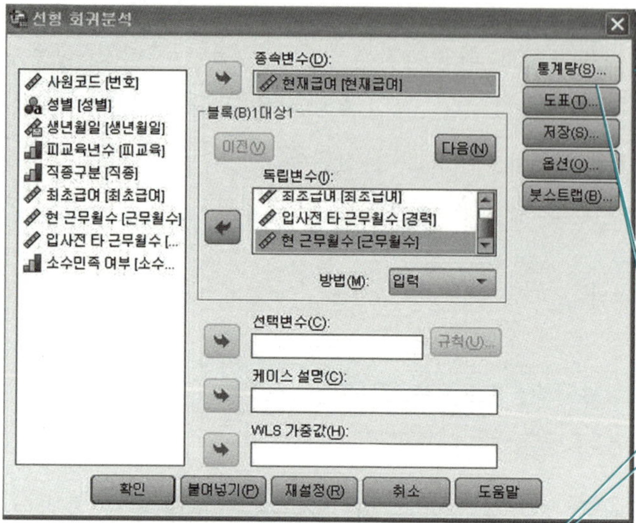

Step 1: [분석]-[회귀분석]-[선형]을 선택하면 [선형 회귀분석] 창이 나타난다.
좌측의 변수 중에서 '현재급여'는 [종속변수]로 '최초급여, 입사전 타 근무월수, 현 근무월수'는 [독립변수]로 옮긴다.

Step 2: 위 그림의 [통계량] 옵션을 클릭, 필요한 정보인 [추정값], [모형 적합], [R제곱 변화량], [기술통계]를 선택한 후 하단의 [계속] 버튼을 클릭한 후 분석창 위 그림의 [확인] 버튼을 클릭

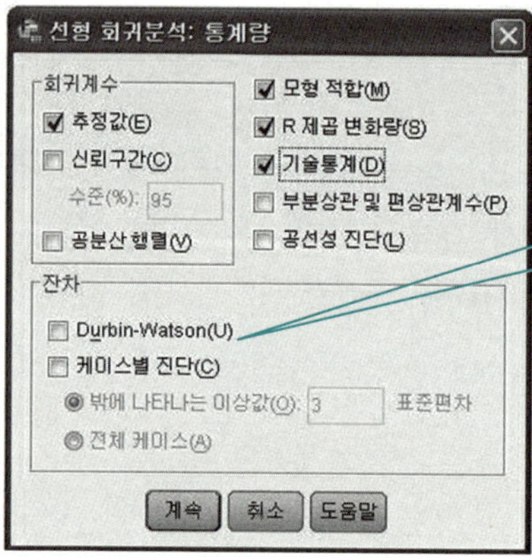

참고: D-W 통계량은 잔차가 독립성을 가지는 정도를 나타낸다. 즉 자기상관이 없는지 측정하는 지표이다. 일반적으로 2에 가까울수록 완전한 독립이고, 1~3이면 독립이라 판단한다. 그러나 0(양의 자기상관)이나 4(음의 자기상관)에 가까우면 자기상관이 있다고 판단한다.

〈표 10-1〉의 결과표에 기초하여, 제9장에서 설명한 "결과보고양식"에 따라 다중회귀분석결과를 다음과 같이 요약하여 보고 한다.

[연봉] = −16149.671 + 669.914[교육] + 1.768[초봉] + 161.486[근속] − 17.303[경력]
(−4.961)*** (4.045)*** (30.111)*** (4.715)*** (-4.904)***
N = 474

••표 10-1 출력된 회귀분석 결과표 (일부)

모형 요약

모형	R	R 제곱	수정된 R 제곱	추정값의 표준오차	통계량 변화량				
					R 제곱 변화량	F 변화량	df1	df2	유의확률 F 변화량
1	.900[a]	.810	.809	$7,465.139	.810	501.450	4	469	.000

a. 예측값: (상수), 현 근무월수, 인사전 타 근무월수, 최초급여, 피교육년수

분산분석[a]

모형		제곱합	자유도	평균 제곱	F	유의확률
1	회귀 모형	1.118E+11	4	27944979881	501.450	.000[b]
	잔차	26136575912	469	55728306.85		
	합계	1.379E+11	473			

a. 종속변수: 현재급여

b. 예측값: (상수), 현 근무월수, 인사전 타 근무월수, 최초급여, 피교육년수

계수[a]

모형		비표준화 계수		표준화 계수	t	유의확률
		B	표준오차	베타		
1	(상수)	-16149.671	3255.470		-4.961	.000
	피교육년수	669.914	165.596	.113	4.045	.000
	최초급여	1.768	.059	.815	30.111	.000
	인사전 타 근무월수	-17.303	3.528	-.106	-4.904	.000
	현 근무월수	161.486	34.246	.095	4.715	.000

a. 종속변수: 현재급여

adjusted $R^2 = 0.809$

F = 501.459 (Sig. = 000)***

이 다중회귀분석에 의하면, 교육, 초봉, 근속월수 및 경력연한이 모두 현재의 연봉수준과 유의미한 상관관계를 갖고 있다. 다만 경력연한의 경우만 양의 상관관계가 아니라 음의 상관관계를 갖고 있다.

이 회귀공식의 설명력은 0.809로서 매우 높다.2) 일단 회귀분석의 설명력이 높은 것으로 판단된다.

[교육]변수의 회귀계수는 669.914로서, 다른 모든 독립변수들의 값이 일정할 때, 교육을 1년 더 받으면 현재의 연봉이 $669.914 더 높아짐을 의미한다. 그런데 제9장에서 단순회귀분석을 할 때는 교육을 1년 더 받으면 현재 연봉이 약

2) 횡단면자료의 분석에서 이 정도로 높은 R-square 값이 나오는 것은 매우 예외적이어서, 뭔가 다른 오류가 포함되어 있을 가능성이 있다. 원래 회귀분석에 대해서는 이분산성(heteroscedasticity) 및 다중공선성(multicollinearity) 검사와 자기상관성(autocorrelation) 검사를 별도로 하여야 하는데, 이것은 이 책의 범위를 넘는 것이므로 생략한다.

••표 10-2 변수들 간의 상관관계

상관계수

		현재급여	피교육년수	최초급여	입사전 타 근무월수	현 근무월수
Pearson 상관	현재급여	1.000	.661	.880	-.097	.084
	피교육년수	.661	1.000	.633	-.252	.047
	최초급여	.880	.633	1.000	.045	-.020
	입사전 타 근무월수	-.097	-.252	.045	1.000	.003
	현 근무월수	.084	.047	-.020	.003	1.000
유의확률 (단측)	현재급여	.	.000	.000	.017	.034
	피교육년수	.000	.	.000	.000	.152
	최초급여	.000	.000	.	.163	.334
	입사전 타 근무월수	.017	.000	.163	.	.474
	현 근무월수	.034	.152	.334	.474	.
N	현재급여	474	474	474	474	474
	피교육년수	474	474	474	474	474
	최초급여	474	474	474	474	474
	입사전 타 근무월수	474	474	474	474	474
	현 근무월수	474	474	474	474	474

$1700 더 많은 것으로 추정되었다. 왜 이런 차이가 나오는 것일까? [교육] 변수의 영향력이 이처럼 갑자기 줄어드는 것은 큰 문제가 아닌가?

다중회귀분석에는 독립변수가 여러 개 사용된다. 그런데 이 독립변수들의 값이 따로 움직이는 것이 아니라, 자기들끼리 어느 정도 상관관계를 갖고 있는 경우가 대부분이다. 즉, 교육연한이 많다는 것은 초봉수준이 높다는 것이고, 초봉수준이 높은 결과 이직하지 않고 한 직장에 오래 근무함으로써 현재의 연봉수준에 복합적으로 영향을 미치는 것이다. 이러한 독립변수들 내에서의 상관관계 역시 컴퓨터가 계산하여 결과표들의 하나로 출력해준다(〈표 10-2〉 참조). 이 표에 의하면 [교육연한]은 [초봉수준]과 매우 높은 정도의 상관관계를 갖고 있는 것으로 나타난다.

제 3 절 최선의 다중회귀분석을 찾는 방법

단순회귀분석보다 다중회귀분석을 사용하는 이유는 ① 현실적으로 한 종속변수에 영향을 미치는 변수들이 많이 존재하고, ② 더 많은 영향 요인들을 고려하기 때문에 더 오차가 적은 설명 및 예측이 가능하기 때문이다. 이것은 마치 회귀분석을 사용하지 않고 최소정보(상식)로 어떤 사실을 설명하는 경우보다 단순회귀분석을 적용하는 경우 설명력이 더 높아졌던 것과 마찬가지다. 즉, 단순회귀분석보다 다중회귀분석을 이용하는 주된 이유는 그것이 설명력이 더 높을 수 있기 때문이다. 그런데 회귀분석에서 설명력은 결정계수(R^2)가 클수록 높다. 따라서 다중회귀분석에서는, 회귀분석과 관련된 다른 전제조건들이 다 충족된다면, R^2가 가장 높은 추정공식을 찾는 것이 과제가 된다.

다중회귀분석에서는 독립변수를 여러 개 사용할 수 있다는 점이 장점이다. 그러나 도대체 몇 개의 변수를 사용하여야 하는지, 또 어떤 변수들을 채택하는 것이 좋은 것인지 특별히 정해져 있는 것이 없다. 즉, 이 문제는 분석가의 생각과 판단, 그리고 분석자료의 가능성 등을 고려하여 결정하여야 한다. 일반적으로 다중회귀분석에 포함될 독립변수들을 선택하는 기준은 다음과 같다.

① 종속변수와 독립변수 간의 상관관계에 관한 이론적인 모형이 존재하는 경우, 이론으로부터 독립변수를 채택한다(예, 경제 수요의 모형에서처럼 가격과 수요량이 음의 관계에 있다고 이론화되어 있을 경우, 가격을 독립변수로 채택한다).

② 선행연구에서 채택한 독립변수들을 다시 채택하여 새 분석의 결과와 선행분석의 결과를 비교하는 경우도 있다. 특히, 선행연구에서 쟁점이 되었던 내용과 관련된 독립변수들이 있다면, 새 연구에서도 이 변수들을 채택할 만하다.

③ 분석가의 판단으로 상관관계가 있음직한 독립변수들을 발굴, 또는 채택한다.

④ 이론모형도 없고, 선행연구도 없으며, 분석가의 판단도 불확실하지만, 분석할 자료가 있는 경우에 이 변수들을 회귀분석에 포함시켜 회귀공식을 추정해본다.

다중회귀분석에 포함될 변수들을 선택하여, 분석을 실시하는 방법에는 크게 두 가지가 있다. 첫째는 독립변수가 1개인 단순회귀분석을 먼저 시행한 후, 여기에다 종속변수와 상관관계가 있을 것으로 예상되는 독립변수를 하나씩 추가하면서, R^2가 높아지는가 살펴보는 것이다. 새 독립변수를 추가할 때마다 R^2가 계속 높아지면 그 과정을 계속 진행하고, R^2가 오히려 작아진다면 먼저 번 회귀공식으로 돌아가는 방법이다.

두 번째 방법은 흔히 후방탈락법(backwar elelmination method)이라고 하는 것으로서, 상관관계가 있을 성 싶은 모든 변수를 독립변수로 채택하여 회귀분석을 실시한다. 그런 다음, 상관관계가 약한 변수들을 하나씩 탈락시켜 가면서, R^2의 변화를 살펴본다. 즉, R^2가 가장 큰 값을 가질 때까지 독립변수들을 탈락시켜 나가는 방식이다. 실제로는 이 후방탈락법이 가장 많이 사용되고 있으며, 그래서 SPSS에서도 이 방식을 이용하여 가장 큰 R^2 값을 손쉽게 찾을 수 있도록 해주고 있다.

다시 앞에서 사용한 [employee data]로 돌아가자. 앞에서는 현재의 [연봉] 수준을 설명하기 위해서, 교육연한, 초봉수준, 과거경력기간, 현직장에서의 근속월수 등 네 가지 독립변수를 사용한 다중회귀분석을 예시하였다. 그런데 [연봉]은 이들 네 변수 외에도, [인종], [직종구분], [성별], [연령] 등의 변수들과도 상관관계가 있을 것이다. 따라서 이번에는 모두 8개의 독립변수를 사용하여 회귀분석을 실시해보고자 한다. 그런데 [employee data]에 수록되어 있는 성별 변수와 연령변수는 현재 상태 그대로는 회귀분석에 사용할 수 없다. 이들을 이용하려면 자료를 변환시켜야 하는데, 자료변환 방법은 아직 학습하지 않았으므로 여기서는 이 두 변수를 제외한 6개의 독립변수로 다중회귀분석을 연습한다. 즉, 6개의 독립변수를 포함한 다중회귀방정식을 기본모형으로 추정하고, 여기에서 관련성이 적을 것 같은 독립변수를 탈락시키는 방법을 연습한다.

후방탈락법을 사용하기 위해서는 〈그림 10-2〉에 표시되어 있는 바와 같이, [방법]을 '입력'으로부터 '후방탈락'으로 바꾸어 주어야 한다.

그림 10-2 후방탈락법을 사용하기 위한 명령문

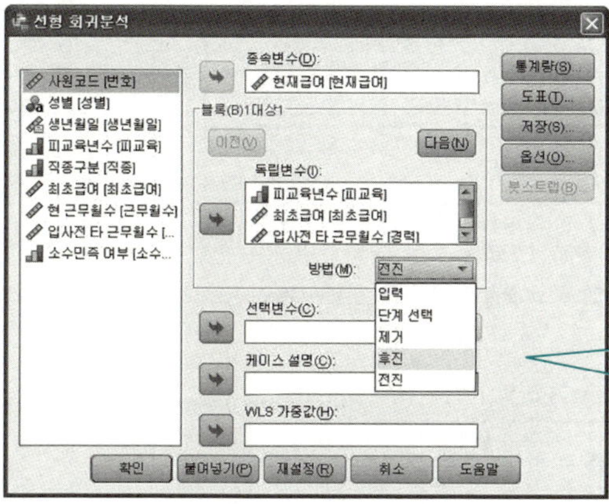

참고: • 후방탈락법(후진)은 모든 독립변수를 입력한 상태에서 유의하지 않은 변수를 하나씩 제거하면서 최적설명력을 찾는 방법
• 입력: 모든독립변수를 그대로 사용하기 때문에 최적의 모형을 찾는 것이 아니라 인과관계 파악이 목적임
• 단계 선택: 독립변수들을 하나씩 추가 또는 제거하면서 최적모형을 찾는 방법
• 제거: 유의하지 않은 변수들을 한꺼번에 제거하는 방법
• 전진: 유의한 변수들만 추가하는 방식으로 최적설명력을 가지면 중단하는 방법

위와 같이 후방탈락법을 선택하여, 다중회귀분석을 시행하면, 그 결과물이 〈표 10-3〉과 같이 출력된다.

결과표에 의하면, [연봉] 변수를 설명하는데, [인종]변수를 탈락시키고, 나머지 다섯 개의 독립변수만 채택하는 것이 Adjusted R square가 더 크다고 한다. 다중회귀분석에서는 설명력의 크기를 R^2 값이 아닌 Adjusted R^2 값을 사용한다. 그 이유는 R^2를 도출하는 공식에 있어서, 독립변수의 숫자가 많아지면 R^2가 저절로 커지는 경향이 있기 때문에, 이 부분을 조정한 것이 Adjusted R square 값이기 때문이다. 앞의 표에서 보면, [인종] 변수를 포함시켰을 때의 Adjusted R^2 값이나 그것을 탈락시켰을 때의 Adjusted R^2값이 동일하게 0.839로 나와 있지만, 이 수치는 소수점 아래 네 자리에서 반올림한 것으로서, 미세하나마 [인종]변수를 탈락시켰을 때 조금 더 큰 설명력을 갖는 것으로 계산되어 나온다. 따라서 이 연습과제에서는 다섯 개의 독립변수를 이용하여 현재의 [연봉] 수준을 추정하는 것이 가장 설명력이 높은 최선의 회귀분석이 된다.

••표 10-3 다중회귀분석 결과표(후방탈락법)

모형 요약

모형	R	R 제곱	수정된 R 제곱	추정값의 표준오차
1	.917[a]	.841	.839	$6,858.979
2	.917[b]	.840	.839	$6,856.795

a. 예측값: (상수), 직종구분, 현 근무월수, 입사전 타 근무월수, 소수민족 여부, 피교육년수, 최초급여

b. 예측값: (상수), 직종구분, 현 근무월수, 입사전 타 근무월수, 피교육년수, 최초급여

진입/제거된 변수[a]

모형	진입된 변수	제거된 변수	방법
1	직종구분, 현 근무월수, 입사전 타 근무월수, 소수민족 여부, 피교육년수, 최초급여[b]	.	입력
2	.	소수민족 여부	후진 (기준: 제거할 F의 확률 >= .100).

a. 종속변수: 현재급여

b. 요청된 모든 변수가 입력되었습니다.

분산분석[a]

모형		제곱합	자유도	평균 제곱	F	유의확률
1	회귀 모형	1.159E+11	6	19324367066	410.758	.000[b]
	잔차	21970293040	467	47045595.37		
	합계	1.379E+11	473			
2	회귀 모형	1.159E+11	5	23182635598	493.084	.000[c]
	잔차	22003317445	468	47015635.57		
	합계	1.379E+11	473			

a. 종속변수: 현재급여

b. 예측값: (상수), 직종구분, 현 근무월수, 입사전 타 근무월수, 소수민족 여부, 피교육년수, 최초급여

c. 예측값: (상수), 직종구분, 현 근무월수, 입사전 타 근무월수, 피교육년수, 최초급여

계수[a]

모형		비표준화 계수 B	비표준화 계수 표준오차	표준화 계수 베타	t	유의확률
1	(상수)	-14952.689	2995.233		-4.992	.000
	피교육년수	541.455	152.799	.091	3.544	.000
	최초급여	1.361	.069	.627	19.677	.000
	입사전 타 근무월수	-19.139	3.288	-.117	-5.821	.000
	현 근무월수	155.941	31.509	.092	4.949	.000
	소수민족 여부	-655.186	782.000	-.016	-.838	.403
	직종구분	5834.279	625.873	.264	9.322	.000
2	(상수)	-15038.574	2992.525		-5.025	.000
	피교육년수	539.642	152.735	.091	3.533	.000
	최초급여	1.365	.069	.629	19.796	.000
	입사전 타 근무월수	-19.553	3.250	-.120	-6.017	.000
	현 근무월수	154.698	31.464	.091	4.917	.000
	직종구분	5859.585	624.945	.265	9.376	.000

a. 종속변수: 현재급여

제외된 변수[a]

모형		베타 입력	t	유의확률	편상관계수	공선성 통계량 공차
2	소수민족 여부	-.016[b]	-.838	.403	-.039	.948

a. 종속변수: 현재급여

b. 모형내의 예측값: (상수), 직종구분, 현 근무월수, 입사전 타 근무월수, 피교육년수, 최초급여

제 4 절 다중회귀분석의 결과보고 양식 및 해석 방법

다중회귀분석의 결과표도 단순회귀분석의 그것과 동일한 양식으로 보고할 수 있지만, 조금 더 세련된 보고 양식은 〈표 10-4〉와 같다. 대부분의 분석결과 보고서는 이 양식을 사용하므로 알아두는 것이 편리하다. 그리고 〈표 10-5〉는 이 양식에 따라 [연봉]에 대한 회귀분석 결과보고 사례를 제시하고 있다.

••표 10-4 다중회귀분석 결과보고서 양식

[종속변수명]

회귀공식일련번호	(1)	(2)	(3)
상수(constant)	회귀계수 (t-값)	회귀계수 (t-값)	회귀계수 (t-값)
독립변수 1	회귀계수 (t-값)	회귀계수 (t-값)	회귀계수 (t-값)
독립변수 2	회귀계수 (t-값)	회귀계수 (t-값)	회귀계수 (t-값)
독립변수 3	회귀계수 (t-값)	회귀계수 (t-값)	회귀계수 (t-값)
N= Adjusted R^2= F-값= (Sig.)			

••표 10-5 회귀분석결과보고: 사례

[종속변수: 연봉]

회귀공식일련번호	(1)	(2)	(3)
Constant	−16149.671 (−4.961)***	−14952.689 (−4.992)***	−15038.574 (−5.025)***
교육연한	669.914 (4.045)***	541.455 (3.544)***	539.642 (3.533)***
초봉수준	1.768 (30.111)***	1.361 (19.677)***	1.365 (19.796)***
근속월수	161.486 (4.715)***	155.941 (4.949)***	154.698 (4.917)***
타직장경력	−17.303 (−4.904)***	−19.139 (−5.821)***	−19.553 (−6.017)***
직종구분		5834.179 (9.322)***	5859.585 (9.376)***
인종구분		−655.186 (−0.838)	
N Adjuste R^2 F-값	474 0.809 501.459 (Sig.=000)***	474 0.839 410.758 (Sig.=000)***	474 0.839 493.084 (Sig.=000)***

위의 결과양식표에 의하면, 회귀공식 (1), (2), (3) 중에서 (3)의 Adjusted R^2 값이 가장 크다. 따라서 공식 (3)을 최선으로 추정된 회귀방정식으로 선택하여, 그 내용을 해석을 하면 된다. 공식 (3)은 공식 (1)에 비하여 [직종구분]이란 변수가 하나 더 있고, 공식 (2)에 비해서는 [인종] 변수가 없다.

> "현재의 [연봉] 수준에 관한 다중회귀분석 결과, F-값이 상당히 커서 유의미하므로, 이 추정공식은 성립이 된다. 교육을 1년 더 받으면, **다른 조건들이 변동 없을 때**, 현재의 연봉수준이 \$539 만큼 더 높아진다. 초봉수준이 \$1 더 많을수록, 다른 조건들이 동일하다면, 현재의 연봉은 \$1.365 정도 많아진다. 현 직장에 1개월 더 일할수록, 다른 조건들이 동일하다면, 연봉은 약 \$155 정도 더 많아진다. 그러나 타직장에서의 경력이 1년 더 많을수록, 현재의 연봉수준은 \$19.6 정도 낮아진다. 그리고 [직종구분]이 하급직에서 중간직으로 올라가면 연봉이 \$5,859가 더 많아지고, 중간직에서 관리직으로 올라가면 역시 현재 연봉이 중간직 보다 \$5,859가 더 많아진다. 이 회귀공식의 Adjusted R^2는 0.839로서 매우 설명력이 높은 것으로 추정된다."[3)]

연 | 습 | 문 | 제

01 SPSS에 탑재되어 있는 샘플 데이터 중 [University of Florida Graduate Salary]라는 자료 파일이 있다. 이 파일을 열고, 대학졸업생의 [초봉] 수준을 종속변수로 하여, 다중회귀분석을 실시하시오. 그리고 그 결과를 상기 보고양식대로 변환하여 제시하고, 그 내용을 해석하시오.

02 앞 문제와 관련하여, 여학생은 남학생에 비하여 [초봉] 결정시 불이익을 받는가?

3) 이 밖에 다중회귀분석과 관련하여서는 ① 이분산성(heteroskedasticity)의 문제, ② 다공선성(multicollinearity)의 문제, 그리고 ③ 자기상관(autocorrelation)의 문제 등이 있지만, 이들은 본 책의 범위를 넘는 것이기에 상급 통계학 과목에서 배우기 바란다.

03 역시 앞 문제와 관련하여, 자료에 의하면 최근에 졸업한 학생일수록 초봉수준이 더 높은 경향이 있다. 왜 그럴까?

04 요즈음은 Well-being이 유행이다. Well-being의 핵심은 "행복"인데, 우리는 어떤 경우에 더 행복해지고, 또 어떤 경우에는 덜 행복하다고 느끼는가? 불행히 한국에 대한 자료는 확보되지 않았다. 그러나 SPSS에 탑재되어 있는 샘플 데이터 중 [1991 U.S. General Social Survey] 자료를 보면, 미국 사람들에 대한 조사를 통해 행복감과 상관관계가 있는 요인들을 많이 찾을 수 있다. 여러분들은 이 자료에서 General Happiness[happy] 변수를 종속변수로 하는 다중회귀분석을 실시하여, 행복감과 상관관계가 있는 독립변수들을 찾아내시오. 단, 관련변수가 너무 많기 때문에 그들 중에서 대표적인 것 7개만 선별한 다음, '후방탈락'방식에 의해 Adjusted R^2 값이 가장 큰 회귀방정식 추정치를 찾아내시오. 물론 앞에서 설명한 결과보고양식을 사용해야 하며(약 3개 정도의 공식만 대표로 수록할 것), 그에 따른 해석도 하시오.

05 앞의 문제와 관련하여, 이번에는 어떤 요인들이 사람들을 불행하게 만드는지 찾아보시오.

제11장 교차표분석

제 1 절 회귀분석이 잘 적용이 안 되는 경우

회귀분석은 두 개 이상의 변수들 간의 상관관계를 파악하는 데 매우 유용한 검증도구이다. 특히 한 개의 종속변수를 설명하기 위해서 여러 개의 독립변수를 사용하는 다중회귀분석은 단순회귀분석보다 훨씬 더 현실 상황을 잘 반영하는 것으로 인식된다.

그런데 이런 회귀분석이 언제나, 어떤 자료에나 다 잘 적용되는 것은 아니다. 예를 들어, 여태까지 사례로써 사용해 온 [employee data]에서 [직종구분](Job Category)과 [인종](minority) 간의 관계를 알아 보고자 한다고 치자. 미국에서 인종, 특히 유색인종(minority)의 경우 하위직에 임명되는 것보다 관리직에 임명되는 것이 어렵다고 생각된다. 따라서 다음과 같은 가설을 세워볼 수 있다.

영 가 설: 사람들의 [직종구분]은 유색[인종] 여부와 상관이 없다.
대립가설: 사람들의 [인종]과 [직종구분] 간에는 상관관계가 있다.

이 가설을 검증하기 위해, 여태까지 배운 바에 따르면 회귀분석을 실행해야 한다. 그런데 회귀분석 실행에 앞서, 표본집단에서 관찰된 관찰치들을 산포도(scatter gram)로 표시하면 〈그림 11-1〉과 같아진다. 산포도를 그리는 절차는 해당 자료파일을 불러오기 한 다음, [그래프]－[산점도/점도표]－[그래프 종류 선택]－[X/Y-축 변수 지정]－[확인] 순으로 명령문을 클릭하면 된다.

••그림 11-1 불연속 변수의 산포도

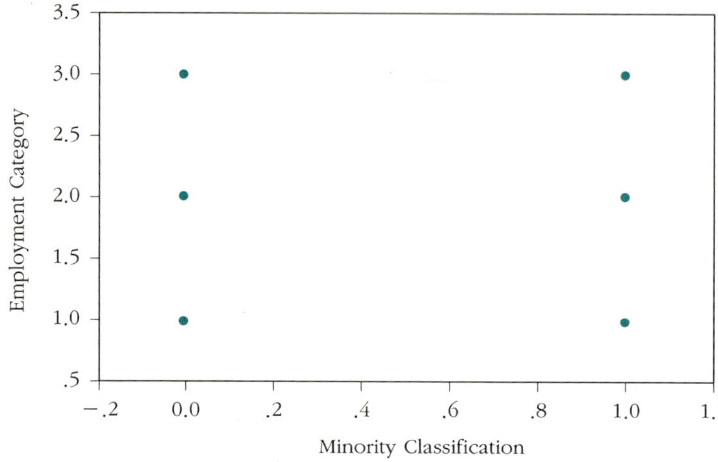

이 산포도를 보면 이상한 점이 발견된다. [employee data]는 모두 474명의 응답자에 관한 관찰치를 포함하고 있다. 그런데 이들 474쌍의 관찰치가 위의 산포도에서는 오직 6개의 점으로 표시되고 있다. 따라서 시각적으로 "오차를 최소화하는 직선"을 그리기가 애매하다. 이런 문제가 생기는 이유는 X-축 변수와 Y-축 변수가 모두 불연속 변수(discontinuous variables)이기 때문이다.

단 하나의 값만 갖는 수를 상수(constant)라고 하고, 두 개 이상의 값을 가질 수 있는 수를 변수(variables)라고 하는데, 변수에는 연속변수와 불연속변수가 있다. 연속변수는 연봉, 나이, 교육연한 같이 변수의 값이 연속된 숫자로 기록될 수 있는 것이고, 불연속변수는 성별(0 아니면 1), 종교(기독교 1, 불교 2, 기타 3), 직종(하급직 1, 중간직 2, 관리직 3)과 같이 특정한 정수 이외의 숫자는 의미가 없는 변수를 말한다. 예를 들어, 성별을 남성 0, 여성 1로 지정하였을 경우, 성별 값이 1.5가 나왔다면 어떻게 해석해야 하는가? 하리수? 성별 값 1.5는 의미가 없는 숫자이다.

이왕 내친 김에 변수들의 값을 측정하는 척도(scales)의 종류를 알아보자. 척도에는 네 가지 종류가 있는데, 명목척도(nominal scale), 서열척도(ordinal scale), 등간척도(interval scale), 그리고 비율척도(ratio scale)가 그것이다.

1. 척도의 종류

(1) 명목척도(nominal scale)

설문조사에서 당신의 종교는 무엇입니까? 라는 질문에 대해 기독교는 1, 불교는 2, 기타는 3이라고 표시하였다면, 이 숫자들은 측정대상들을 구분하는 데에만 사용될 뿐, 대상들 간의 우열을 의미하는 것은 아니다. 즉, 불교가 2라는 숫자로 표시된다고 해서, 그것이 1로 표시되는 기독교보다 2배나 더 좋다는 뜻은 아니다. 이처럼 숫자 간에 우열의 개념이 없이, 서로를 구분하기 위해서만 쓰이는 숫자들을 명목척도라고 한다.

(2) 서열척도(ordinal scale)

당신은 교회에 얼마나 자주 다니십니까? 라는 질문에 대하여 거의 안 다닌다(1), 어쩌다 간다(2), 한 달에 한 두 번 정도(3), 일주일마다 한 번(4), 그리고 일주일에도 여러 번 다닌다(5) 등의 답변이 가능하다. 이때, 1, 2, 3, 4, 5라는 숫자들은 교회를 얼마나 자주 다니는가 하는 차이를 나타내준다. 그러나 2번이 1번보다 두 배나 더 자주 교회를 다닌다는 보장은 없다. 또 3번이 2번보다 교회를 1.5배 더 다닌다고 할 수도 없다. 이처럼 측정대상 간의 순서는 알려주지만, 그 순서들이 일정한 간격으로 배열되어 있지는 않는 척도를 서열척도라고 한다.

(3) 등간척도(interval scale)

등간척도는 서열 간의 간격을 일정하게 유지하는 척도를 말한다. 예를 들어 수은온도계로 섭씨 온도를 측정하는 경우, 10℃와 20℃ 간에 수은이 이동하는 거리와 50℃와 60℃ 간에 수은이 이동하는 거리가 동일하다. 그러나 섭씨 온도에서 100℃가 50℃보다 두 배나 더 뜨겁다고 할 수는 없다. 그 이유는 섭씨 온도가 절대영점에 의해 설정된 것이 아니라 편의에 따라서 0점을 설정하였기 때문이다. 즉, 등간척도는 서열 간의 간격은 일정하지만 절대영점의 개념은 없는 척도를 말한다.

(4) 비율척도(ratio scale)

마지막으로 비율척도는 위의 척도들이 갖는 속성을 모두 갖는 것은 물론, 거기에다가 절대영점을 가지고 있다. 예를 들어, 월소득의 경우, 월소득이 1,000만 원이면, 그것은 월소득 500만원보다 두 배나 더 많다. 게다가 월소득이 "0"이라면, 그 달에는 돈을 하나도 벌지 못했음을 뜻한다.

이상의 척도들 중 명목척도는 불연속변수이며, 등간척도와 비율척도는 연속변수이다. 그리고 서열척도는 불완전하나마 연속변수와 불연속변수의 속성을 둘 다 가지고 있다.

앞의 산포도에서 X-축과 Y-축에 모두 불연속변수를 사용하면, 산포도에 몇

그림 11-2 불연속 변수에 따른 산포도와 교차표

(A) 산포도

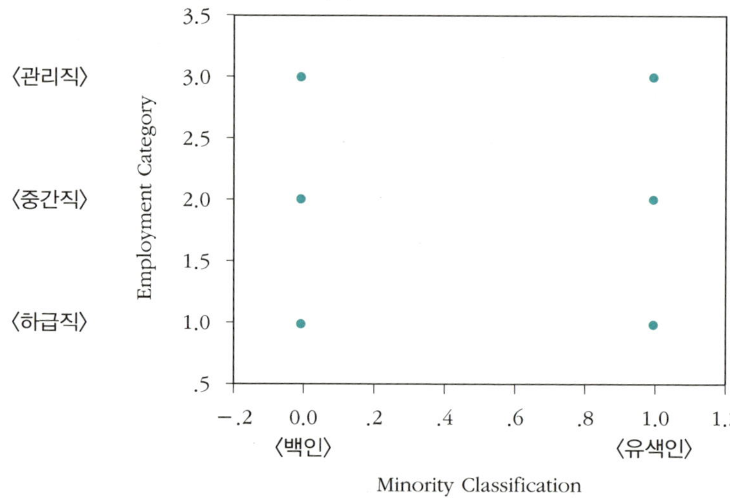

(B) 교차표

구분		인종	
		백인종	유색인종
직종구분	관리직	80	4
	중간직	14	13
	하급직	276	87

개의 점만 찍힌다고 하였다. 그 이유는 점이 찍힐 수 있는 자리가 몇 군데로 한정되기 때문에, 같은 지점에 여러 개의 점들이 반복해서 찍히기 때문이다. 따라서 이런 경우의 산포도는 같은 위치에 몇 개의 점들이 찍혔는가를 숫자로 표시할 수 있다(〈그림 11-2〉의 (A) 참조). 그런데 관찰치들에 대하여 산포도도 그리고 점이 찍힌 수치도 적어야 한다면, 차라리 〈그림 11-2〉의 (B)처럼 교차표(cross-tables)로 한 번에 나타내는 것이 효율적이다.

위와 같은 교차표는 우리 주변에서 흔히 볼 수 있는 것으로서, 종속변수와 독립변수가 모두 불연속변수일 경우에는 회귀분석 대신 교차표분석을 하게 된다. 교차표를 SPSS에서 생성하기 위해서는 [분석] – [기술통계량] – [교차분석]을 선택한 후 팝업 창이 나오면 줄(Rows)-변수와 칸(Columns)-변수를 지정한다. 그러면 교차표가 자동으로 생성되어 화면에 출력된다(〈그림 11-3〉 참조).

•• 그림 11-3 **교차표 생성 명령문**

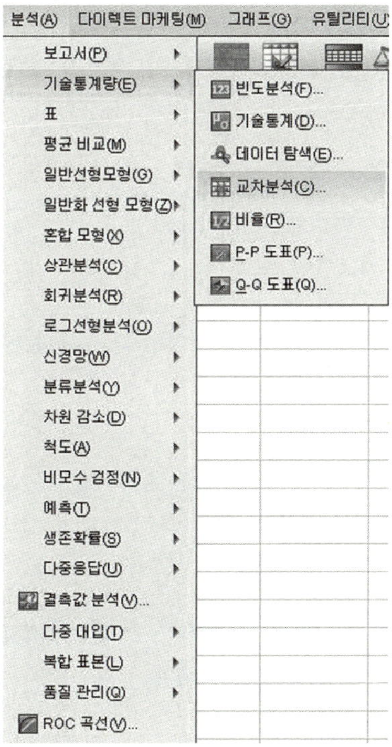

제 2 절 교차표분석의 기본원리

회귀분석은 X-변수와 Y-변수 간에 상관관계가 있는가를 검증하는 것이다. 이와 마찬가지로 교차표는 행(行-rows)과 열(列-columns)로 이루어져 있으므로, 교차표분석은 R-변수와 C-변수 간에 관계가 있는가 여부를 검증한다.

예를 들어, 2만 명으로 이루어진 어떤 대학을 모집단으로 하여, 그 대학의 여학생이 남학생들보다 종교를 믿는 성향이 더 강한지 아닌지를 검증하려 한다고 하자. 이 문제를 풀기 위해 2만 명을 다 조사할 수는 없고, 남녀 각각 100명씩 총 200명으로 이루어진 표본집단을 추출하여, 성별과 종교여부를 설문조사하였다.

만약 설문조사의 결과가 〈표 11-1〉의 (A)와 같다면, 남학생과 여학생 간에 종교적 성향에 차이가 있다고 볼 수 있는가? 표 (A)에서는 100명의 남학생 중 50명이 종교를 갖고 있고, 또 100명의 여학생들 중 종교를 갖고 있는 학생도 50명이라고 한다. 이런 경우, 상식적으로 보아도 둘 간에 차이는 없어 보인다.

그런데 만약 조사결과가 표 (B)와 같이 100명의 남학생들 중 45명은 종교가 있고, 55명은 종교가 없는 반면, 여학생들 중 50명은 종교가 있다고 하자. 이런 경우는 남녀 학생 간에 종교적 성향에 차이가 있다고 봐야 하는가?

물론 숫자 그 자체만 놓고 본다면 남학생이 종교를 갖는 비율이 조금 낮기는 하다. 그래서 이 숫자가 모집단 전체를 조사한 결과라면, 당연히 남녀 학생 간에 차이가 있다고 해야 한다. 하지만 지금은 표본조사의 결과를 분석하고 있다. 그래서 모집단에서 표본집단을 추출할 때 우연히 종교가 없는 남학생이 몇 명 더 표본에 포함되었기 때문에 이런 차이가 생겼을 수도 있다. 즉, 실제 모집단에서는 남녀 간 종교성향에 차이가 없는데도 불구하고, 표본을 추출하는 과정에서 편차가 생겨서 표본조사의 결과는 남녀 간 차이가 있는 것으로 나타났을 수도 있다.

제9장에서, 이런 오류를 무슨 오류라고 하였던가? 해리 포터의 사례를 들어 설명한 오류가 바로 Type II Error였고, 우리는 Type II 오류를 최소화하는 방안을 적극적으로 모색하여야 한다. 즉, 실제로는 남녀 간 차이가 없는데도 표본조

표 11-1 남녀 간 종교성향의 차이

(A)

	남학생	여학생
종교 있다	50	50
종교 없다	50	50

(B)

	남학생	여학생
종교 있다	45	50
종교 없다	55	50

(C)

	남학생	여학생
종교 있다	10	90
종교 없다	90	10

(D)

	남학생	여학생
종교 있다	45	55
종교 없다	55	45

사 상의 문제 때문에 남녀간 차이가 있는 것으로 판정되는 것을 막아야 한다. 어떻게 막느냐 하면, 표본조사에서 남녀 간 차이가 조금 밖에 안 나는 경우에는 "증거불충분"으로 간주하는 것이다. 표 (B)의 경우에는 표본조사의 결과는 남학생이 종교를 믿는 성향이 다소 적은 것으로 나타나지만, 그 정도의 차이를 가지고 모집단 전체를 조사했을 때 전체 남학생이 종교를 믿는 성향이 약하다고 추정을 하기에는 무리가 있다.

그러면 이번에는 표본조사의 결과가 (C)와 같다고 하자. 즉, 100명의 남학생들 중 10명 만 종교가 있고, 90명은 종교가 없다. 그런 반면 100명의 여학생들 중 90명이 종가가 있고, 10명 만 종가가 없다고 하자. 이런 경우은 남녀 학생 간 종교성향의 차이가 현저하게(significantly) 커 보인다. 따라서 200명으로 이루어진 표본집단에서 발견된 차이가 모집단에서도 발견될 가능성이 크다(즉, Type II 오류가 일어날 가능성이 작아 보인다). 따라서 이런 경우에는 남녀 학생 간에 종교성향에 있어서 유의미한(significant) 차이가 있다고 볼 수 있다.

문제는 표본조사의 결과가 (D)와 같을 경우이다. 100명의 남학생들 중 45명만 종교를 믿고, 55명은 믿는 종교가 없다. 하지면 여학생의 경우에는, 55명이 종교를 믿는 반면, 45명은 종교를 믿지 않는다. 상식적으로 보면, 이런 정도의 차이는 유의미한 차이인 것 같지만, 통계학적으로도 과연 유의미할 만큼 현저한 차이라고 할 수 있을 것인가? 도대체 표본에서 어느 정도의 차이가 나야 모집단에서도 차이가 난다고 인정할 수 있을까? 그 임계치는 어느 정도인가?

이러한 복잡한 판단의 기준을 제시해 주는 것이 다음 절에 학습하게 될 χ^2 (chi-square, 카이자승) 값이다. 표본집단 내의 여러 그룹들(예, 남학생 그룹, 여학생 그룹) 간에 성향차이가 많이 나면 날수록, χ^2 값은 커진다. 따라서 χ^2 값이 작은 숫자일 때는 표본집단 내의 그룹 간 차이가 크지 않다. 이런 상태에서 모집단에 해당 그룹 간 차이가 있다고 판정한다면 Type II 오류를 범하게 된다. 이런 오류를 범하지 않으려면, χ^2 값이 상당히 커져서, Type II 오류를 범할 가능성이 현저하게 작아져야 한다. 일반적으로 그 가능성이 5%(α-level=0.05, 유의수준) 이하가 된다면, 안심하고 모집단 내의 그룹들 간에 유의미한 차이가 있다고 할 수 있게 된다.

제 3 절 · χ^2-분포와 가설검증

1. χ^2-값의 계산

회귀분석방법을 개발하였던 Karl Pearson이 χ^2-값을 계산해내는 방법도 고안해냈다. 그는 〈관찰값〉과 〈기대값〉의 차이를 이용하여 χ^2-값을 구한다. 〈표 11-1〉의 (D)를 예로 들어 보자. 100명의 남학생과 100명의 여학생으로 이루어진 표본집단에서 종교적 성향이 다음과 같이 관찰되었다고 하자(관찰값). 이 표에서 종교적 성향에 대한 기대값(expected value)은 무엇인가? 기대값이란 확률적으로 예상되는 이론적인 값이다.

이것은 바꿔 말해, 각 행과 각 열의 합계는 나와 있는데, 구체적인 수치가 기입되어 있지 않은 경우, 어떤 숫자들을 입력하는 것이 합당하느냐 하는 질문과 마찬가지이다. 즉, 〈표 11-2〉의 두 번째 표에서 물음표(?)로 표시되어 있는 부분에 들어갈 숫자들 주어진 합계 정보만 가지고 추정하라는 것이다.

예를 들어 첫 번째 빈칸인 "남학생이면서 동시에 종교가 있을 확률"은 "남학생일 확률" 곱하기 "종교가 있을 확률"이다. 즉, 100/200×100/200=1/4이다.

표 11-2 Pearson의 χ^2-값 계산 과정

[1단계] 〈관찰값〉을 기입한다

	남학생	여학생	계
종교 있다	45	55	100
종교 없다	55	45	100
계	100	100	200

[2단계] 〈기대값〉은?

	남학생	여학생	계
종교 있다	45	55	100
종교 없다	55	45	100
계	100	100	200

[3단계] 〈기대값〉을 기입한다

	남학생	여학생	계
종교 있다	50	50	100
종교 없다	50	50	100
계	100	100	200

[4단계] 〈관찰값−기대값〉=〈차이값〉 계산

	남학생	여학생	계
종교 있다	−5	+5	100
종교 없다	+5	−5	100
계	100	100	200

[5단계] 〈차이값〉을 제곱한다

	남학생	여학생	계
종교 있다	25	25	100
종교 없다	25	25	100
계	100	100	200

[6단계] 〈차이값〉을 〈기대값〉으로 나눈 값

	남학생	여학생	계
종교 있다	0.5	0.5	100
종교 없다	0.5	0.5	100
계	100	100	200

[7단계] 위의 값을 합산한다. $\chi^2=0.5+0.5+0.5+0.5=2.0$

$$\text{기대값}=\frac{(\text{행의 합계})}{\text{총계}}\times\frac{(\text{열의 합계})}{\text{총계}}\times\text{총계}$$

$$=\frac{(\text{행의 합계})\times(\text{열의 합계})}{\text{총계}}$$

그런데 학생 총수가 200명이므로, 남학생이면서 종교가 있는 학생의 숫자는 50명(=200명×1/4)이다. 첫 번째 빈 칸에 들어갈 논리적으로 합당한 숫자, 즉 기대값은 50이 된다. 나머지 빈 칸들도 다음 공식에 따라서 입력하면 된다.

다음 단계는 〈관찰값〉과 〈기대값〉을 뺀 〈차이값〉을 구하고, 이를 제곱한다. 제곱하는 이유는 차이값의 합이 "0"이 되지 않도록 하기 위한 조치이다.

마지막으로 각 칸마다 구해진 차이값들을 해당 칸의 기대값으로 나눈 뒤, 이들을 합산하면 "2"가 되는데, 이것이 위 도표에서 구한 χ^2-값이 된다. χ^2-값을 구하는 일반공식은 다음과 같다.

$$\chi^2 - \text{값} = \sum \frac{(\text{관찰값} - \text{기대값})^2}{\text{기대값}}$$

앞의 [성별-종교성향] 사례에서 구한 χ^2-값은 "2"인데, 이것은 성별 간에 유의미한 정도로 종교적 성향에 차이가 있다고 할 수 있을 만큼 큰 값인가? 이 질문에 대한 답은 다음 χ^2-분포를 배워야 알 수 있다.

2. χ^2-분포

모집단에서 무수히 많은 가짓수의 표본집단들을 만들어 낼 수 있다고 하였다. 그리고 표본집단마다 서로 다른 표본평균값과 표본분산값들을 구할 수 있다고 하였다. 이렇게 구해진 표본평균값들을 도수분포표(frequency table)로 나타내면 그것이 절대분포인 정규분포가 된다고 하였음은 이미 여러 차례 설명하였다. 그렇다면 각 표본집단들마다 표본분산값들을 갖고 있는데, **표본분산값들을 도수분포표로 나타내면 어떠한 분포가 될 것인가?**[1] 이것이 바로 χ^2-분포이다. χ^2-분

1) 엄밀하게 말하면, 표본분산들을 도수분포표로 만든 것이 χ^2-분포는 아니다. 정식으로 표현하자면, 한 표본집단에서 얻은 관찰값들이 모집단의 평균값으로부터 얼마나 편차를 보이고 있는가를 계산한 다음, 이를 다시 모집단의 모평균값으로 표준화하고 나서, 이렇게 표준화한 값을 합한 것이 해당 표본집단의 χ^2-값이다. 모집단에서 무수히 많은 표본집단들을 추출할 수 있으므로, 표본집단별로 도출된 χ^2-값 역시 무수히 많아진다. 이 값들이 분포하는 모양이 바로 χ^2-분포가 되는 것이다. 그러나 이런 설명은 초보자들에게 너무 복잡하게 느껴지기 때문에 여기서는 편의상 간단히 "표본분산"이라고 표현하였다.

그림 11-4 χ^2-분포를 도출하는 과정

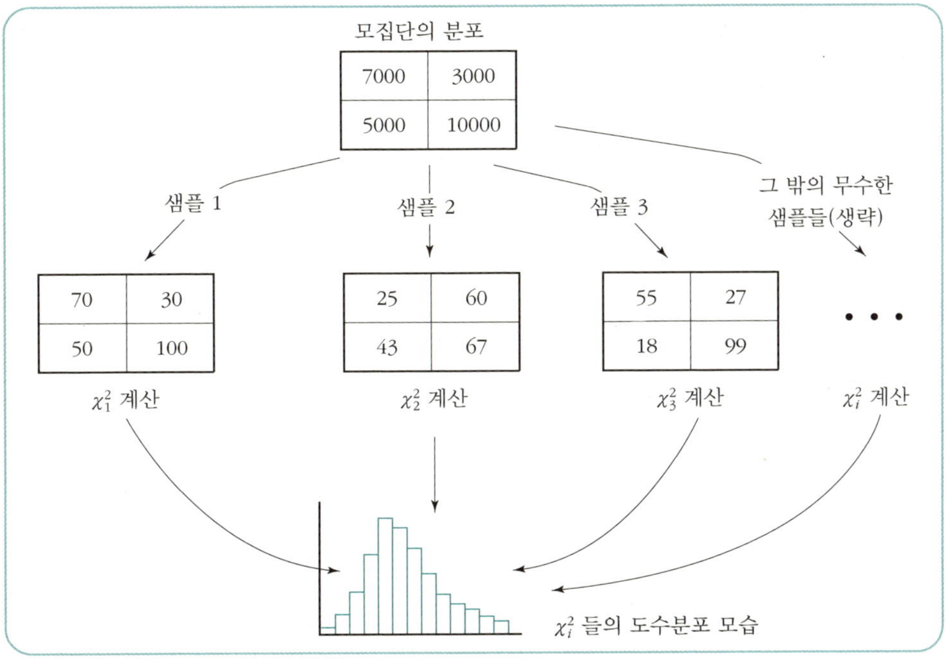

포 역시 절대분포로서, 모집단의 모습이 어떤 형태를 갖고 있다 하더라도, 여기서 표본집단들을 추출하여, 각각의 표본분산들이 분포하는 모습을 보면 "언제나, 예외 없이" χ^2-분포를 하게 되어 있다(〈그림 11-4〉 참조).

χ^2-분포 역시 정규분포처럼 절대분포라고 하였다. 그러므로 정규분포처럼 일정한 특성이 있을 것이다. 그러나 정규분포와 다른 점도 있다.

① χ^2-분포는 생긴 모습부터 정규분포와 조금 다르다. 정규분포가 좌우대칭이라면, χ^2-분포는 왼쪽으로 기울어져 있고, 오른쪽으로 꼬리가 길게 늘어져 있다.

② 정규분포는 $-\infty$부터 $+\infty$까지 분포한다. 이에 반해, χ^2-값의 최소값은 "0"이다. 그 이유는 χ^2-값을 제곱해서 구했기 때문에, 음의 값을 가질 수 없기 때문이다. χ^2가 "0"이라면, 이것은 관찰값과 기대값이 동일하다는 뜻이

다. 그리고 이것은 두 집단(혹은 그 이상의 집단) 간에 차이가 없다는 의미이기도 하다.

③ χ^2-분포는 자유도(degree of freedom)에 따라서 조금씩 달라진다. 이 점은 앞에서 살펴본 t-분포와 마찬가지이다.[2] 자유도가 커짐에 따라 생긴 모습이 정규분포와 흡사하게 좌우대칭형이 되지만, 자유도가 작을 때에는 왼쪽으로 치우쳐 있는 곡선 모양이 된다.

3. χ^2-분포를 이용한 가설검증

(1) 기본 논리

표본집단 내의 그룹들 간의 성향 차이가 전혀 없으면, χ^2-값은 "0"으로 계산된다. 그러나 약간의 차이라도 있으면 χ^2-값은 "0"이 아닌 값을 갖게 되고, 그룹 간의 차이가 크면 클수록 χ^2-값은 커지게 된다.

χ^2-값이 "0"은 아니지만 작은 수치라면, 분석가들을 Type II 오류를 저지르지 않으려고 조심하게 된다. 즉, 표본집단에서 그룹 간에 차이가 발견되기는 했지만, 모집단에서도 그런 차이가 나타날지 확신이 서지 않게 된다. 바꿔 말해, 실제로는 모집단에서 그룹 간에 성향차이가 없는데도 불구하고, 표본집단에서 약간의 성향차이를 발견했다고 해서 모집단에서도 그런 성향차이가 있다고 판정한다면 이것은 Type II 오류를 범하는 것이다(상식적으로 표현하자면, 실제로는 죄가 없는 사람을 약간의 정황증거만으로 유죄로 선고하는 것이나 마찬가지의 오류를 범하는 것이다).

(2) 임계치(critical χ^2)를 이용한 가설검증

표본집단에서 발견되는 그룹 간의 성향 차이가 다소 크다면, χ^2-값도 커진다. 그래서 χ^2-값이 어느 정도 커져서, 〈그림 11-5〉에 나타나 있듯이, 0과 χ^2-

2) 원래 t-분포는 "정규분포와 χ^2-분포를 활용하여 도출한 것"이기 때문에 χ^2-분포가 자유도에 따라 달라진다면 자연히 t-분포도 자유도에 따라 달라지는 것이 당연하다.

••그림 11-5 χ^2-분포의 모양과 특성

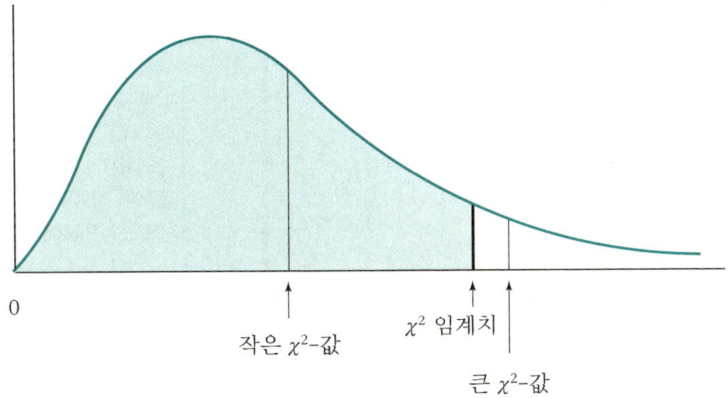

값 사이에 해당하는 χ^2-분포 곡선 밑의 면적이 전체 면적의 95%가 되는 경우가 나오게 될 것이다. 이것을 95% 신뢰도(또는 유의수준 5%)에서의 χ^2-임계치라고 하는데, 통계학자들이 이미 다 계산을 해놓았다.

만약 〈그림 11-5〉에서와 같이 χ^2-값이 아주 커서 그것이 χ^2-임계치보다 크다면, 분석가들이 Type II 오류를 저지를 확률이 5% 미만이 된다. 즉, χ^2-값이 이 정도로 커질 만큼 표본집단 내 그룹 간의 성향차이가 크다면, 그때는 자신 있게 "모집단을 전수조사해도 그런 그룹 간 성향차이가 나타날 것"으로 판단해도 된다.

앞의 [성별-종교성향] 사례에서 도출된 χ^2-값은 "2"인데, 이 도표의 자유도는 "1"이고, 이때의 χ^2-임계치는 "3.84"이다(이것은 신뢰도를 95%, 즉, 유의수준을 0.05로 할 때의 임계치이다).[3] 따라서 표본집단에서 측정된 χ^2-값이 χ^2-임계치보다 작다. 즉, 표본집단에서 성별 간에 종교성향이 다소 차이가 나는 것으로 관찰되고 있으나, 그 정도의 차이는 Type II 오류를 발생시킬 수 있을 정도로 작은 차이이므로, 모집단의 경우에도 성별 간 차이가 있다고 추론할 수 있을 정도는 아니다. 결론적으로 200명의 표본집단에서 발견된 성별 간 종교성향의 차이는

3) 교차표분석에서 자유도(degree of freedom)를 구하는 일반적인 공식은 다음과 같다.
df = (행의 개수 − 1) × (열의 개수 − 1)

••그림 11-6 χ^2-분석을 위한 명령문 선택

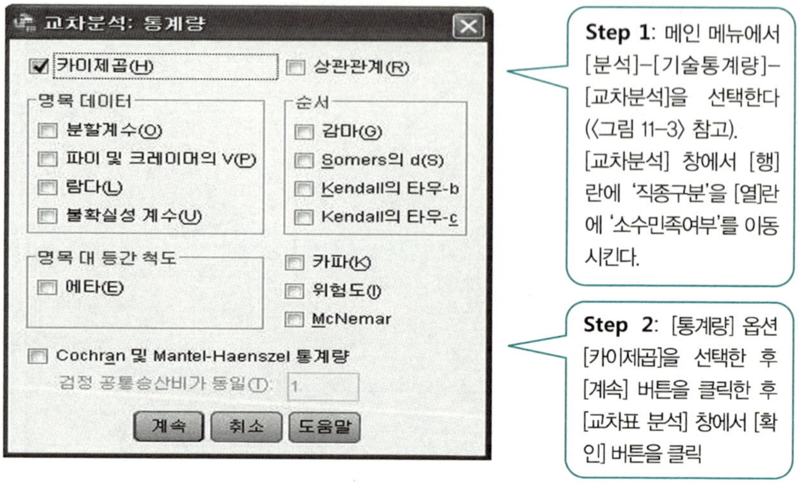

유의미할 정도로 큰 차이가 아니다.

〈표 11-2〉에서는 χ^2-값을 구하기 위해 다소 복잡한 과정을 겪었지만, SPSS 등 통계분석용 패키지를 이용하면, χ^2-값, χ^2-임계치, 그리고 유의수준 등이 모두 자동계산되어 출력되므로 매우 편리하다. 실제로 [employee data]를 가지고 교차표분석을 실행해보자. 우선 해당 파일을 불어온 후 [분석]－[기술통계량]－[교차분석]을 클릭한 후, 팝업 창에서 행과 열에 들어갈 변수를 지정한 후 [통계량]을 선택한다. 그러면 다음과 같은 팝업 창이 다시 떠오르는데, 이때 [카이제곱]를 클릭한 후 분석을 실행한다.

분석결과는 〈표 11-3〉과 같다.

••표 11-3　교차표분석 실행결과의 예시

케이스 처리 요약

	케이스					
	유효		결측		전체	
	N	퍼센트	N	퍼센트	N	퍼센트
직종구분 * 소수민족 여부	474	100.0%	0	0.0%	474	100.0%

직종구분 * 소수민족 여부 교차표

빈도

		소수민족 여부		전체
		아니오	예	
직종구분	사무직	276	87	363
	관리직	14	13	27
	경영직	80	4	84
전체		370	104	474

카이제곱 검정

	값	자유도	점근 유의확률 (양측검정)
Pearson 카이제곱	26.172[a]	2	.000
우도비	29.436	2	.000
선형 대 선형결합	9.778	1	.002
유효 케이스 수	474		

a. 0 셀 (0.0%)은(는) 5보다 작은 기대 빈도를 가지는 셀입니다. 최소 기대빈도는 5.92입니다.

(3) 유의수준을 이용한 가설검증

〈표 11-3〉의 분석표에 의하면 χ^2-값이 자동으로 계산될 뿐 아니라, 이에 수반되는 유의수준(또는 점근 유의확률) 역시 자동으로 계산된다.

이 분석표에 의하면, [인종]과 [직종구분] 간에 관련성이 없다는 영가설은 기각이 된다.

H_0: 인종과 직종 간에는 차이가 없다.

H_1: 인종에 따라 직종이 차이가 난다.

모집단은 미국인 전체이며, 표본집단의 크기는 474명인 상황에서 표본으로부터 계산된 χ^2-값은 26.172(Pearson Chi-square 값)으로 상당히 큰 편이다. 이 교차표의 자유도는 "2"인데, 이때 원점과 26.172 사이에 위치하는 χ^2-분포곡선하의 면적은 전체면적의 99.999%에 속한다. 그래서 Type II 오류를 범할 가능성(유의수준, Asymp. Sig.)이 0.000으로 매우 작다.

따라서 분석가는 자신 있게, 표본집단에서 인종에 따라 직종구분에 차이가 있다는 사실로부터 모집단의 경우에도 인종에 따라 직종 차이가 있다는 추론을 하게 된다. 즉, **모집단에서** 인종 간 직종차이가 없다는 영가설을 기각하고, 인종에 따라 직종 간에 차이가 있다는 대립가설을 채택하는 것이다.

(4) χ^2 검증의 한계점

위와 같은 가설검증은 교차표분석에서 매우 보편적인 방법이고, 두 개의 변수가 불연속변수일 경우 이들 간의 관계 존재 여부는 교차표를 이용한 χ^2-분석을 이용하여 검증한다. 그런데 앞의 [인종-직종차이]의 사례에서 영가설이 기각되었다는 것은 "유색인종일수록 관리직 직업을 갖기 어렵다"는 사실을 암묵적으로 시사한다.

그러나 이런 시사점은 암묵적으로만 존재할 뿐이며, χ^2-분석은 그룹들 간에 차이가 "존재한다, 아니다" 여부만 검증할 뿐 관계의 방향까지 검증하지는 않는다. 이 점이 회귀분석과 다른 점이다. 회귀분석에서는 기울기가 양수이면 두 변수 간에 양의 상관관계가 있고, 그것이 음수이면, 두 변수 간에 음의 상관관계가 있음을 명시적으로 나타내준다. 그러나 **교차표분석, 또는 χ^2-분석에서는 두 변수 간에 관계의 존재 여부만 알려주고, 관계하는 방향에 대해서는 검증하지 않는다.**

회귀분석은 변수들이 연속변수일 때 사용하고, 교차표분석은 변수들이 불연속변수일 때 사용한다고 하였다.[4] 그런데 경제분야의 변수들은 대부분 연속변수들이다. 따라서 경제학, 특히 계량경제학(econometrics)에서는 회귀분석을 이용한 분석기법들이 발전되어 있다. 그런 반면, 사회적 집단을 주로 분석 단위로 삼는 사회학 등에서는 명목변수 등 불연속변수를 많이 사용한다. 따라서 사회학이나 정치학 또는 관련 학문분야에서는 교차표분석 등이 많이 발전해 있다. 그렇다면 경영학이나 행정학과 같은 응용학문 분야에서는 어떤 분석방법들을

4) 두 변수 간의 관계 분석에 있어서, 한 변수는 연속변수이지만, 다른 변수는 불연속변수일 경우가 있다. 이럴 때는 회귀분석 중에서도 특별한 형태인 Logit-분석 또는 Probit-분석 등을 적용할 수 있다. 단, 종속변수가 불연속변수이고, 독립변수가 연속변수일 때 적용가능하다. 반대의 경우도, 회귀분석의 사용이 이론적으로는 가능하지만 설명력이 매우 낮기 때문에 실용성이 없다.

많이 사용하는가? 그것은 분석해야 할 과제의 성격에 따라 달라진다. 행정학이나 경영학 분야에서는 다양한 문제들이 제기되므로, 실제로는 회귀분석도 잘 알아야 하고, 동시에 교차표분석도 익숙하게 알아 두어야 한다.

연 | 습 | 문 | 제

01 SPSS의 샘플 데이터 중에 [GSS 93 for Missing Values]라는 자료파일이 있다. 이 파일에 있는 표본의 크기는 969명이며, 96개의 변수에 대한 관찰값이 수록되어 있다. 여러 변수들 중에서, "교육을 위한 어린이 체벌"[변수명: spanking]과 "응답자의 정치적 성향"[polviews]이 있다. 언뜻 생각하기에 보수주의자들은 체벌을 허용하는 성향이 더 클 것 같고, 자유주의자들은 체벌에 반대할 것 같은데, 과연 그러한지 교차표분석을 하고, 그 결과에 입각하여 가설을 검증하시오.

02 위의 샘플자료에는 정부의 활동에 대한 응답자들의 평가가 포함되어 있다. 그런데 시민들의 정부에 대한 평가는 언론의 영향을 받을 가능성이 있다. 그런데 언론은 본질적으로 "걱정을 먹고 사는 산업"(anxiety business)이므로 정부의 잘못을 부각시키는 경향이 있다. 따라서 신문뉴스면을 많이 보는 사람들일수록, 정부의 활동에 대해 부정적인 시각을 갖고 있을 수 있다. 여기서는 신문뉴스를 더 자주 읽는 사람[변수명: news]이 그렇지 않은 사람에 비하여 정부의 환경정책[natenvir]에 더 부정적인 성향을 보인다고 가설을 세운다. 이 가설을 교차표분석을 통해 검증하고, 해석하시오.

03 어린이들은 병에 더 걸리기 쉽다. 그래서 정부의 보건서비스에 대해 상대적으로 더 민감하게 반응할 수 있다. 따라서 집에 6세 미만의 어린이 수가 많은 응답자일수록 정부의 보건서비스에 대해 불만족도가 높을 것으로 가설을 세우고, 이를 교차표분석으로 검증하시오. [babies] 변수와 [natheal] 변수를 사용할 것. (여기서

[babies] 변수는 본질적으로 연속변수이지만, 자료가 수록된 형식은 불연속이므로 교차표분석을 적용할 수 있다.)

04 위의 문제와 관련하여 응답자의 성별 차이에 따라 정부의 보건서비스에 대한 평가가 차이가 나는지 검증하시오.

05 저자는 행정계량분석을 강의하고 있다. 그런데 수업시간에 이따금 질문을 해보면 남학생과 여학생 간 이해도의 차이가 있는 것 같다. 따라서 일전에 치른 중간고사 성적에 근거하여 성별 즉, 남학생과 여학생의 행정계량분석론 취득점수가 차이가 있는지 검증해보고자 한다. 우선 성별에 따른 취득점수의 차이가 있을 것으로 판단된다. 아래 자료를 활용하여 실제 성별에 따른 취득점수의 차이가 있는지 교차표분석을 하고, 그 결과에 입각하여 가설을 검증하시오(유의수준 0.05에서 검증).

1. pearson χ^2-값과 그 유의확률은 얼마인가?
2. 연구가설을 채택할 수 있는가? 즉, 성별에 따른 행정계량분석 취득점수가 차이가 나는지 검증하시오.

id	성별	취득학점	id	성별	취득학점
1	1	A	16	1	B
2	2	B	17	1	A
3	2	C	18	1	B
4	2	A	19	2	C
5	2	B	20	2	A
6	1	C	21	2	B
7	1	A	22	2	C
8	1	B	23	1	A
9	2	B	24	1	A
10	1	B	25	1	C
11	2	C	26	2	C
12	1	A	27	2	A
13	1	B	28	2	C
14	1	B	29	1	A
15	2	B	30	2	A

성별=(1: 남, 2: 여), 취득학점=(A, B, C …)

06 〈도전과제〉

요즘 논란이 되는 것 중의 하나는 흉악범에 대한 사형제도를 유지할 것이냐 아니면 폐지할 것이냐 하는 것이다. 아직 소수이기는 하지만 법관들 중에는 사형제도를 폐지해야 한다는 의견이 대두되고 있다. 그러나 사형제도 폐지에 대한 보통 사람들의 견해는 냉담한 편이다. 만약 당신이 사형제도 폐지를 옹호하는 집단에 속해 있다면, 그래서 사형제도 폐지에 대한 우호적인 분위기를 형성하기 위해 홍보전략을 세워야 한다면, 어떤 사람들에게 어떤 홍보를 해야하는지 정책대안을 수립하여 보시오.

지금 이용하고 있는 자료파일 [GSS 93 for Missing Values]에 대한 교차표분석은 미국 사람들에 대한 조사자료이다. 그러나 현재 한국 사람에 대한 자료를 이용할 수 없기 때문에 이 자료파일이 마치 한국 사람을 조사한 것처럼 가정하고, 다양한 교차표분석을 통해 홍보정책의 정당성을 입증하시오.

이 과제에 대해 정답이 있는 것은 아니다. 분석가의 판단과 취향에 따라 서로 다른 결과가 나올 수 있다. 그러나 어떤 결과보고가 나오더라도 그 뒤에 깔려 있는 논리는 정연하여야 한다. 따라서 이 과제의 성패 여부는 지금까지 배운 통계학 분석 지식과 건전한 판단에 달려 있다.

제12장 분산분석(ANOVA)

제 1 절 어떤 경우에 분산분석을 사용하는가

앞에서 두 변수가 모두 연속변수일 때는 회귀분석을 하고, 두 변수가 모두 불연속변수일 때는 교차표분석을 하는 것이 편리하다고 하였다. 그렇다면 **두 변수 중 하나만 연속변수이고, 다른 하나는 불연속변수일** 때는 어떤 분석기법을 적용하는 것이 편리할 것인가?

앞서 사용했던 [employee data]에서 [직종구분](jobcat)과 [연봉](salary)을 교차표로 만들면 〈표 12-1〉과 같이 엄청 복잡한 표가 만들어진다. 또 이 두 변

표 12-1 불편한 교차표

Count

		Employment Category			Total
		Clerical	Custodial	Manager	
Current Salary	$15,750	1	0	0	1
	$15,900	1	0	0	1
	$16,200	3	0	0	3
	$16,350	1	0	0	1
	$16,500	1	0	0	1
	$16,650	1	0	0	1
	$16,800	1	0	0	1
	$16,950	3	0	0	3
	$17,100	2	0	0	2
		0		2	
	$86,250	0	0	1	1
	$90,625	0	0	1	1
	$91,250	0	0	1	1
	$92,000	0	0	1	1
	$97,000	0	0	1	1
	$100,000	0	0	1	1
	$103,500	0	0	1	1
	$103,750	0	0	1	1
	$110,625	0	0	1	1
	$135,000		0	1	1
Total		363	27	84	474

그림 12-1 어색한 산포도

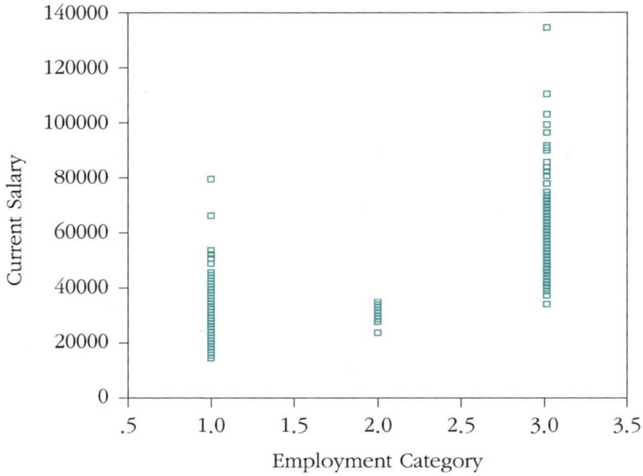

수를 가지고 산포도를 그려도 〈그림 12-1〉처럼 어색한 그림표가 만들어진다.

이 상태에서 χ^2 분석이나 회귀분석을 하려면 할 수 있기도 하다. 그러나 쉽지는 않고, 뭔가 묘수를 부려야 한다. 따라서 이들보다 더 좋은 방법이 있다면, 그것을 활용하는 것이 더 바람직할 것이다. 그것은 바로 분산분석(Analysis of Variance: ANOVA) 기법이다.

〈그림 12-2〉에서처럼, [분석]-[평균비교]-[일원배치분산분석(One-Way ANOVA)]을 선택하면, 팝업 창이 나온다. 여기서 종속변수에 [Salary]를 선택하고, 요인(factors)에 [직종구분]을 지정하여 준다. 그리고 나서 이 팝업창의 아래 쪽에서 [옵션] 버튼을 클릭 한다. 옵션으로는 [기술통계]와 [평균도표]를 선택한다. 이 절차에 따른 명령문을 실행한 결과는 〈표 12-2〉와 같이 화면에 출력된다.

••그림 12-2 ANOVA 수행 절차

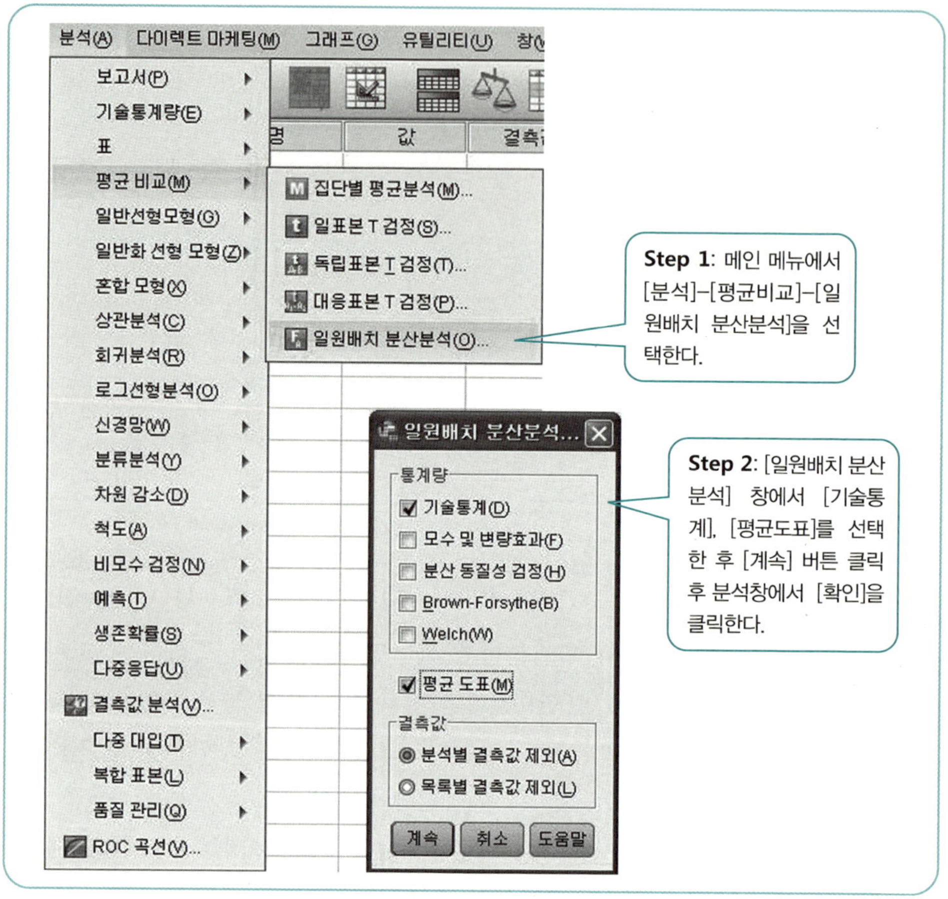

이 결과표에 의하면, 하급직 직원의 평균 연봉수준은 약 $28,000 정도이지만, 중간직 직원의 평균연봉수준은 $31,000이고, 관리직 직원의 그것은 $64,000로 높아진다. 언뜻 보기에도 직급 간 연봉차이가 있어 보인다. 그러나 그것은 474명으로 이루어진 표본에서 그렇다는 것이고, 우리가 정말 관심이 있는 것은 모집단(이 경우, 약 2억5천만 명 중 성인이 된 미국인)에서도 직급간 연봉차이가 있다고 할 수 있는가? 가설검증이 필요하다.

••표 12-2 ANOVA 실행 결과표

기술통계

현재급여

	N	평균	표준편차	표준오차	평균에 대한 95% 신뢰구간		최소값	최대값
					하한값	상한값		
사무직	363	$27,838.54	$7,567.995	$397.217	$27,057.40	$28,619.68	$15,750	$80,000
관리직	27	$30,938.89	$2,114.616	$406.958	$30,102.37	$31,775.40	$24,300	$35,250
경영직	84	$63,977.80	$18,244.776	$1,990.668	$60,018.44	$67,937.16	$34,410	$135,000
합계	474	$34,419.57	$17,075.661	$784.311	$32,878.40	$35,960.73	$15,750	$135,000

일원배치 분산분석

현재급여

	제곱합	df	평균 제곱	F	유의확률
집단-간	89438483926	2	44719241963	434.481	.000
집단-내	48478011510	471	102925714.5		
합계	1.379E+11	473			

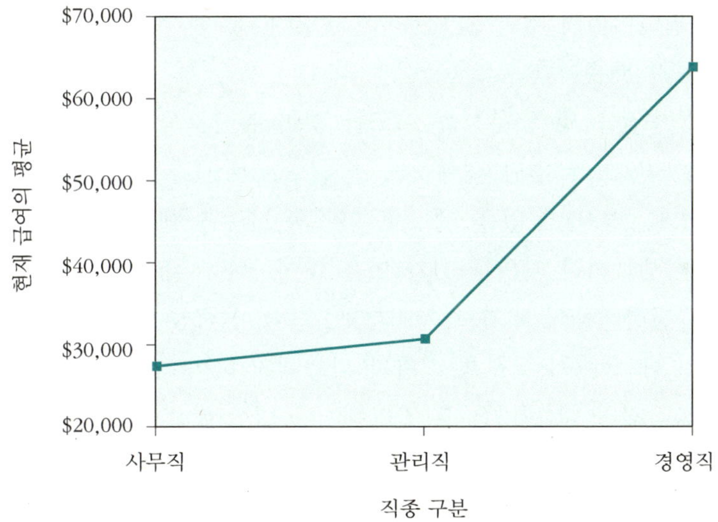

제 2 절 분산분석의 기본 원리

1. 기본 논리

예를 들어, 표본집단들이 (1), (2), (3) 세 개가 있다고 하자. 분석가는 이 표본집단들이 서로 다른 모집단에서 추출된 **"이방인" 표본집단들**인지 아니면 동일한 모집단으로부터 추출된 **"형제" 표본집단들**인지 판별을 해야 한다.

만약 이들이 형제 표본집단이라면 집단 간 분산이 그리 크지 않을 것이다. 형제들은 자기들끼리는 조금씩 차이가 나도 전혀 다른 타인들과 비교해서는 그 차이가 크지 않을 것이기 때문이다. 특히 유전자를 생각해보면 그러하다. 반면 이방인 표본집단이라면 집단 간 분산이 클 것이다. 전혀 다른 유전자들을 가지고 있을 것이기 때문이다.

이 점에 초점을 맞춰 분석을 시도한 것이 분산분석이다. 여러 표본집단이 있다고 가정하면, 표본 집단 내에서도 편차(또는 분산)가 있을 것이고, 표본집단 간에도 편차(또는 분산)가 있을 것이다. "키"의 사례를 생각해보면, 여학생 집단 내에서도 여학생들끼리 키의 차이가 있을 것이다(집단 내 변량). 그런 한편 여학생들의 키는 남학생들의 키와도 차이가 있을 것이다(집단 간 변량).

만약 "키"에 있어서 여학생 집단과 남학생 집단이 본질적으로 동일한 집단이라면(영가설), 집단 내 변량은 두 집단에서 동일할 것으로 예상되지만, 집단 간 변량은 매우 작을 것으로 생각된다. 따라서 집단 간 변량을 집단 내 변량으로 나누면, 분자가 작은 값을 갖기 때문에, 매우 작은 수치가 계산될 것이다. 이 수치를 F-값이라고 하는데, F-값이 작다는 것은 서로 비교가 되는 두 표본집단이 사실은 동일한 모집단에서 추출된 "형제" 표본집단으로 추정할 수 있게 된다(영가설 채택).

반대로, 만약 "키"에 있어서 여학생 집단과 남학생 집단이 본질적으로 서로 다른 집단이라면(대립가설), 집단 간 변량은 매우 클 것으로 생각된다. 따라서 집단 간 변량을 집단 내 변량으로 나누면, 분자가 큰 값을 갖기 때문에, 현저하게 큰 수치가 계산될 것이다. 이 수치를 F-값이라고 하는데, F-값이 크다는 것은 서로 비교가 되는 두 표본집단이 사실은 동일한 모집단이 아닌 서로 다른 모집단에서 추출된 "이방인" 표본집단으로 추정할 수 있게 된다(영가설 기각, 대립가설 채택).

이상이 분산분석의 기본 논리이지만, 향후에 "상급 통계학"을 배우려면, 다음에 설명할 F-값 및 F-분포를 도출하는 과정을 숙지해야 한다.

2. F-값 도출 과정

우리는 모집단의 모수(모평균이나 모분산)를 알고 싶어하지만, 모집단을 전수조사하기 어렵기 때문에 표본집단에서 통계량(표본평균이나 표본분산)을 관찰한 후, 일정한 통계학적 절차를 거쳐, 모수를 추정하는 방법을 쓴다. 그것이 효율적이기 때문에 이런 방법을 쓴다.

그런데 앞에서 살펴본 t-검증이나 회귀분석의 경우, 표본평균에 집중하여 모평균을 추정한다. 이에 반해 분산분석은, 표본분산에 집중하여 모분산을 추정한다는 점이 다르다.

그런데 분석대상이 되는 집단이 여러 개일 때, 모분산을 도출하는 방법은 두 가지가 있다. 첫째는 집단들의 분산값을 평균하여 모분산을 구하는 방법이고, 두 번째는 집단의 평균값의 분산으로 모분산을 구하는 방법이다. 결국 동일한 모분산이 두 가지 방법에 의해서 구해졌다면, 이 둘을 서로 나눈 값은 "1"에 가까워야 할 것이다.[1)]

만약 이들 두 가지 방식으로 각각 도출한 모분산이 서로 다른 값을 갖는다면, 이 둘을 나눈 값도 "1"에서 현저하게 멀리 떨어질 것이고, 과연 우리가 같은 모집단을 대상으로 분석하고 있는가 하는 의문을 갖게 될 것이다.

(1) "열(列)분산의 평균값"으로 모분산을 추정하는 법

앞의 [employee data]에서 노동자의 직종(jobcat)에 따라 연봉수준(salary)이 달라진다는 가설을 검증하기 위한 분산분석으로 다시 돌아가 보자. 이 사례에는

1) 이렇게 구해진 비율에 1을 빼면, 전체적으로 "0"에 가까운 수치가 도출될 것이다.

••표 12-3 집단 간 특성값

구 분	직종별 근로자 집단		
	하위직	중간직	관리직
관찰도수	363	27	84
평균연봉	$27,838	$30,938	$63,977
표준편차	$7,567	$2,114	$18,244
표준오차	$397	$406	$1990

하급직 근로자, 중간직 근로자, 그리고 관리직 근로자라는 세 개의 집단이 연봉 수준을 기준으로 서로 비교되고 있다.

언뜻 보기에도 세 근로자 집단들 간에 평균연봉이 확연히 차이가 나는 것을 알 수 있다. 하지만 가설검증 절차상, 다음과 같이 영가설을 세운다.

H_0: 하급직근로자의 평균연봉＝중간직의 평균연봉＝관리직의 평균연봉

H_1: 하급직근로자의 평균연봉≠중간직의 평균연봉

or 중간직의 평균연봉≠관리직의 평균연봉

만약 영가설이 맞는다면, 바꿔 말해 이 세 집단들이 모두 "형제" 집단이라면, 각 집단의 표본분산을 합한 후 3으로 나눈 것이 모집단의 모분산에 대한 추정치가 된다.

이것은 정규분포를 도출하던 과정으로 돌아가 보면 어렵지 않게 이해된다 (〈제5장 제3절의 2〉 참조). 모집단에서 수없이 많은 가짓수의 표본집단을 추출하여 표본집단마다 표본평균을 구했었다. 그런 다음 표본평균들을 모두 합하여 표본의 가짓수로 나누면(즉, 표본평균의 평균값), 그것이 모평균과 같아진다.

이와 똑같은 논리가 분산에 대해서도 적용되는 것이다. 모집단에서 수없이 많은 표본집단들을 추출할 수 있는데, 표본집단들마다 표본분산이 구해진다. 이런 표본분산들을 모두 합해서 표본의 가짓수로 나누면(즉, 표본분산의 평균값), 그것은 모분산과 같아진다.

이것을 공식으로 표시하면 다음과 같다.

$$\sigma^2 = \frac{s_1^2 + s_2^2 + s_3^2}{3} = V_c$$

여기서 V_c는 열분산(column variance)을 의미하며, 나중에 이것은 ANOVA 표에서 **집단 내 변량**(variation within groups)이라고 하는 개념과 밀접하게 연관되어 있다.

(2) "열(列)평균의 분산값"으로 모분산을 추정하는 방법

앞의 〈제4장 제3절 2〉에서 정규분포의 도출을 설명하는 과정에서, 수많은 표본집단들의 평균들이 계산되고, 이에 따라 표본평균들의 평균뿐만 아니라 표본평균들의 분산(공식명칭은 평균분산, variance of means)도 계산되었다. 그런데 실험을 통해 평균분산(σ_m)은 모분산(σ)을 $\sqrt{n}$ 으로 나눈 것임을 확인하였다. 이 공식으로부터 모분산을 구하는 공식이 다음과 같이 도출된다.

$$\sigma_m^2 = \sigma^2 / \sqrt{n}$$

$$\sigma^2 = n \times \sigma_m^2 = 3 \times \frac{(m_1 - \overline{m})^2 + (m_2 - \overline{m})^2 + (m_3 - \overline{m})^2}{3}$$

$$= V_m$$

이 공식에 의해 추정되는 모분산값을 V_m이라고 표시되는데 그것은 열(列)의 평균(means)으로 구한 것을 상징하고 있다. V_m은 뒤에 설명할 ANOVA 표에 있는 **집단 간 변량**(variation between groups)이라고 하는 개념과 밀접하게 연관되어 있다.

(3) F-값의 도출

위의 두 공식을 다시 정리하면 다음과 같다.

① $\sigma^2 = \dfrac{s_1^2 + s_2^2 + s_3^2}{3} = V_c$

② $\sigma^2 = n \times \sigma_m^2 = 3 \times \dfrac{(m_1 - \overline{m})^2 + (m_2 - \overline{m})^2 + (m_3 - \overline{m})^2}{3} = V_m$

③ If ①=②, then $V_c = V_m$(즉, 집단 내 변량=집단 간 변량; 단 자유도 고려)

$$\text{so,}\ F = \frac{V_m}{V_c} = 1\ (\text{or}\ \ 0)$$

④ If ①≠②, then $V_c \neq V_m$

$$\text{so,}\ F = \frac{V_m}{V_c} \neq 1$$ (일반적으로 “0”과 현저히 다른 큰 값)

앞의 (1)에서 영가설(H_o)이 맞다는 전제하에 V_c가 모분산의 추정치로 계산되었다. 그런데 모분산의 추정치는 V_m에 의해서도 계산된다. 따라서 영가설이 맞다면, V_c는 V_m과 거의 동일한 값을 가질 것이다. 영가설이 틀리다면, V_c는 V_m과 다른 값을 갖게 될 것이다.

이런 특성을 비율로 나타낸 것이 F-값이다. 영가설이 맞다면 F-값은 1에 가까울 것이며, 영가설이 틀리다면 F-값은 1(또는 일정 처리를 거친 후, “0”)에서부터 멀어질 것이다.

$$F-\text{값} = \frac{V_m}{V_c} = \frac{\text{집단 간 변량} / \text{자유도}}{\text{집단 내 변량} / \text{자유도}}$$

[집단 간 자유도는 (집단 수 −1), 집단 내 자유도는 (표본크기 −1)]

3. F-분포

(1) 도출 과정

[employee data]에서 [직종구분]과 [연봉]을 산포도로 표시하면 〈그림 12-3〉과 같다. 이 산포도에서 직종별로 구분하여 연봉수준의 평균을 표시하면 m_1, m_2, m_3와 같다(검은색 점으로 표시됨). 이 표본평균들의 분산값이 V_m이 된다. V_m과 집단 간 변량(Between Groups) 간의 관계는 매우 간단하다. V_m에 해당 자유도를 곱하면 집단 간 변량이 되고, 집단 간 변량에 해당 자유도를 나누면 V_m이 되는 산술적 관계이다.

그림 12-3 *F*-값 도출 원리

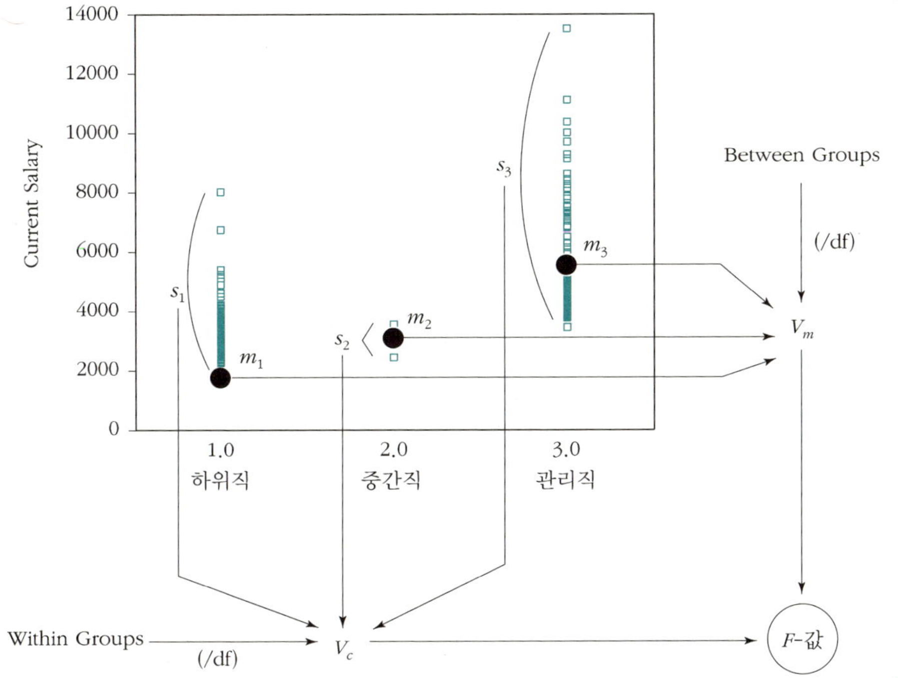

같은 직종의 근로자들 내에서도 연봉수준은 차이가 난다. 따라서 집단 내에서 연봉에 관한 표준편차와 분산을 구할 수 있다. 이것이 그림표에서는 s_1, s_2, s_3로 표시된다. 이들 세 개의 표본분산들을 평균하면, 그 값이 V_c가 된다. V_c와 집단 내 변량(Within Groups) 간의 관계 역시 자유도를 곱하고, 나누는 산술적 관계이다.

V_m을 V_c로 나눈 비율이 *F*-값이다.

이상은 하나의 모집단(예, 직장을 갖고 있는 미국인)에서 세 개의 표본집단만 추출하여 이들을 서로 비교한 것이다. 그런데 하나의 모집단으로부터 추출될 수 있는 표본집단의 숫자는 무한대에 가깝기 때문에, 각각의 표본집단을 서로 비교하면 *F*-값이 수없이 많이 도출된다. 이렇게 도출된 *F*-값들의 분포가 *F*-분포이

그림 12-4 F-분포 도출 원리

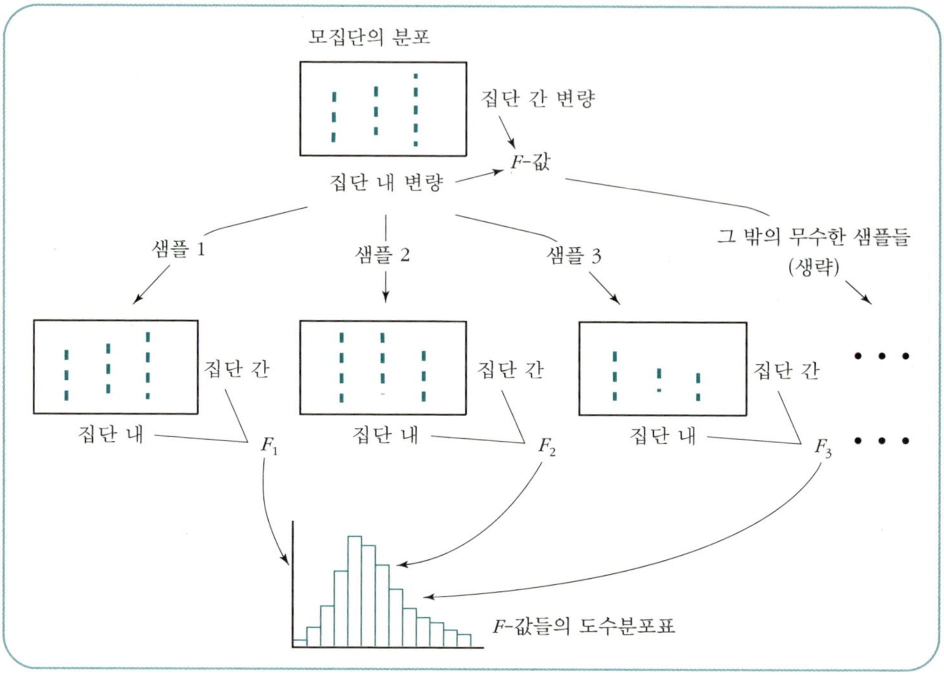

다. 이 과정을 그림으로 설명하면 〈그림 12-4〉와 같다.

(2) 특성

F-분포도 정규분포처럼 절대분포이지만, 그 모습은 t-분포나 χ^2-분포와 마찬가지로 자유도에 따라서 조금씩 달라진다. 그리고 정규분포의 범위는 $-\infty$와 $+\infty$ 사이이지만, F-분포의 최소값은 0이다. 그 이유는 F-값을 구성하는 분모(집단내변량)나 분자(집단간 변량)가 모두 분산값(=표준편차를 제곱한 값)이기 때문이다.

〈그림 12-5〉는 자유도가 8일 때의 F-분포의 모습을 예시적으로 보여준다.

그림 12-5 F-분포($m=8$, $n=12$의 경우)

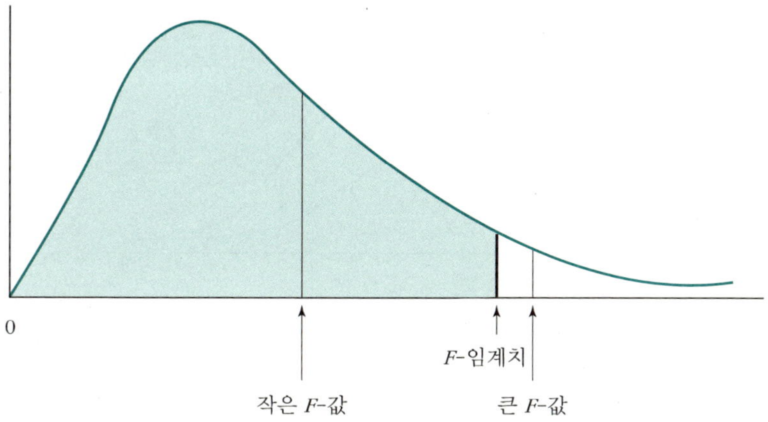

이 그림표에서 알 수 있듯이 F-분포의 최소값은 "0"이다(분산을 구할 때 제곱을 하기 때문이다). 그리고 봉우리가 하나인 연속형 도표로서 오른쪽으로는 무한대까지 이어져 있다.

"0"에서부터 상당히 먼 거리에 F_c(F-임계치)가 있는데, 이 임계치가 의미하는 것은 "0에서부터 임계치까지"의 면적이 전체 면적의 95%가 된다는 것이다.

그런데 자유도에 따라 F-분포 모습이 조금씩 달라지기 때문에, "0"으로부터 95% 떨어져 있는 임계치(F_c)가 자유도에 따라서 조금씩 달라진다(〈그림 12-6〉 참조).

•• 그림 12-6 자유도에 따라 달라지는 95% 임계치

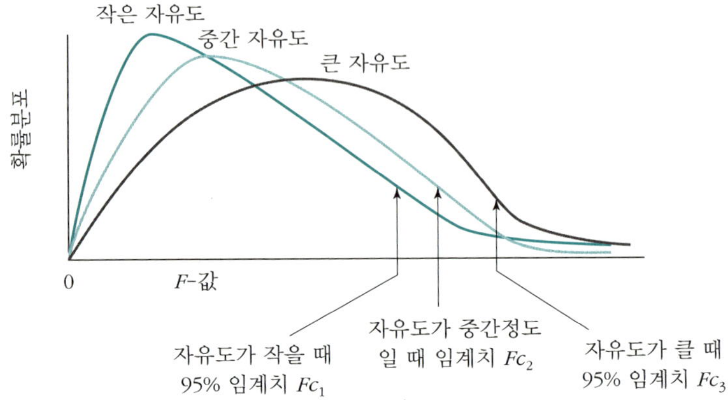

4. 가설검증

과거에는 자유도에 따른 임계치 값을 미리 계산하여 놓은 [계산표]를 이용하여 ANOVA 가설검증을 하였다. 그러나 요즈음엔 컴퓨터로 α-level 또는 Significance-level(유의수준)이 자동으로 계산한다.

SPSS output을 보면 [유의확률]이라고 표시되는 것이 그것이다. [유의확률]의 해석은, t-분포를 이용한 회귀계수의 검증이나 χ^2-분포를 이용한 교차표분석의 경우와 동일하다.

즉, [유의확률]이 0.05보다 작으면 95% 신뢰수준에서 영가설을 기각한다. 반대로 [유의확률]이 0.05보다 크면 95% 신뢰수준에서 영가설을 채택하고 대립가설을 기각한다.

제 3 절 ANOVA 분석사례

SPSS에 있는 [employee data]를 이용해서 분산분석을 하라고 명령을 하면

••표 12-4 ANOVA 표

일원배치 분산분석

현재급여

	제곱합	df	평균 제곱	F	유의확률
집단-간	89438483926	2	44719241963	434.481	.000
집단-내	48478011510	471	102925714.5		
합계	1.379E+11	473			

〈표 12-3〉과 같은 일원배치분산분석(ANOVA) 표를 생성해준다([분석]－[평균비교]－[일원배치분산분석(One-Way ANOVA)]…).

1. 집단 간 변량

이 표에서 **집단 간 변량**[Between Groups]의 값에 해당 자유도[df]를 나누면 열평균, V_m값이 된다(위 표에서 8.944E+10/2=44719241963, "평균제곱"으로 표시됨).

2. 집단 내 변량

그리고 **집단 내 변량**[Within Groups]의 값에 해당 자유도를 나누면 열분산, V*c*의 값이 된다(위 표에서 4.848E+10/471=102925714, "평균제곱"으로 표시됨).

3. *F*-값 도출

그런 다음 V_m값을 V_c 값으로 나누면 *F*-값 434.481이 된다. 즉, 집단 간 변량을 집단 내 변량으로 나눈 값이 *F*-값이 된다.

만약 표본집단들이 동일한 모집단에서 추출된 것이라면, 집단 내 변량보다 집단 간 변량이 작을 것이다.

예를 들어, 여자 대학생의 키를 표본조사하면 여학생들 내에서도 나름대로 편차 또는 분산이 있을 것이다. 그리고 남자 대학생의 키를 표본조사해도 남학생들 사이에서 키의 편차 또는 분산이 있을 것이다. 그런데 만약 여학생과 남학생이 “키에 있어서 같은 존재라면” 여학생과 남학생 **집단간**의 키의 차이는 여학생 **집단 내**의 키의 차이 또는 남학생 **집단 내**의 키의 차이보다 작을 것이다. 이 경우, 집단 간 변량을 집단 내 변량으로 나눈 F-값은 작은 값(또는 0에 가까운 값)을 갖게 될 것이다.

4. 가설검증

그런데 만약, 표본집단들이 동일한 모집단에서 추출된 것이 아니라면, 집단 내 변량보다 집단간 변량이 클 것이다. 즉, 앞의 남녀 대학생 키의 사례에서, 여학생 집단 내의 키의 편차 또는 남학생 집단 내의 키의 편차보다 남녀 집단 간 키의 편차가 더 크다면, 이는 키에 있어서 남학생과 여학생이 근본적으로 다르다는 것을 의미한다. 다시 말해 집단 간 변량을 집단 내 변량으로 나눈 값인 F-값이 크다는 것다. 즉, F-값이 현저히 커서 “0”과 다르다(유의미하다)고 판정할 수 있게 된다. F-값이 “0”과 현저히 다르다면, 우리는 영가설 H_0를 기각하게 된다.

본 사례에서는 근로자들의 직종 간 연봉차이를 검증하는 것으로서, 영가설 H_0를 기각할 수 있다는 것은, 모집단에서 하위직 근로자의 평균연봉과 중간직 근로자의 평균연봉, 그리고 관리직 근로자의 평균연봉이 동일할 것이란 가설이 채택되지 않는다는 것이다. 즉, 표본집단뿐 아니라 **모집단에서도** 집단 간에 평균연봉이 차이가 난다는 말이다.

제 4 절 회귀분석에서의 ANOVA

제9장과 제10장에서 회귀분석을 해석할 때에는 F-분포에 대한 이해가 없었으므로 단순히 “F-값이 유의미하면 회귀분석이 성립되는 것으로 알아두자”고

하였다. 그러나 이제 F-분포의 특성을 이용한 분산분석(ANOVA)까지 학습하였으므로, 잠시 미루어둔 과제를 풀어보도록 하자.

회귀분석의 일반공식은 다음과 같았다.

$$Y = \alpha + \beta_1 X_1 + \beta_2 X_2 + \beta_3 X_3 \cdots$$

이 공식의 회귀계수에 대해서 다음과 같이 영가설 및 대립가설을 세울 수 있다.

$$H_0:\ \beta_1 = \beta_2 = \beta_3 = \cdots = 0$$

$$H_1:\ \beta_1 \neq 0 \text{ or } \beta_2 \neq 0 \text{ or } \beta_3 \neq 0 \cdots$$

만약 영가설이 채택된다면, 이 회귀공식의 모든 회귀계수가 “0”이나 다름없는 값이 된다. 따라서 이런 경우는 Y는 방정식이 아니라 상수 값(α)이 되어 버린다. 반대로 대립가설이 채택된다면, 여러 개의 회귀계수들 중 최소한 하나 이상은 “0”과 유의미하게 다른 값을 갖게 된다. 따라서 회귀방정식이 성립하게 된다.

영가설의 채택/기각 여부는 F-값의 유의도에 따라 결정된다. F-값이 작아서, 유의수준이 높아진다면, 즉, Type II 오류를 저지를 가능성이 5% 이상이 된다면, 이때는 영가설을 채택한다. 반대로 F-값이 현저하게 커서, 유의수준이 5% 미만이 된다면 그때는 자신 있게 영가설을 기각한다.

대부분의 회귀분석에서 F-검증에 따라 영가설이 기각되고, 회귀방정식이 성립된다. 그러나 간혹 그렇지 않을 때도 있으므로, 회귀분석의 결과보고양식에 따라 반드시 F-값의 유의도를 보고하는 것이 관행이다.

연 | 습 | 문 | 제

01 여러분이 기가 막히게 맛있는 새로운 탄산음료수를 개발했다고 하자. 그런데 이 음료수를 많이 팔아 이익을 남기려면 마케팅을 해야 한다. 마케팅 방법 중의 하나가 음료수의 색깔을 결정하는 것이다. 맛은 동일하더라도 색깔에 따라서 판매량이 달라질 수 있기 때문이다. 그래서 여러분들은 같은 음료수이지만 색깔만 빨강, 파랑, 검정으로 바꿔서 소비자들에게 시음 테스트를 해보았다. 그 결과가 SPSS에 샘플 데이터로 수록되어 있는데, 이 자료파일을 이용하여, 어떤 색깔의 음료수로 출시를 해야 하는지 결정하고, 그 이유를 설명하시오. 해당 파일은 다음과 같은 절차로 불러들일 수 있다.

[파일] – [열기] – [데이터] – [tutorial 폴더] – [Sample_files] – [tastetest]

02 기업에서는 소비자들에게 많은 홍보물을 보낸다. A 기업에서는 특별세일 홍보를 하기 위해 예상소비자들에게 일일이 우편물을 보내기로 하였다. 그런데 특별세일 홍보물인 관계상 제작비가 많이 드는 반면 매출증가 효과는 의심스러운 상황이라고 하자. 이때 기업은 본격적인 홍보물 발송에 앞서 약간의 실험을 해 보았다. 즉, 비용이 저렴한 홍보 우편물을 받은 소비자들과 비싼 고급 특별 홍보물을 받은 소비자들 간에 구매금액이 어떻게 다른가 살펴보자는 것이다. 그 결과가 상기 [tutorial 폴더]에 수록되어 있는 [creditpromo] 자료파일에 저장되어 있다. 이 자료파일을 이용하여 분산분석을 하고, 그 결과 어떠한 조치를 취할 것인지 결정하여 보고하시오.

03 이번에는 B기업이 DVD Player 신제품을 개발하였다. 출시에 앞서 소비자평가단에게 이 제품에 대한 평점을 부여하도록 하였다. 평점이 높을수록 호응도가 좋은 것이다. 평가항목은 가격, 모양, 편리성 등이었다. 이 자료는 상기 [tutorial 폴더]에 있는 [dvdplayer] 파일에 저장되어 있다. 여러분에게 부여된 과제는 이 자료파일에 의하면, 남성과 여성 간에 신제품 DVD Player에 대한 평가가 차이가 나는지 아닌지 찾아내는 것이다. 분석결과, 예를 들어, 남성이 여성들에 비해 호감도를 덜 보인다면, 여러분은 매출증대를 위해 남성고객을 유인하는 대책을 세워야 할 것이

다. 반대로 여성평가단이 호감을 덜 보이는 부분이 있다면, 빨리 대책을 세운 후 출시를 해야 한다. (힌트: 한 번에 분산분석을 여러 개 수행하려면, One-Way Anova 명령문에서 [종속변수]에 여러 개의 변수를 지정하면 된다. 이 과제에서 [요인]은 성별 하나만 사용한다.)

04 이상의 세 가지 문제는 주로 기업의 마케팅 활동과 관련된 것들이었다. 이번에는 공공성이 있는 문제를 다루어 보기로 하자. 상기 [tutorial 폴더]에 있는 [workpro] 자료파일은 정부의 공공 직업교육 프로그램의 성과에 관한 것이다. 이 사업 실시 이전에도 근로자들은 취업하여 소득을 올리고 있었는데, 정부의 새 직업교육(직능교육)을 받은 후 일정 기간이 지난 다음에 동일한 근로자들의 소득수준이 향상되었을 것으로 짐작된다. 그러나 이러한 변화가 실제로 일어나고 있는지 자료를 통해 검증하고자 한다. 만약 정부 프로그램에 효과가 없는 것으로 나타난다면, 이 프로그램은 종결해야 한다. 또 정부의 사업이니만큼, 사회의 어떤 집단들에게 더 좋은 효과가 나타나는지도 분석해야 한다. 에 어떤 변화가 있었는가를 분석하는 것이 이 과제의 핵심이다. 과제를 명확하게 제시하면 다음과 같다.

① 이 공공사업은 참여자들의 소득수준을 향상시켰는가?
② 이 공공사업은 누구에게 가장 큰 혜택을 주었는가?
(여기서는 시민집단을 성별, 교육수준별, 자녀수, 결혼여부 별로 나누어 살펴볼 수 있게 준비되어 있다.)

주의: 이 과제를 수행하기 위해서는 [사업참여후의 소득](incaft)에서 [사업참여전의 소득](incbef)을 뺀 [차이](change)를 새로 계산해야 한다. 이 작업을 수행하기 위해서는 우선, 자료 워크 시트에서 새 자료가 들어갈 열(列)을 지정한 다음 메뉴 바에서 [변환]-[변수계산]을 클릭한다. 팝업 창이 나오면, 새로 만들 변수명(target variable)을 [change]로 입력하고, 이 변수는 [incaft]에서 [incbef]를 뺀 값임을 지정해 주고 [확인] 버튼을 누른다. 그러면 새로운 데이터가 자동으로 계산되어 입력된다.

이렇게 만들어진 [change] 변수를 [종속변수]에 지정한 후, 위의 과제들을 수행하면 된다.

참고로 SPSS를 이용하여 기존변수에서 새 변수를 만들어내는 방법을 설명하면 다음과 같다.

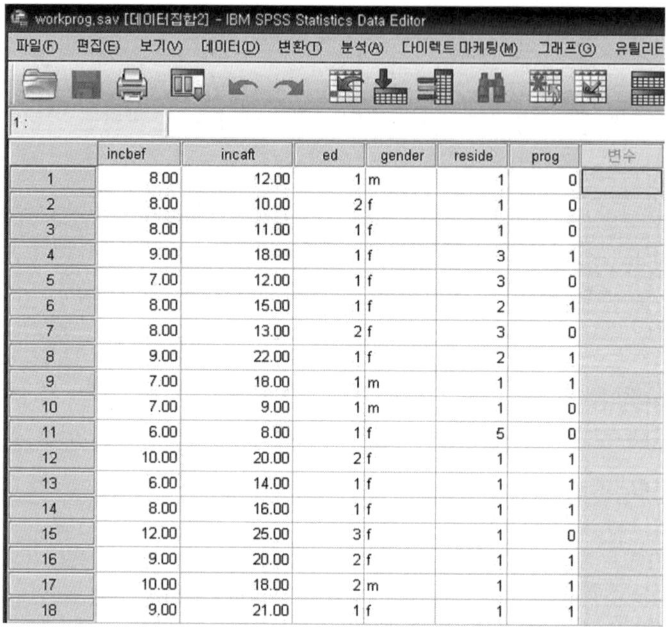

	incbef	incaft	ed	gender	reside	prog	변수
1	8.00	12.00	1	m	1	0	
2	8.00	10.00	2	f	1	0	
3	8.00	11.00	1	f	1	0	
4	9.00	18.00	1	f	3	1	
5	7.00	12.00	1	f	3	0	
6	8.00	15.00	1	f	2	1	
7	8.00	13.00	2	f	3	0	
8	9.00	22.00	1	f	2	1	
9	7.00	18.00	1	m	1	1	
10	7.00	9.00	1	m	1	0	
11	6.00	8.00	1	f	5	0	
12	10.00	20.00	2	f	1	1	
13	6.00	14.00	1	f	1	1	
14	8.00	16.00	1	f	1	1	
15	12.00	25.00	3	f	1	0	
16	9.00	20.00	2	f	1	1	
17	10.00	18.00	2	m	1	1	
18	9.00	21.00	1	f	1	1	

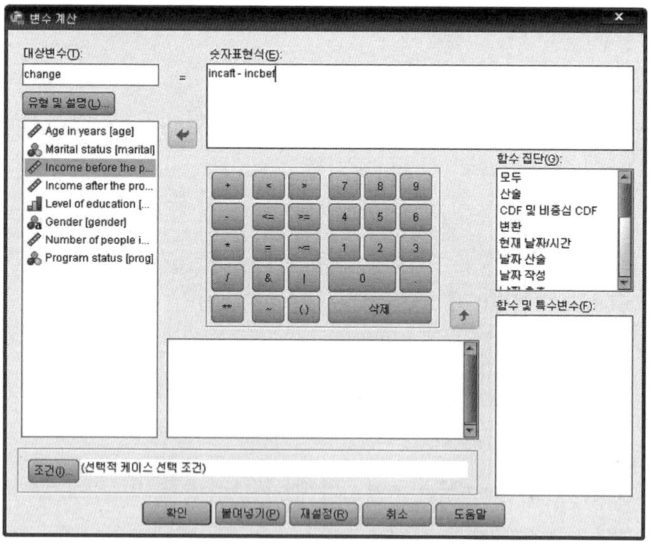

제 13 장 요인분석

제 1 절 요인분석의 기본 개념

지금까지 알아본 모든 분석방법은 독립변수와 종속변수의 개념을 활용하여 그 인과관계를 추론하였다. 그런데 여기서 독립변수나 종속변수는 모두 관찰 가능한 변수들이다. 이에 반해 요인분석은 관찰된 것들 속에 숨어 있는 변수, 즉 요인(factor)을 찾아내어 그것을 중심으로 분석을 펼친다. 따라서 지금까지 배운 분석들과는 사뭇 다른 접근법과 용어들을 사용한다. 그러므로 다음과 같은 기본 개념을 정확히 숙지해야만 요인분석을 이해할 수 있다.

1. 변수와 요인, 그리고 상관관계

우선 알기 쉽게 설명하면 이렇다. 우리가 중고등학교 때 많은 시험을 치른다. 국어, 영어, 수학, 과학, 그리고 음악, 미술, 체육 등. 우리가 열심히 노력하면(독립변수), 영어, 수학 등 학과 점수가 올라간다(종속변수). **이처럼 관찰가능한 것들을 변수(variable)라고 한다.**

그런데 우리는 왜 국어, 영어, 수학 등의 시험을 치르는지 그 이유를 생각해 보아야 한다. 학교 교육에서는 학생들의 언어능력, 논리능력, 그리고 감성 등의 향상을 목표로 한다. **이처럼 눈에 안 보이게 숨어 있는 것들을 요인(factor)이라고 한다.** 학교 공부는 요인들을 목표로 하고, 그 수단으로서 국어, 수학, 미술 등의 과목을 가르친다는 점을 잊지 말기 바란다.

국어, 영어 시험을 보는 이유는 주로 언어능력을 향상시키기 위한 것이고, 반대로 언어능력이 향상되면 국어, 영어시험도 잘 보고, 경우에 따라서는 수학,

그림 13-1 상관관계

국어 성적이 높아지면 언어능력이 향상될 것이다.
수학 성적이 높아지면 논리능력이 향상될 것이다.
음악 성적이 높아지면 감성이 향상될 것이다.

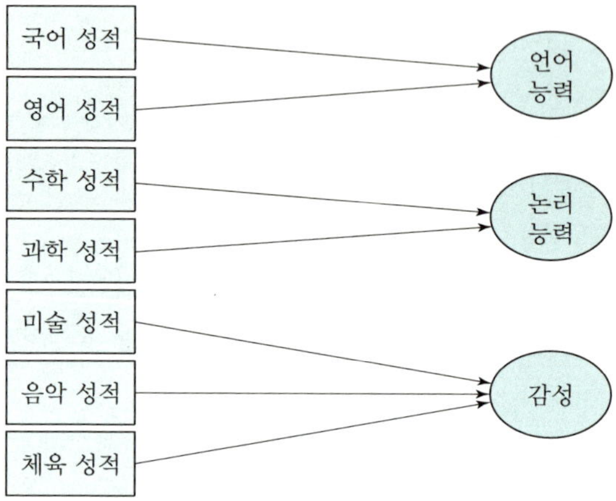

주: 일반적으로 "변수"는 네모로 표시하고, "요인"은 동그라미로 표시한다.

과학, 예체능 시험도 더 잘 볼 수 있게 된다. 이러한 국어, 영어 시험 성적과 언어능력과의 관계를 **상관관계**(correlation)라고 한다. 이런 논리를 수학, 과학, 음악, 미술, 체육에도 적용하면 〈그림 13-1〉과 같다.

2. 변수와 공통성(communality)

그런데 사실 국어 점수가 좋아진다는 것은 언어능력의 향상뿐 아니라 논리능력의 향상 및 감성의 향상까지 이어질 수 있다. 수학의 경우도 마찬가지다. 수학공부를 하면서 논리능력의 향상뿐 아니라 언어능력의 향상에도 영향을 미치고 감성에도 변화를 줄 수 있다. 체육활동을 잘 함으로써 감성만 풍부해지는 것이 아니라 언어능력 및 논리능력도 어느 정도 향상될 수 있다.

이처럼 각각의 변수가 하나의 요인뿐 아니라 모든 요인과도 상관관계를 갖

그림 13-2 공통성의 예시

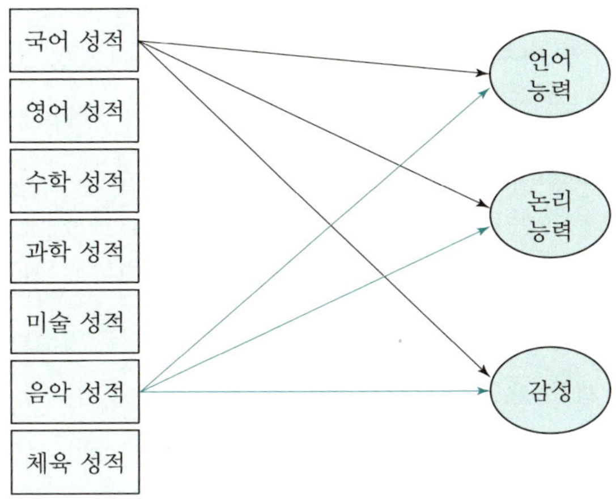

는데, **이런 상관관계들의 합을 공통성**(communality)**이라고 한다.**[1)]

〈그림 13-2〉는 예시 목적으로, 〈국어 성적〉이라는 변수의 공통성 및 〈음악 성적〉 변수의 공통성을 그림으로 표시하고 있다.

이 그림표에 ① 까만 선 각각은 국어 성적과 세 요인들 간의 상관관계이다. ② 이 상관관계들의 제곱의 합이 국어 성적의 공통성이다. ③ 빨간 선 각자는 음악 성적과 세 요인들 간의 상관관계이다. ④ 이 상관관계들의 제곱의 합이 음악 성적의 공통성이다.

질문

위와 같은 방식으로 영어성적의 communality, 수학 성적의 communality, 미술 성적의 communality 등을 구해 보시오.

1) 엄밀하게는 각 변수별로 부여된 상관관계들의 제곱의 합이 그 변수의 공통성이다. 제곱을 하는 이유는 (−) 상관관계의 부호문제를 처리하기 위한 조치이다.

3. 요인과 요인적재값

이번에는 관점을 바꿔서 생각해보자. 성적이 좋아지면 요인들(언어능력, 논리능력, 감성)이 향상된다고 했는데, 거꾸로 언어능력이 좋아지면 각종 성적이 좋아진다고 볼 수 있지 않은가? 즉, 언어능력이 좋아지면 일단 국어 점수, 영어 점수가 좋아질 것이다. 그리고 언어능력이 좋아지면 문제 해석 능력도 향상되기 때문에 수학 점수와 과학 점수도 향상될 것이다. 그뿐 아니라 언어능력이 향상되면 음악, 미술, 체육에도 어느 정도 긍정적인 영향을 미칠 것이다. **이처럼 요인과 변수 간의 관계를 요인적재값**(factor loading)이라고 한다.

상관관계와 요인적재값은 기본적으로 같은 것이지만, 관계의 방향이 다르다. 즉, 상관관계는 변수가 요인에 미치는 영향을 말하고, 요인적재값은 요인이 변수에 미치는 영향을 뜻한다.

그림 13-3 요인과 요인적재값

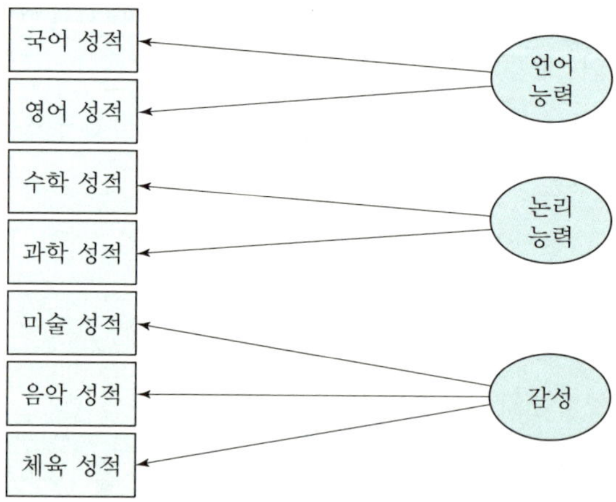

주: 화살표의 방향이 바뀐 것에 유의

4. 요인과 아이겐 밸류

그런데 사실 언어능력이라는 요인이 좋아진다는 것은 국어, 영어 점수의 향상뿐 아니라 수학, 과학 및 예체능 점수도 향상시킨다. 논리능력의 경우도 마찬가지다. 논리능력이 향상되면, 수학, 과학뿐 아니라 국어, 영어 및 예체능도 더 잘 할 수 있다. 감성이 풍부해지면 예체능 점수뿐 아니라 국어, 영어 점수도 좋아 질 수 있다.

이처럼 각각의 요인이 특정한 하나의 변수뿐 아니라 여타의 모든 변수와도 요인적재값을 갖는데, **이런 요인적재값들의 합을 고유치 또는 아이겐 밸류**(eigen value)**라고 한다.**[2)]

〈그림 13-4〉는 예시 목적으로, 〈언어능력〉이라는 요인의 아이겐 밸류 및 〈감성〉 요인의 아이겐 밸류를 그림으로 표시하고 있다.

이 그림표에 ① 까만 선 각각은 언어능력 요인과 각 변수들 간의 요인적재값이다. ② 이 요인적재값들의 제곱의 합이 언어능력 요인의 아이겐 밸류, 또는

그림 13-4 요인과 아이겐 값: 예시

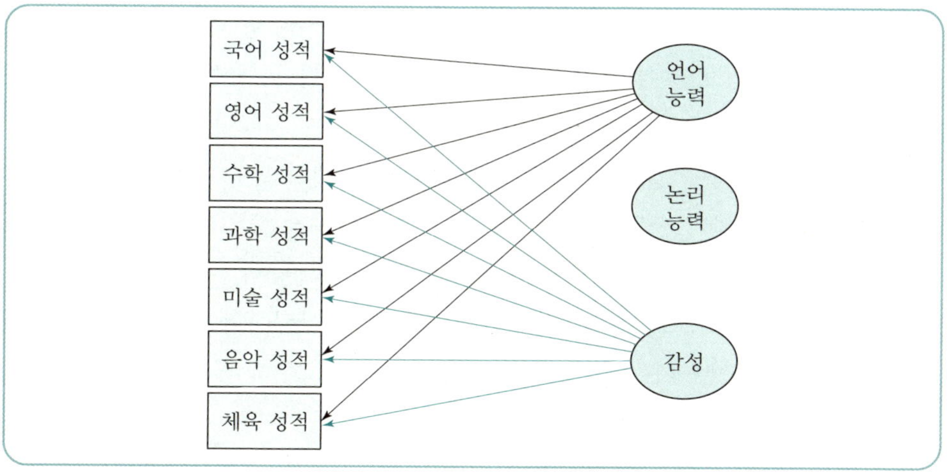

2) 엄밀하게는 각 요인별로 부여된 요인적재값들의 제곱의 합이 그 변수의 아이겐 밸류이다. 제곱을 하는 이유는 (−) 요인적재값의 부호문제를 처리하기 위한 조치이다.

고유치이다. ③ 빨간 선 각각은 감성이라는 요인과 각 변수들간의 요인적재값이다. ④ 이 요인적재값들의 제곱의 합이 감성 요인의 아이겐 밸류이다. 이상의 논의를 통해 변수에 부여된 공통성과 요인에 부여된 고유치는 서로 방향만 바뀐 유사한 개념임을 알 수 있다.

질문

논리능력이라는 요인을 중심으로 아이겐 밸류를 구하는 그림을 그려보시오.

요약컨대, 요인분석(factor analysis)은 다수의 변수들 간의 상호관계(interdependence)를 통해서 많은 변수들 속에 내재하는 체계적 구조를 발견하는 기법이다(채서일, 1990: p. 554). 요인분석은 크게 두 가지 목적을 위해서 많이 사용된다.

첫째는, 하나의 현상을 설명하는 변수가 너무 많을 때, 수십 개의 변수들을 몇 개의 동질적인 항목(즉, 요인)으로 묶어주는 기능을 한다. 예를 들어, 사람의 성격을 규명하기 위해 몇 십 개 혹은 몇 백 개의 질문을 할 때가 있다. 이럴 경우 변수가 너무 많으면, 분석에 오히려 혼란만 가중된다. Miller의 법칙에 의하면, 사람이 한 순간에 처리할 수 있는 정보의 가짓수는 7개 내외라고 한다. 따라서 인간의 인지능력에 걸맞게, 수많은 정보를 압축해서 단순화해주어야 효율적인 인식이 가능해진다. 예를 들어, 우리는 수험생들에게 수없이 많은 과목을 시험 치르게 할 수 있다. 그러나 이 시험들은 결국 언어능력, 논리능력, 감성 등 몇 개의 요인을 테스트하기 위한 수많은 수단들에 불과하다. 따라서 요인들을 직접적으로 분석하는 데 초점을 두면, 시험과목이 그렇게 많아질 필요가 없는 것이다.

둘째로, 많은 사람들로 이루어진 집단은 매우 다양한 성향을 갖는 사람들이 한데 모여 있는 것이나 마찬가지이다. 요인분석을 활용하면, 이런 많은 사람들

가운데에서 특정한 성질별로 동질성이 있는 사람들을 구별지어낼 수 있다.

5. 요인분석의 Insight

요인분석의 핵심은 수많은 변수들 중 어떤 변수들은 A 요인과 주로 관계가 있고, 또 어떤 변수들은 B 요인과 관계가 있는가를 **가려내는 일**이다. 여러분들이라면 어떻게 가려내겠는가?

합리적이고, 효율적인 방법은 아마 이럴 것이다. 만약 〈변수 1〉이 〈A 요인〉을 잘 나타내고 있다면, 요인적재값이 클 것이다(요인적재값은 상관관계와 유사한데 방향만 다르다는 점을 다시 확인하기 바란다). 반대로 〈변수 2〉는 〈A 요인과〉 별 상관이 없다면 작은 요인적재값을 가질 것이다. 따라서 요인적재값이 높은 변수들을 묶어서 하나의 집단을 만들 수 있는데, 그 집단의 이름이 〈A 요인〉이 되는 것이다.

반대로 〈변수 2〉는 〈A 요인〉과는 상관이 적고, 대신 〈B 요인〉과 밀접한 관계가 있다면 이는 〈B 요인〉과의 관계에서 높은 요인적재값을 보일 것이다. 이처럼 〈변수 2〉와 비슷한 변수들을 모아서 또 다른 집단을 구성할 수 있는데, 이 집단의 이름을 〈B 요인〉이라고 부여하는 것이 요인분석이다.

제 2 절 사례분석

이상 요인분석의 개념을 살펴보았다. 이제는 실제 분석 사례를 보면서, 요인분석에 대한 이해를 증진시키고자 한다.

요인분석을 위해 활용할 데이터는 내과검진과 관련된 보통사람들의 인식을 묻는 데이터, 즉, Physician-cost data(Stata 12, 예제데이터: data/r12/bg2.dta)이다. 여기에는 모두 6개의 비용관련 질문들이 있다.

bg2cost1: Best health care is expensive

bg2cost2: Cost is a major consideration

bg2cost3: Determine cost of tests first

bg2cost4: Monitor likely complications only

bg2cost5: Use all means regardless of cost

bg2cost6: Prefer unnecessary tests to missing tests

이상의 변수들 중 일부는 검진비용을 고려해가면서 검진여부를 결정하겠다는 것들이고, 다른 일부는 비용과 상관없이 건강증진을 위해 검진을 받겠다는 내용들이다. 여기서 사람들이 내과병원을 찾아가는 행태를 비용과 관련된 요인이 크냐, 아니면 비용외적인 요인이 크냐를 가려내는 것이 이번 요인분석의 과제이다.

요인분석을 위한 예제데이터는 〈그림 13-5〉와 같다.

••그림 13-5 요인분석을 위한 데이터입력

요인bg2cost.sav [데이터집합0] - IBM SPSS Statistics Data Editor

파일(F) 편집(E) 보기(V) 데이터(D) 변환(T) 분석(A) 다이렉트 마케팅(M) 그래프(G) 유틸리티(U) 창(W) 도움

8 :

	id	bg2cost1	bg2cost2	bg2cost3	bg2cost4	bg2cost5	bg2cost6
1	1	-1.92	.94	-.29	.33	-1.43	-1.01
2	2	.36	-.58	-1.50	1.15	-.03	-.97
3	3	2.20	-.36	-.56	-1.68	-.25	-.42
4	4	.44	-.39	.54	-.73	-.47	-.33
5	5	-.70	-.22	-.01	.62	-1.51	-1.04
6	6	1.24	.03	-1.72	1.19	.78	.80
7	7	-.27	-.06	1.79	1.13	-1.45	1.16
8	8	-1.73	.22	-.37	-1.57	-1.46	-.43
9	9	-.45	-.50	-.04	-.17	-1.27	-.22
10	10	.92	-1.59	-1.59	-.87	3.43	1.74
11	11	1.74	1.39	.46	-.58	1.58	.29
12	12	-1.33	-.01	.88	.22	-1.32	-1.36
13	13	1.32	.81	.78	2.08	.39	.18
14	14	.72	-.58	-1.72	-1.67	.36	.47
15	15	1.00	-.01	1.38	.68	1.52	1.19
16	16	-.92	.86	.54	-.92	.98	1.22
17	17	1.40	-.49	-.71	2.56	-1.41	-.47
18	18	-1.90	-.82	-.14	-1.68	-.81	-.32
19	19	1.95	.26	1.37	-.16	-.11	-.65
20	20	-.63	-1.87	-2.76	.22	-.40	.51
21	21	-.98	.86	-.36	1.12	-1.54	-1.30

••그림 13-6 요인분석 도출과정

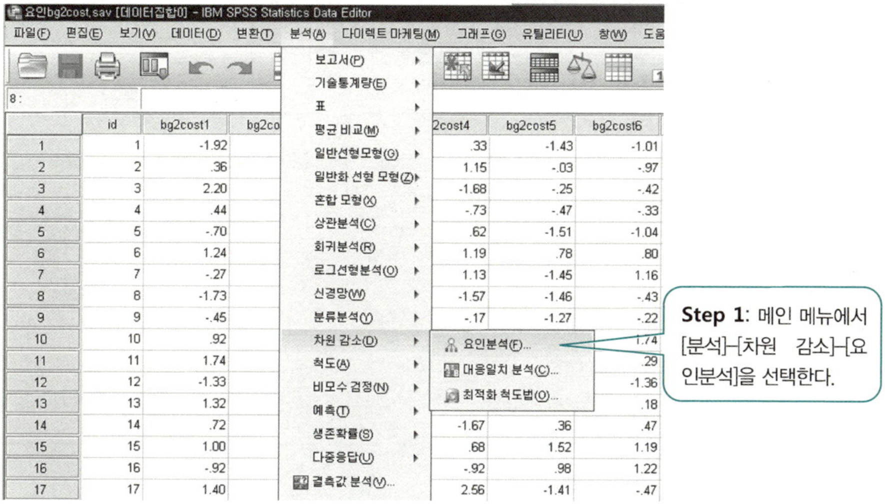

〈그림 13-5〉에는 6개의 변수(bg2cost1, ... bg2cost6)가 있다. 이들 여섯 개 변수에 대하여, 요인분석을 수행하게 되면 2개의 요인으로 축소되는데, 예를 들어, A 요인(bg2cost1, bg2cost4, bg2cost5)과 B 요인(bg2cost2, bg2cost3, bg2cost6)으로 축소된다.

SPSS에서 [분석]－[차원감소]－[요인분석]을 선택하면(〈그림 13-6〉 참조), 〈그림 13-6〉과 같은 요인분석 대화창이 표시된다. 여기서 우측 [변수]란에 분석하고자 하는 변수(bg2cost1... bg2cost6)를 옮긴다. 그 이후 기술통계, 요인추출, 요인회전, 요인점수, 옵션 순으로 지정한 후 [확인]을 적용하면 된다. 이 절차에 따른 실행한 대화창을 순서대로 열거하면 〈그림 13-7〉~〈그림 13-17〉과 같은 과정을 거쳐야 한다.

〈그림 13-7〉과 같이 요인분석을 수행할 변수(id를 제외한) 6개를 모두 선택하여 우측 [변수]란으로 옮긴다.

••그림 13-7 **요인분석 도출과정**

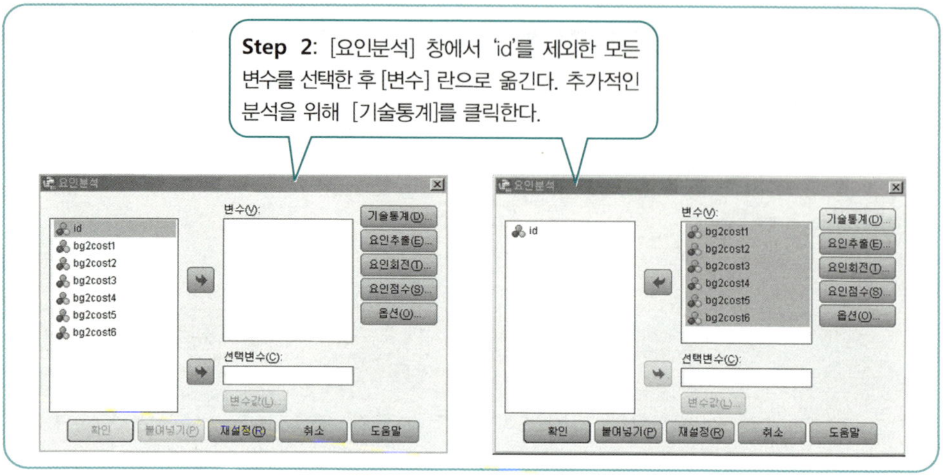

••그림 13-8 **기술통계옵션**

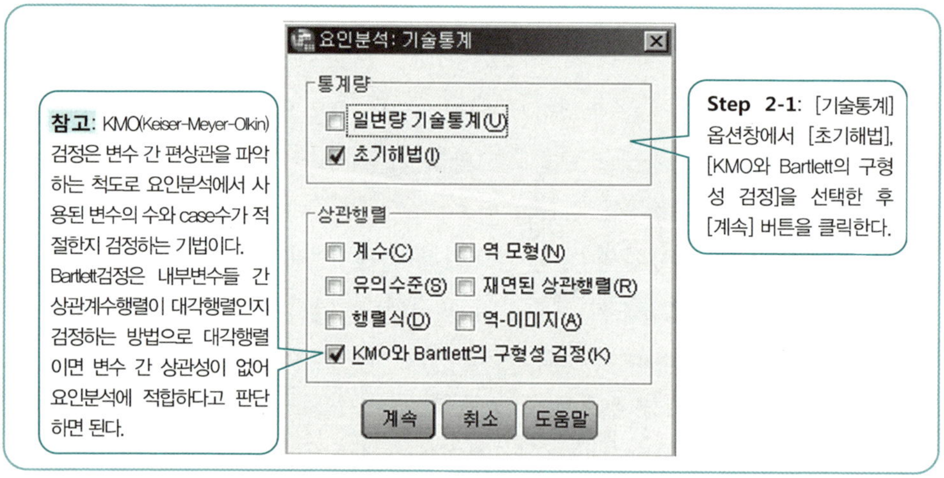

그 다음 분석의 적합성을 검정하기 위해 KMO와 Barlett의 구형성 검정을 선택한 후 [계속]을 클릭한다.

이때 추출방법으로 고유치(아이겐 밸류)값이 '1' 이상인 경우에 요인을 지정하는 경우가 일반적이다. 다만, 특별하게도 연구자가 3개 요인을 추출하겠다고 계획하고 있다면 '고정된 요인수'(x)를 선택하고 빈칸에 3을 입력하면 된다.

그림 13-9 요인추출 과정

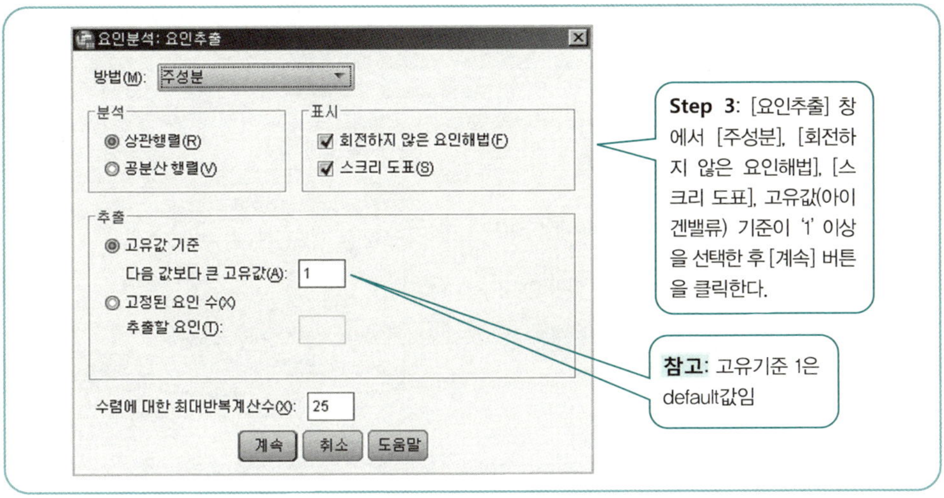

그림 13-10 요인회전 과정

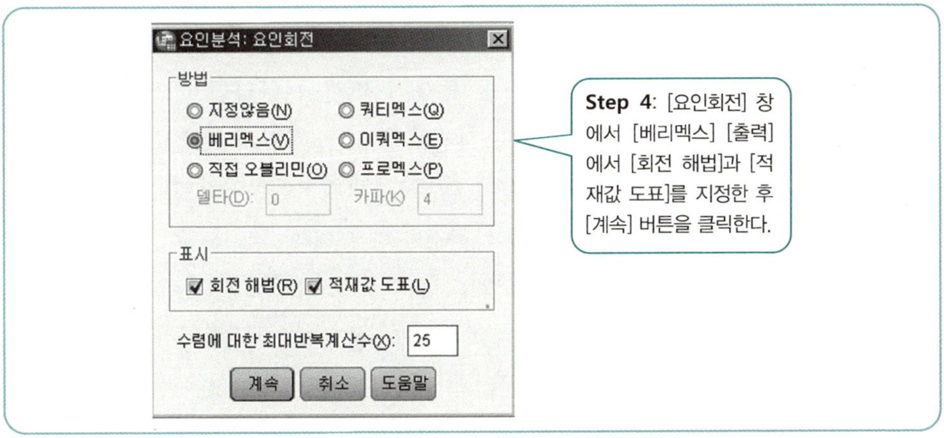

분석방법은 일반적으로 [주성분 분석법](principal component analysis)이 보편적으로 활용된다(SPSS에서 default로 지정되어 있다). 주성분 분석방법은 전체분산의 변동량을 이용하여 요인을 만들어 낸다.[3]

3) 참고로 주성분 분석 이외에도 가중되지 않은 최소제곱법, 일반화 최소제곱법, 최대우도법, 주축요인 추출법, 알파요인 추출법, 이미지 요인추출법이 있는데 본 장에서는 논외로 한다.

그림 13-11 요인점수옵션

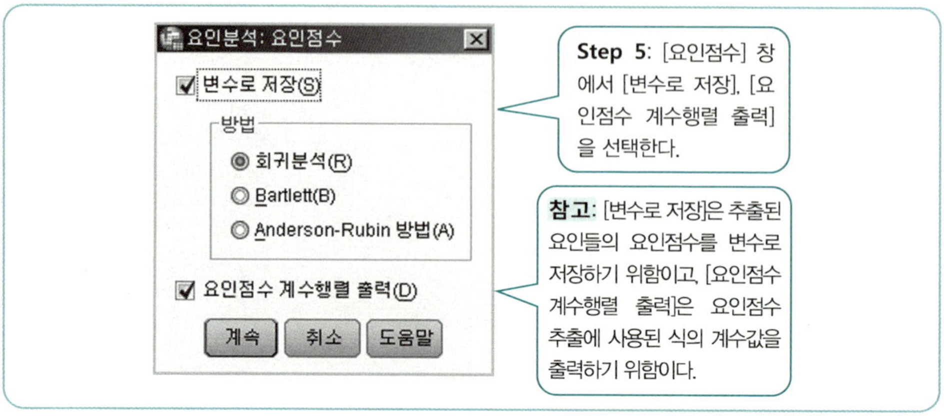

〈그림 13-10〉은 요인회전에 관한 설명이다. 일반적으로 요인회전은 여러 변수를 몇 개의 요인으로 축약하는 과정이다. 따라서 요인축을 어떻게 회전시킬 것인가에 따라 방법을 달리 적용해야 한다.

요인회전은 직각(orthogonal)회전과 사각(oblique)회전방식이 있다. 직각회전은 회전축은 직각을 유지하면서 요인의 특성이 뚜렷이 나타날 때까지 회전시킨다. 사각회전방식은 이론적으로는 직각회전보다 요인을 이루고 있는 변수 간 관계를 더욱 뚜렷하게 할 수 있는 장점이 있다고 한다. 일반적으로 사회과학에서는 "직접 오블리민" 방식을 가장 많이 사용한다(원태연·정성원: 2010: p. 409).[4]

요인점수는 여러 개의 변수를 몇 개의 요인으로 축약시킨 다음 다른 분석에 활용할 수 있다. 이를 위해 요인들을 변수화할 필요가 있는데 [변수로 저장]하면 요인점수로 저장된다. 또한 요인점수의 계산을 위해 요인성분 계수행렬이 출력되면서 이 행렬에 근거하여 요인점수가 자동으로 저장된다. 이 요인점수를 통해 각종 지수(index)를 개발할 수 있다.

〈그림 13-12〉를 통해 계수출력방식을 지정할 수 있다. 계수출력형식을 [크

4) 직각회전방식은 베리멕스(가장 일반적, 요인적재값 제곱의 분산이 최대가 되도록 함), 쿼터멕스(행을 중심으로 요인들 중 큰값은 크게, 작은값은 작게 하여 최대한 직각이 유지되도록 함), 이쿼멕스(베리멕스와 쿼터멕스의 혼합)이고, 사각회전방식은 오블리민(회전시킬 때 90도를 유지하지 않고 최대한 요인특성을 맞추도록 함), 프로멕스(오블리민과 동일한 방법으로 최적의 사각을 찾도록 함)가 있다.

그림 13-12 옵션 대화창

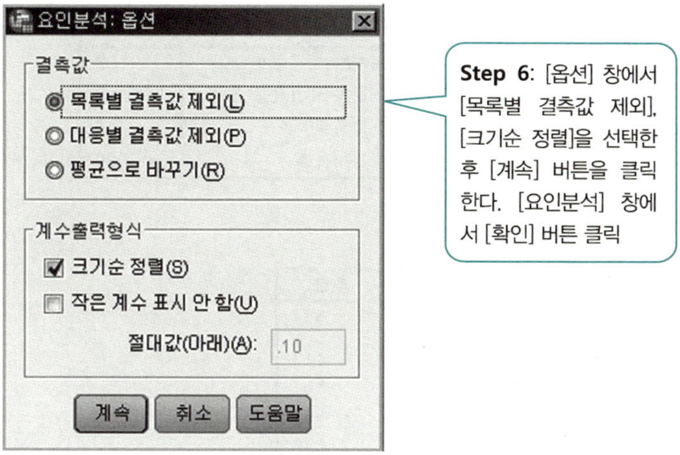

기순으로 정렬]로 지정하면 계수가 큰 변수부터 표시된다. 그 후 [계속]버튼을 클릭하면 된다.

〈그림 13-13〉은 요인분석의 적합성을 파악함과 동시에 요인분석의 가능성을 분석하고 있다. KMO는 변수 간 편상관을 검정하고, Bartlett은 변수들 간 행렬이 대각행렬인지 검정한다. 표준형성 적절성 측도는 0.593이고 유의확률은 .000으로 요인분석이 가능하다. 즉 유의수준이 0.005보다 작기 때문에 '변수 간 상관행렬은 대각행렬이 아니다'라는 가설을 기각할 수 있다. 다시 말해서 변수 간의 독립성이 보장되기 때문에 요인분석에 큰 문제는 없다고 보면 된다.

공통성(communality)은 요인을 구성하는 변수들의 분산이 해당요인을 설명하는 설명력이라 할 수 있다. 일반적으로 0.5 이상이 되어야 한다고 하지만 본 장에서는 계속적인 분석을 수행하지만 연구자가 필요하다고 판단되면 0.5 이하 변수인 bg2cost4를 제거한 뒤 요인분석을 수행하면 더욱 일반화된 결과를 도출할 수 있다.

〈그림 13-14〉는 회전한 후 요인의 설명력을 의미한다. 최초의 성분은 6개 표시되는데, 이는 변수가 6개이기 때문이다. 1요인의 설명력은 26.025이고, 2요인의 설명력은 25.793이며, 2개요인의 누적설명력은 51.818%이다.

그림 13-13 구형성 검정

KMO와 Bartlett의 검정

표준형성 적절성의 Kaiser-Meyer-Olkin 측도.		.593
Bartlett의 구형성 검정	근사 카이제곱	268.598
	자유도	15
	유의확률	.000

공통성

	초기	추출
bg2cost1	1.000	.523
bg2cost2	1.000	.510
bg2cost3	1.000	.611
bg2cost4	1.000	.348
bg2cost5	1.000	.546
bg2cost6	1.000	.571

추출 방법: 주성분 분석.

그림 13-14 설명된 총분산

설명된 총분산

성분	초기 고유값			추출 제곱합 적재값			회전 제곱합 적재값		
	합계	% 분산	% 누적	합계	% 분산	% 누적	합계	% 분산	% 누적
1	1.706	28.437	28.437	1.706	28.437	28.437	1.561	26.025	26.025
2	1.403	23.381	51.818	1.403	23.381	51.818	1.548	25.793	51.818
3	.909	15.144	66.962						
4	.723	12.050	79.012						
5	.667	11.115	90.127						
6	.592	9.873	100.000						

추출 방법: 주성분 분석.

〈그림 13-15〉는 요인수를 결정하는 방법 중 하나이다. 이 스크리 도표를 보면 세 번째 성분 번호에서 도표가 급격히 꺾인다. 이럴 경우 2개의 요인을 추출하는 것이 권고된다. 만약 네 번째 성분에서 스크리 도표가 꺾인다면, 그때는 3개의 요인을 추출할 것이 권고된다.

•• 그림 13-15 스크리 도표

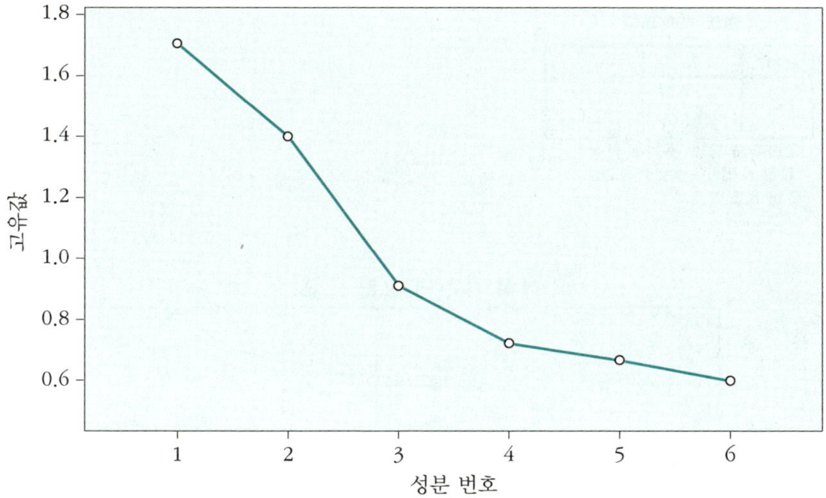

〈그림 13-16〉은 회전된 성분행렬이다. 이 성분행렬을 보면, 6개의 변수가 2개의 그룹으로 나뉘어져 있는 것을 알 수 있다. 좀 더 자세히 〈그림 13-17〉을 보면, bg2cost6, bg2cost5, bg2cost1은 〈성분1〉 축에 모여 있고, bg2cost3, bg2cost2, bg2cost4은 〈성분2〉 축에 모여 있다. 따라서 성분1에 해당하는 1요인은 '비용요

•• 그림 13-16 회전된 성분행렬

회전된 성분행렬[a]

	성분	
	1	2
bg2cost6	.734	-.179
bg2cost5	.725	-.144
bg2cost1	.693	.207
bg2cost3	.010	.782
bg2cost2	.012	.714
bg2cost4	-.131	.575

요인추출 방법: 주성분 분석.
회전 방법: Kaiser 정규화가 있는 베리멕스.
a. 3 반복계산에서 요인회전이 수렴되었습니다.

••그림 13-17 회전 후 성분 도표

성분 변환행렬

성분	1	2
1	.723	-.691
2	.691	.723

요인추출 방법: 주성분 분석.
회전 방법: Kaiser 정규화가 있는 베리멕스.

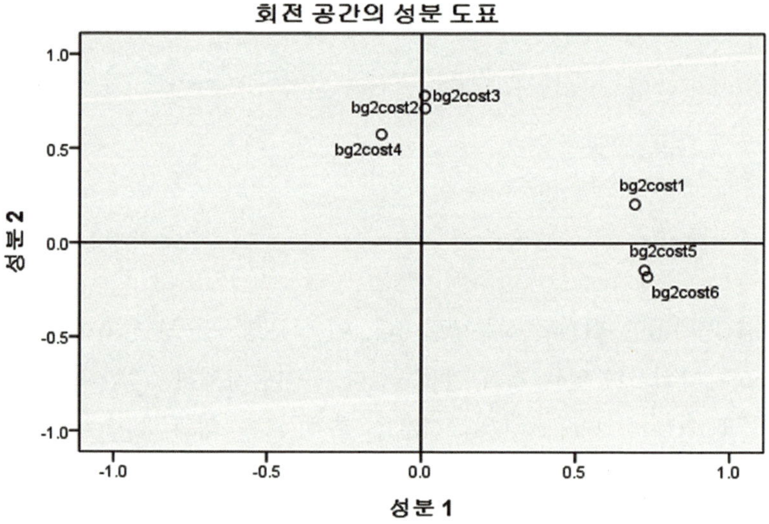

인', 그리고 성분2에 해당하는 2요인은 '검진요인'으로 각각 명명한다.

〈그림 13-18〉은 성분점수 계수행렬이다. 이 표는 2개 요인을 점수화시키기 위한 선형식의 값이다. 다시 말해서 6개 변수가 2개 요인으로 축약된 상태를 요인점수라 부른다.

••그림 13-18 요인점수

성분점수 계수행렬

	성분	
	1	2
bg2cost1	.461	.179
bg2cost2	.053	.467
bg2cost3	.056	.511
bg2cost4	-.048	.367
bg2cost5	.459	-.048
bg2cost6	.463	-.070

요인추출 방법: 주성분 분석.
회전 방법: Kaiser 정규화가 있는 베리멕스.
요인 점수.

그 요인점수는 SPSS 데이터창을 확인해보면 2개의 변수가 추가된 것을 알 수 있다(FAC1_1, FAC2_1).

••그림 13-19 데이터창

*요인bg2cost.sav [데이터집합0] - IBM SPSS Statistics Data Editor

파일(F) 편집(E) 보기(V) 데이터(D) 변환(T) 분석(A) 다이렉트 마케팅(M) 그래프(G) 유틸리티(U) 창(W)

21 :

	bg2cost4	bg2cost5	bg2cost6	FAC1_1	FAC2_1	변수
1	.33	-1.43	-1.01	-1.99121	.20592	
2	1.15	-.03	-.97	-.46291	-.47983	
3	-1.68	-.25	-.42	.73915	-.63427	
4	-.73	-.47	-.33	-.12360	-.04872	
5	.62	-1.51	-1.04	-1.53979	.13799	
6	1.19	.78	.80	1.14459	-.29887	
7	1.13	-1.45	1.16	-.21554	1.24340	
8	-1.57	-1.46	-.43	-1.60315	-.87219	
9	-.17	-1.27	-.22	-.91315	-.31846	
10	-.87	3.43	1.74	2.67554	-1.99582	
11	-.58	1.58	.29	1.78554	.88342	
12	.22	-1.32	-1.36	-1.81016	.44663	
13	2.08	.39	.18	.85665	1.74375	
14	-1.67	.36	.47	.67018	-1.68058	
15	.68	1.52	1.19	1.75504	.97086	
16	-.92	.98	1.22	.71054	.04304	
17	2.56	-1.41	-.47	-.40642	.69810	
18	-1.68	-.81	-.32	-1.36551	-1.34995	
19	-.16	-.11	-.65	.64794	1.16515	
20	.22	-.40	.51	-.50128	-2.32946	
21	1.12	-1.54	-1.30	-1.79269	.61988	

〈그림 13-20〉의 변수창에서 변수명 'FAC1_1'과 'FAC2_1'를 '비용요인'과 '검진요인'으로 변경해주면 된다. 이처럼 새로 만들어진 변수값을 이용하여 사회과학에서는 각종 지수값을 도출해내기도 한다.5)

그림 13-20 변수창

*요인bg2cost.sav [데이터집합1] - IBM SPSS Statistics Data Editor

파일(F) 편집(E) 보기(V) 데이터(D) 변환(T) 분석(A) 다이렉트 마케팅(M) 그래프(G) 유틸리티(U) 창(W) 도움말(H)

	이름	유형	너비	소수...	설명	값	결측값
1	id	숫자	6	0	Physician identifier	없음	없음
2	bg2cost1	숫자	9	2	Best health care is expensive	없음	없음
3	bg2cost2	숫자	6	2	Cost is a major consideration	없음	없음
4	bg2cost3	숫자	6	2	Determine cost of tests first	없음	없음
5	bg2cost4	숫자	6	2	Monitor likely complications only	없음	없음
6	bg2cost5	숫자	6	2	Use all means regardless of cost	없음	없음
7	bg2cost6	숫자	6	2	Prefer unnecessary tests to missing tests	없음	없음
8	FAC1_1	숫자	11	5	REGR factor score 1 for analysis 1	없음	없음
9	FAC2_1	숫자	11	5	REGR factor score 2 for analysis 1	없음	없음
10							

연 | 습 | 문 | 제

※ 일반적으로 요인분석에 활용되는 데이터는 연속형 데이터이다. 그러나 주위에서 보면 설문지를 이용한 연구를 많이 수행하고 있다. 본 문제는 설문지기법에서 자주 활용되는 5점 Likert 척도를 활용하여 요인분석을 실시할 필요가 있다. 요인분석에 활용되는 데이터는 5점 척도이고 변수는 A, B, C, D, E, F, G, H, I 변수이다. 실제 요인분석에는 최소 50개 이상의 샘플이 있어야 하고 100개 이상을 확보해야 좋은 요인분석결과를 얻을 수 있다. 다만 이해를 돕기 위한 목적에서 본 연습문제는 30명으로부터 회수한 설문데이터를 활용해보자.

5) 지수 도출은 이 책의 설명 범위를 넘는 것으로서, 상급 통계학 과목에서 학습하기 바란다.

ID	A	B	C	D	E	F	G	H	I
1	3	4	4	3	4	4	4	3	3
2	4	3	3	4	4	3	4	4	4
3	3	4	5	4	4	3	4	4	2
4	3	4	4	4	4	3	4	4	2
5	3	2	4	4	3	2	5	5	2
6	3	3	4	4	4	3	3	3	3
7	2	2	2	1	2	3	4	2	2
8	4	2	5	4	4	4	2	5	4
9	4	2	4	4	4	4	4	4	4
10	3	2	4	4	4	5	4	5	2
11	4	5	5	5	4	5	5	4	3
12	3	3	4	4	4	3	4	4	2
13	2	1	2	3	2	2	2	2	2
14	2	2	2	4	4	3	4	4	2
15	4	5	5	4	4	4	4	4	4
16	3	2	2	2	4	4	5	5	2
17	2	2	2	3	2	3	4	3	2
18	3	2	2	3	4	3	3	4	3
19	3	2	2	2	3	3	3	4	2
20	3	2	2	4	4	2	4	4	2
21	3	4	4	4	4	3	2	3	3
22	4	2	2	4	2	4	4	4	2
23	3	3	4	4	5	4	4	4	4
24	3	3	3	3	3	3	3	3	3
25	3	2	2	4	4	4	4	4	2
26	3	4	4	4	4	4	4	4	3
27	3	3	4	2	4	3	2	3	2
28	2	4	4	4	4	4	4	4	4
29	4	4	3	4	3	3	3	4	4
30	2	2	4	2	4	4	4	5	2

01 요인분석과정에서 요인회전방법은 "직접 오블리민"을, 기술통계를 활용하여 구형성을 검정하고 요인분석의 가능성을 진단하시오.

02 9개변수는 몇 개의 요인으로 나누어 지는가?(고유값 기준은 1 이상) 또한 1요인에 포함되는 변수와 2요인에 포함되는 변수를 구분하시오.

03 요인점수를 저장한 뒤 1요인의 변수명은 '이해력'을 2요인의 변수명은 '설명력'으로 변경하시오.

제 14 장 STATA를 활용한 각종 통계

제 1 절 STATA 소개

Stata프로그램은 1980년대 중반 미국의 StataCorp에서 개발한 통계소프트웨어이다. 이 프로그램은 학술적 용도뿐만 아니라 다양한 분야에서 널리 활용되고 있다. 특히, Stata는 데이터 관리와 그래픽그리기 등 탁월한 능력을 발휘한다. 또한, 인터넷과 상호작용을 통해 업데이트는 물론 다양한 부가기능을 이용할 수 있다. 최근 출시된 버전 12.0은 구조방정식모형을 쉽게 구동할 수도 있다.

표 14-1 Stata 프로그램의 종류

구분	Stata MP	Stata SE	Stata IC	Stata small
처리속도	최상		상	중
최대변수개수	32,767		2,047	99
처리가능변수 (한번)	10,998		798	99
최대관측치개수	RAM 허용범위			1,200
최대문자변수 관측치개수	244글자		80글자	80글자
64bit가능여부	모두 가능, 다만 MP만 Dual core가능			
지원OS	Windows, Mac(64-bit Intel),or Unix	Windows, Mac, or Unix	Windows, Mac, or Unix	Windows, Mac, or Unix
메모리/여유공간	512M/500MB			

자료: www.stata.com

Stata프로그램은 1984년 버전 1.0을 시작으로 2011년에 버전 12.0이 출시되어 현재까지 다양한 기능이 추가되고 있으며, 사용자 중심에서 더욱 편리하게 프로그램을 활용할 수 있다. Stata프로그램은 네 가지 종류가 있다(실제 웹상에 지원되는 Numerics by Stata도 있다). 이하의 내용은 정성호(2013)의 2장의 일부내용이고, 분석을 위한 데이터는 각 장에서 다루었던 SPSS 예제 데이터이며, STATA프로그램에서 실증분석한 결과이다.

제 2 절 STATA 시작하기

1. Stata 화면의 구성

Stata 화면구성은 다음과 같다.

그림 14-1 Stata 화면구성

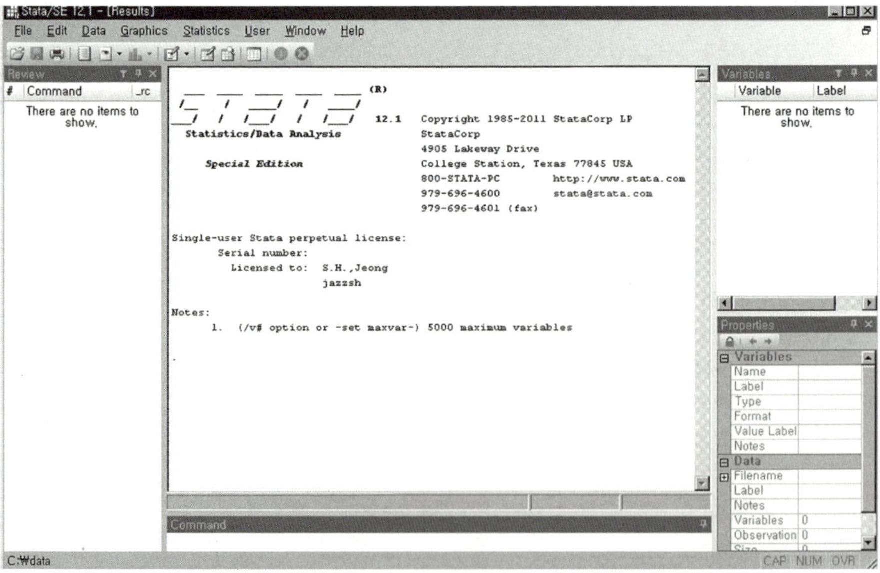

Stata프로그램은 화면 맨 위 좌측 File부터 우측 Help까지 다양한 메뉴들이 있고, 그 아래 4개의 작업창이 있다. 왼쪽 위에 Review창이, 화면 중앙에 Results 창이, 맨 우측 위에 Variables 창이, 화면 중앙아래에 Command창이 있다.

Variables 창은 변수의 이름, 변수의 레이블, 변수의 형태 및 포맷형식 등 다양한 정보를 보여준다. Command창은 실행하고자 하는 명령어를 입력하는 창이다. Review창은 명령어를 입력하여 수행하면 그 명령어가 기록되기도 하고, Review창에 기록된 해당 명령문을 더블클릭하면 바로 그 명령어를 실행된다.

화면 중앙에 있는 Results창은 명령문이 실행되어 결과가 제시되는 창이다. 또한 분석결과를 다양한 형태로 저장할 수 있다. 먼저, 붙여넣기를 원하는 분석결과 부분을 왼쪽 마우스로 클릭한 상태에서 드래그한 후 오른쪽 마우스를 클릭하면 여러 가지 메뉴가 나오게 된다. 그 종류는 copy, copy text, copy table, copy table as HTML, copy as picture이다.

일반적으로는 copy나 copy text를 선택하여 한글과 같은 문서작성 프로그램에 붙여넣기할 때 활용된다. 또한 표의 형태로 분석결과를 저장하고 싶으면 copy

••그림 14-2 분석결과의 저장방법

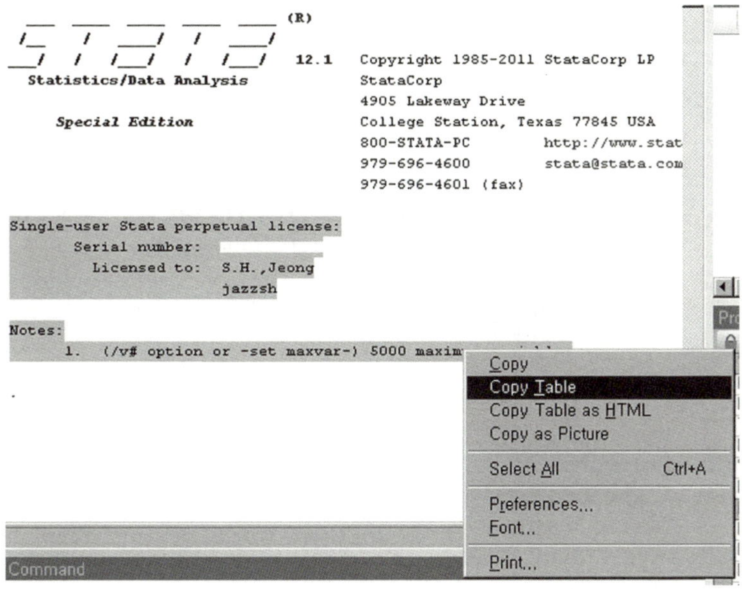

table을 클릭한 후 한글프로그램에 붙여넣기하면 된다. 그 세부적인 방법은 한글 상단 메뉴에 있는 표(Q)>문자열을 표로>분리방법 지정>탭을 설정한 후 약간의 추가적인 작업을 하면 완벽한 표로 변환이 가능하다. 또한, 그림의 형태로 저장하고자 할 경우 copy as picture를 적용하면 되지만 편집이 불가능하다.

2. 업데이트, 로그파일

Stata는 인터넷이 접속된 상태에서 프로그램을 업데이트를 할 수 있다. 우선 프로그램을 설치한 후 update all을 실행하면 업데이트가 필요한지에 관해 알려준다. 만약 업데이트가 필요하다면 업데이트를 수행해야 하는데, 그 과정이 자동으로 실행된다.

위 명령어(update all)를 실행하게 되면 http://www.stata.com에 접속되고 update 파일을 확인한 후 install과정을 거치게 된다. 업데이트설정은 프로그램 상단 메뉴에서 edit>preference>general preference를 선택한 후 internet 탭에서 enable automatic update checking에서 update 주기를 설정할 수 있다.

update를 통해 해결되지 않는 부분도 있다. 특히, 명령어를 입력한 후 실행이 되지 않고 에러가 발생하면 findit 명령어를 활용하여 그 명령어를 수행할 파

••그림 14-3 명령어 update 방법

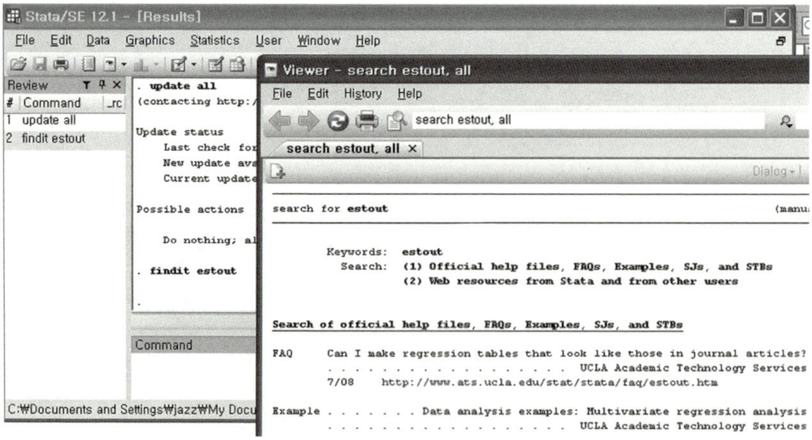

일을 다운받아 install할 수 있다. 일례로 estout 찾아 install하는 과정을 살펴보면 〈그림 14-3〉과 같다.

Stata프로그램의 Results창은 실행한 명령문과 분석결과가 화면에 표시된다. 그러한 만큼 결과 창에 보관할 수 있는 용량이 한정되기 때문에 일정한 시점이 되면 이전 분석결과의 일정부분은 사라지게 된다. 따라서 이러한 문제를 극복하기 위해서는 분석결과 등의 용량이 일정량 이상이 되면 지속적인 복사와 붙여넣기를 반복해야 하는 번거로움이 있다.

이러한 문제를 근본적으로 해결하기 위한 방법은 로그파일을 설정하면 이용하는 것이다. 로그파일은 로그 시작시점부터 종료시점까지 명령문과 실행결과를 text파일로 저장되기 때문에 열람이 편집이 가능하다. 파일의 확장자는 smcl로 저장되며 언제든지 불러들여 참고할 수 있어 아주 유용하다(file>log>view).

Stata프로그램에서 로그파일을 만드는 방법은 file>log>begin으로 로그파일이 만들어지고, 로그파일을 종료하려면 close를 적용하면 된다. 〈그림 14-4〉와 같이 file>log>begin을 적용하면 저장할 위치를 지정하게 된다. 반대로 기존의 로그파일을 불러 보고자 할 때는 file>log>view를 클릭한 후 browser를 찾아 실행하면 된다.

3. 데이터 파일관리

••그림 14-4 로그파일 저장방법

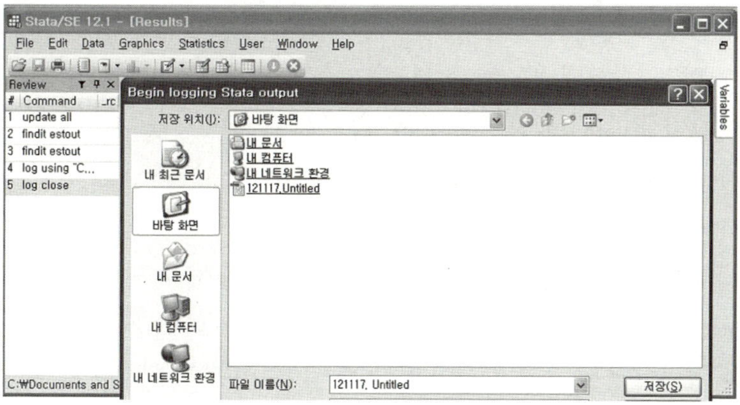

데이터 파일은 문자변수와 숫자변수로 구분된다. 문자변수는 빨간색으로 표시되고 숫자변수는 검정색으로 표시된다. 문자변수는 str로 저장되고, 숫자는 byte, int, long, float, double 등 여러 가지 형태로 저장이 가능하다. 프로그램에서 지원되는 str은 244까지 가능하며 자동으로 저장형태를 지정해준다.

다만, 숫자는 정수일 경우 int, 0과 1의 값을 갖는 더미변수는 byte, 숫자변수의 디폴트(default) 저장형태는 float이다. 이해를 돕기 위해 상단메뉴 help창에서 data type의 정의는 다음과 같다.

Storage type	Minimum	Maximum	0 without being 0	bytes
byte	-127	100	+/-1	1
int	-32,767	32,740	+/-1	2
long	-2,147,483,647	2,147,483,620	+/-1	4
float	-1.70141173319*10^38	1.70141173319*10^38	+/-10^-38	4
double	-8.9884656743*10^307	8.9884656743*10^307	+/-10^-323	8

Precision for float is 3.795x10^-8.
Precision for double is 1.414x10^-16.

String storage type	Maximum length	Bytes
str1	1	1
str2	2	2
...	.	.
...	.	.
...	.	.
str244	244	244

데이터의 저장형태를 알아보기 위해 예제파일 auto.dta파일을 불러들여 describe명령어를 실행해보면 다음과 같이 자세한 정보를 제공해준다. 참고로 예제파일을 열어 실행하고자 할 때는 file>example datasets를 클릭하면 〈그림 14-5〉의 대화창이 실행된다.

예제파일은 Stata프로그램에 내장된 예제데이터와 Stata 12 매뉴얼 예제데이터가 있고, 이들 데이터는 use와 describe가 있다. 분석을 위해 use를 실행하면 되는데 데이터의 세부정보를 보고 싶으면 describe를 실행하면 결과 창에 데이터의 세부정보가 표시된다.

그림 14-5 분석결과의 저장방법

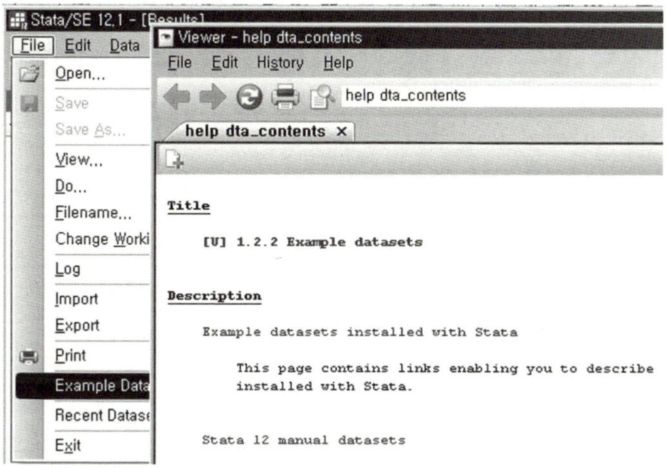


```
. sysuse auto
(1978 Automobile Data)

. describe

Contains data from C:\Program Files\Stata12\ado\base/a/auto.dta
  obs:            74                          1978 Automobile Data
 vars:            12                          13 Apr 2011 17:45
 size:         3,182                          (_dta has notes)
-------------------------------------------------------------------------------------
              storage  display      value
variable name   type   format       label      variable label
-------------------------------------------------------------------------------------
make            str18  %-18s                   Make and Model
price           int    %8.0gc                  Price
mpg             int    %8.0g                   Mileage (mpg)
rep78           int    %8.0g                   Repair Record 1978
headroom        float  %6.1f                   Headroom (in.)
trunk           int    %8.0g                   Trunk space (cu. ft.)
weight          int    %8.0gc                  Weight (lbs.)
length          int    %8.0g                   Length (in.)
turn            int    %8.0g                   Turn Circle (ft.)
displacement    int    %8.0g                   Displacement (cu. in.)
gear_ratio      float  %6.2f                   Gear Ratio
foreign         byte   %8.0g        origin     Car type
-------------------------------------------------------------------------------------
Sorted by:  foreign
```

예를 들어 mpg변수의 포맷형태가 %8.0g로 표시되어 있는데 이는 숫자변수이고, 8자리의 소수점이 없다고 해석하면 된다.

4. 데이터 관리에 유용한 명령어

데이터 관리의 핵심은 변수이다. 먼저 변수이름은 영어로 가급적 짧게 만드는 것이 좋고 label을 자세히 달아주면 된다. 또한 변수의 이름은 숫자로 시작해서는 안 된다.

Help

명령어를 잘 모를 때 사용하기 쉬운 유용한 메뉴는 Help를 이용하면 된다. 더불어 명령어는 소문자로 시작해야 한다.

=, ==, 〈=, !=, ~=, &, |, in

사소하지만 사용에 주의가 요구되는 명령어는 “=”와 “= =”이다. =는 등호의 의미를 지닌다. = =는 지정의 의미를 지닌다. 즉, “summarie if foreign= =1”의 의미는 foreign이라는 변수 값이 1인 것을 지정하여 요약하라는 의미이다. 또한 “쉼표”와 “옵션”의 구분은 중요하다. 쉼표 다음에 오는 것은 옵션으로 해석해야 한다. summarie, if foreign= =1은 옵션임을 명심해야 한다.

논리기호를 사용할 때 반드시 부등호, 등호 순으로 입력해야 한다(“< =”). 또한, ‘같지 않다’라를 명령어로 활용할 때는 “!=”나 “~=”를 활용하면 되고, and는 “&”, or는 |(\키+shift키)를 활용하면 되고, 한정어를 활용할때는 in을 쓰면 된다.

findit, search

명령어의 기능을 잘 모를 때 사용되는 유용한 팁은 이미 설명한 findit이나 search를 사용하면 기능에 대한 내용을 알 수 있다.

tabulate & xi

더미변수를 만드는 방법은 tab과 xi가 있다. 먼저 tabulate를 이용하여 더미변수를 만들기 위해 예제파일인 nlsw88.dta를 활용하였다. 예제파일의 인종은 백인, 흑인, 기타로 구분한다.

tab 다음에 범주형 변수(race)를 입력하면 범주형 변수의 빈도수를 보여준다. 또한 더미변수를 만들기 위해 추가로 gen(dum_race_) 명령어를 사용하면 간단히 더미변수를 만들 수 있다.

```
. tab race

       race |      Freq.     Percent        Cum.
------------+-----------------------------------
      white |      1,637       72.89       72.89
      black |        583       25.96       98.84
      other |         26        1.16      100.00
------------+-----------------------------------
      Total |      2,246      100.00

. tab race, gen(dum_race_)

       race |      Freq.     Percent        Cum.
------------+-----------------------------------
      white |      1,637       72.89       72.89
      black |        583       25.96       98.84
      other |         26        1.16      100.00
------------+-----------------------------------
      Total |      2,246      100.00
```

gen(dum_race_)과정을 거쳐 dum_race_1, 2, 3이 생성된 것을 변수창에서 확인할 수 있다.

••그림 14-6 더미변수 생성방법

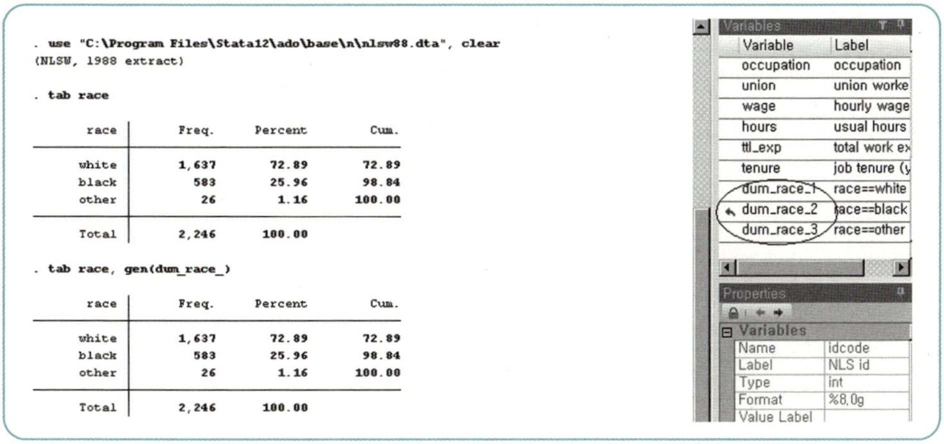

xi명령어를 이용하여도 더미변수를 만들 수 있다. 우선 명령어에 db xi를 실행하면 다음과 같은 대화창이 나타나며, categorical variable에 race를, prefix에 dum을 적용하면 〈그림 14-7〉과 같이 command창에 명령어가 생성된다.

••그림 14-7 xi 대화창

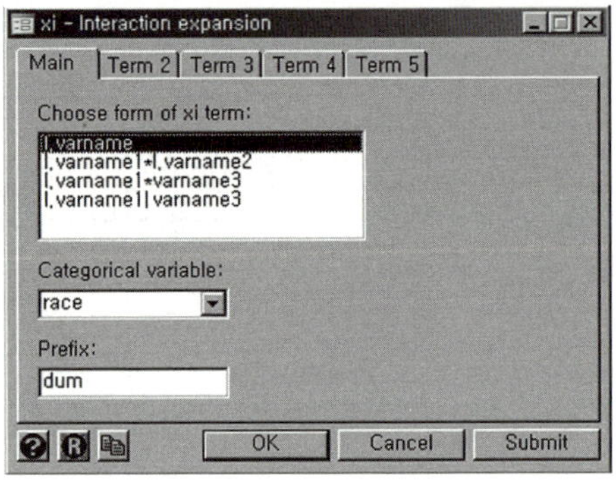


```
. db xi

. xi I.race, prefix(dum)
I.race              dumrace_1-3          (naturally coded; dumrace_1 omitted)
```

그런데 tab 명령어 실행과 달리 dum race_1은 만들어지지 않았는데, 그 이유는 회귀모형의 설명변수로는 범주의 개수보다 1개 적은 2개의 더미변수만 만들어 지게 된다. 굳이 3개의 더미변수를 만들고자 한다면 noomit옵션을 추가하면 되는데 xi I.race, prefix(dum) noomit를 적용하면 된다.

••그림 14-8 더미변수 생성결과

```
. db xi

. xi I.race, prefix(dum)
I.race            dumrace_1-3         (naturally coded; dumrace_1 omitted)

. db xi

.
.
.
.
.
```

Variable	Label
wage	hourly wage
hours	usual hours
ttl_exp	total work ex
tenure	job tenure (y
dum_race_1	race==white
dum_race_2	race==black
dum_race_3	race==other
dumrace_2	race==2
dumrace_3	race==3

5. 데이터 형식전환

Stata의 데이터 파일은 *.dta 형식이다. 따라서 데이터 파일이 dta 이외의 형식의 파일이라면 dta형식으로 변환이 필요하다. 대표적인 방법으로 statad는 import 기능을 사용할 수 있지만 유료로 판매되는 Stata-Transfer(최신버전 11)를 이용하면 아주 편리하다. Stata-Transfer는 다양한 형식의 파일의 상호 형식전환이 가능하다(http://www.stata.com/products/stat-transfer).

Stat-transfer가 유료로 제공된 만큼 본절에서는 Stata의 import와 export기능을 설명한다. 이를 통해 ASCII, Excel, SAS, SPSS형식의 파일로 변환저장이 가능하다. 반대로 Stata 데이터파일을 다른 통계프로그램에서 사용하기 위해 텍스트(txt)파일로 저장할 수 있는데 이를 export라 부른다.

다만 가장 흔히 사용하는 Excel과 SPSS 파일을 Stata파일인 dta로 변환하는 방법을 알아본다. 방법으로는 명령문과 메뉴를 통한 방법이 있는데 명령문을 통한 자료 변환법을 알아보자.

먼저 기존의 엑셀(xls)파일을 연 다음 엑셀메뉴에서 파일>다른이름으로 저장을 선택한 후 파일형식을 텍스트(텝으로 분리)를 선택하여 저장하면 된다. 파일이 저장된 위치는 c:\data\example_1.txt이다.

••그림 14-9 데이터 저장

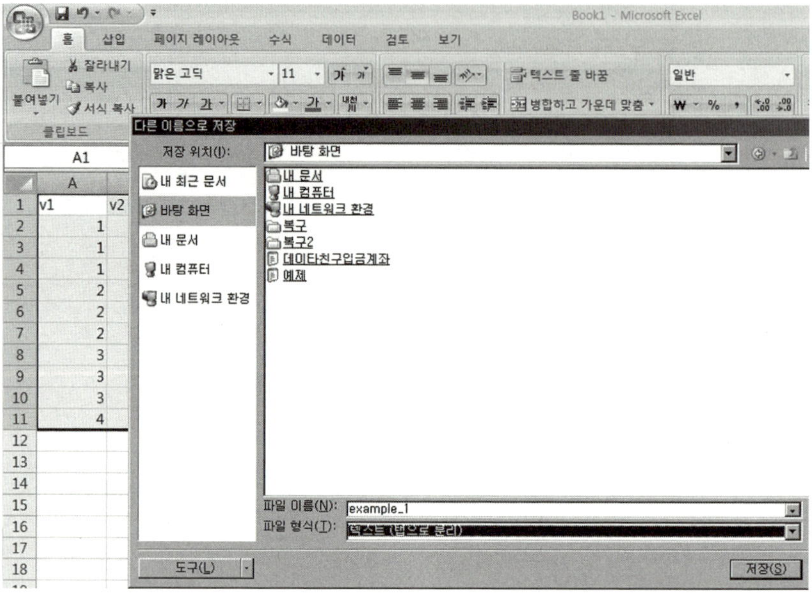

위 과정을 거친 후 Stata에서 다음과 같은 명령어를 입력하면 파일이 변환된다. 즉, 텍스트파일을 불러들이는 명령어 insheet 이어 using 다음에 쉼표(,)에 이어 불러들일 파일의 디렉토리를 지정한 뒤, 옵션으로 clear를 사용하면 메모리에 로딩된 기존데이터 파일이 제거된다.

insheet using "c:\data\example_1.txt", clear를 실행하면 7개의 변수에 표본수가 30개가 정확히 변환되었음을 알려준다.

```
. insheet using "c:\data\example_1.txt", clear
(7 vars, 30 obs)
```

••그림 14-10 데이터 불러오기

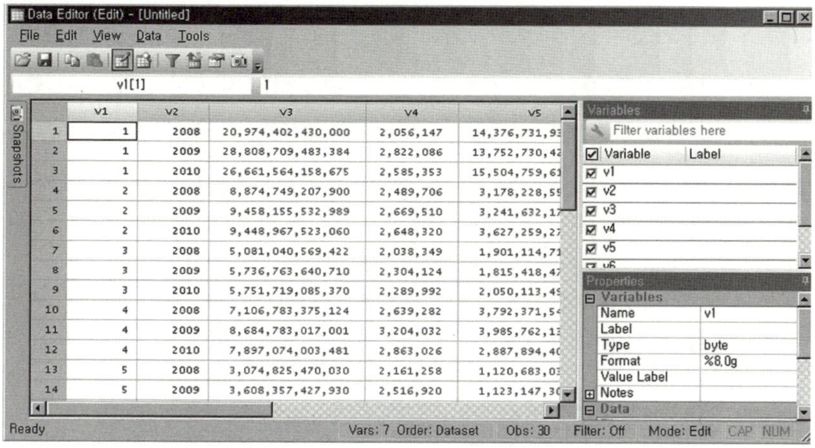

반대로 outsheet using “c:\data\example_1.txt”, nolabel replace을 이용하면 파일을 내보낼 수 있다.

reshape

Stata는 데이터의 형식을 상호변환(wide → long, long→ wide)할 수 있어 편리하다. 일반적으로 패널분석을 위해서는 long type으로 변경이 필요한데 본 절에서는 wide type을 long type으로 변경하는 방법에 대해 알아본다. 사용된 예제 데이터 파일은 reshape1.dta로 변경 전의 데이터 파일은 〈그림 14-11〉과 같다.

••그림 14-11 데이터 형식변환(변경 전)

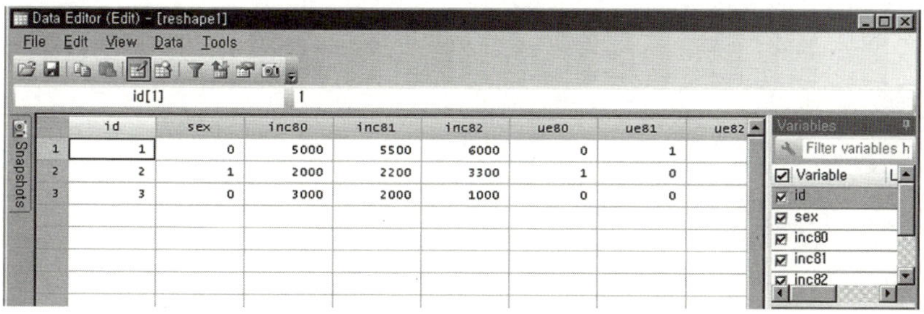

변경 전 데이터를 보면 wide type이고, 3개의 id에 inc 80-82, ue80-82가 있다. db reshape명령어를 입력하면 데이터를 변경(wide → long)하기 위한 대화창이 나타나는데 대화창의 메인 탭에서 long format from wide를 선택한 뒤 ID variable에는 id를 지정한 후 Base(stub)란에 변경하고자 하는 변수를 넣는데 변수명(inc, ue) 뒤에 2자리(80, 81, 82)는 연도에 해당하기 때문에 Sub_observation에는 시간변수인 연도를 표시하면 된다. 일반적으로 패널분석을 위해 wide를 long으로 변환시켜야 하는데 이때 유용하게 사용되는 명령어이다.

••그림 14-12 reshape 대화창

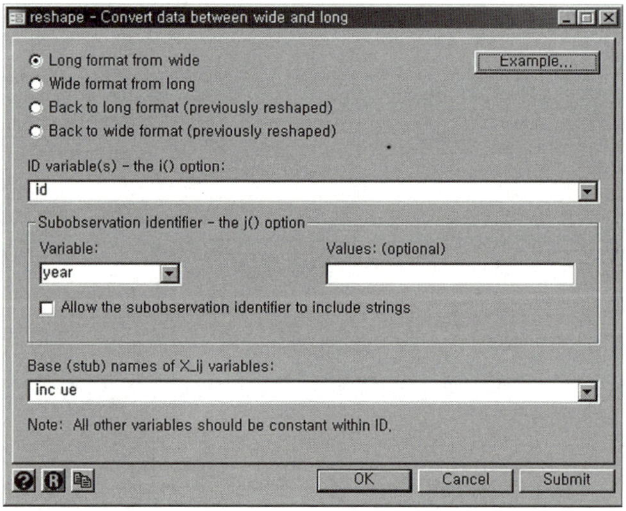


```
. db reshape

. reshape long inc ue, i(id) j(year)
(note: j = 80 81 82)

Data                               wide   ->   long
-----------------------------------------------------------------------
Number of obs.                        3   ->      9
Number of variables                   8   ->      5
j variable (3 values)                     ->   year
xij variables:
                       inc80 inc81 inc82  ->   inc
                          ue80 ue81 ue82  ->   ue
-----------------------------------------------------------------------
```

••그림 14-13 데이터 형식변환(변경 후, wide → long)

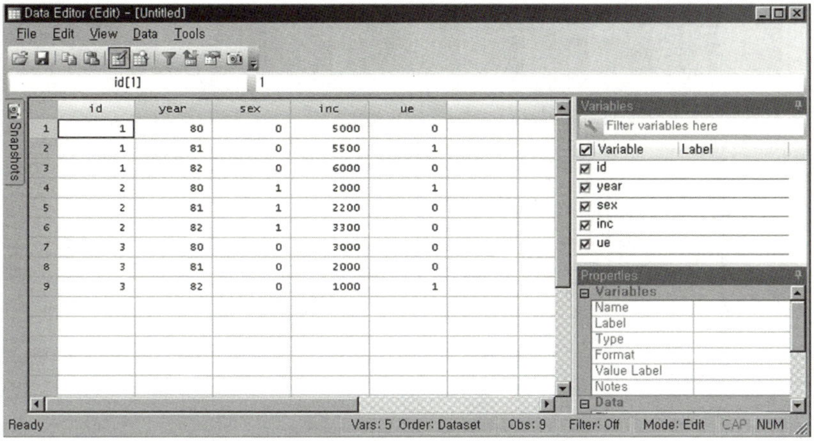

실행결과를 보면 시간변수이름은 지정한 대로 year로 변경이 되었고 시간에 따라 변하는 변수인 inc와 ue가 동일하게 변경이 되었다.

제 3 절 기초통계와 회귀분석

1. 상관관계분석

(1) 상관계수분석

상관관계분석은 일반적으로 등간 및 비율척도로 측정된 변수인 경우 상관관계분석은 연관성여부와 정도를 분석할 수 있다. 상관관계분석은 등간이나 비율척도인 경우와 서열척도인 경우로 구분한다. 변수의 척도가 등간이나 비율척도인 경우는 일반적으로 피어슨 상관분석을 이용한다. 경우에 따라서 두 변수에 공통적으로 영향을 미치는 제3의 변수를 통제(제거)하고자 할 경우 편상관분석을 이용한다.

••그림 14-14 scatter plot

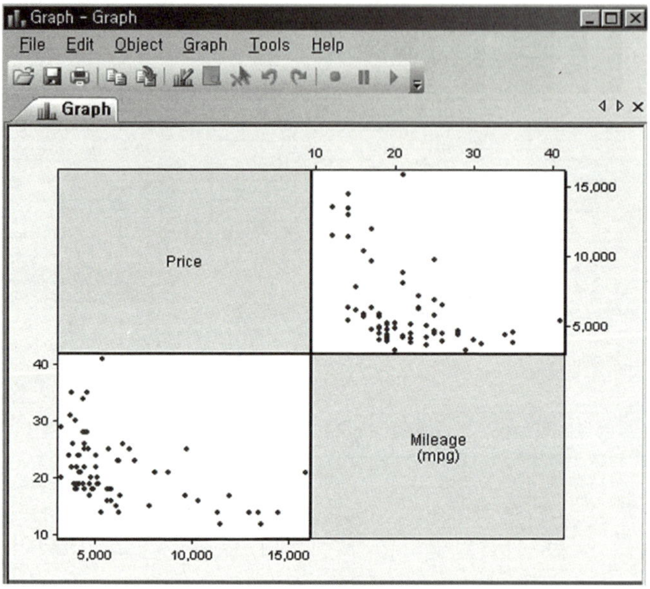

사용된 예제데이터파일 sysuse auto. dta이고, 상관관계분석을 하기 전에 먼저 *X*와 *Y*값을 그려서 두 변수 간 대략적인 관계를 살펴볼 필요가 있다. 이를 위해 scatter plot 그림을 그리는 명령어는 graph matrix이다.

stata에서 상관계수를 계산하는 명령어는 pwcorr(pairwise correlation), corr (correlation), pcorr(partial correlation coefficient)가 있다. 모두 표본상관계수를 계산한다는 점에서는 동일하다. 그러나 pwcorr와 corr의 상관계수가 모두 음의 상관관계이지만 상관계수의 차이를 보인다. 특히 price와 mpg에서 차이를 보이는데 이는 mpg지표에서 결측치가 있기 때문이다.

다시 말해서 price와 mpg 간 pwcorr의 상관계수는 −0.4686인데, corr은 −0.4559이다. 이는 추정방법의 차이에 기인한다. pwcorr은 결측치가 있는 지표(mpg)만 제외하고 추정하는 반면 corr은 결측치가 하나라도 있을 경우 모든 지표(price, mpg, rep78)을 모두 삭제하여 추정하기 때문이다.

```
. pwcorr price mpg rep78

             |    price      mpg    rep78
-------------+---------------------------
       price |   1.0000
         mpg |  -0.4686   1.0000
       rep78 |   0.0066   0.4023   1.0000

. corr price mpg rep78
(obs=69)

             |    price      mpg    rep78
-------------+---------------------------
       price |   1.0000
         mpg |  -0.4559   1.0000
       rep78 |   0.0066   0.4023   1.0000

. pwcorr price mpg rep78, sig

             |    price      mpg    rep78
-------------+---------------------------
       price |   1.0000
             |
             |
         mpg |  -0.4686   1.0000
             |   0.0000
             |
       rep78 |   0.0066   0.4023   1.0000
             |   0.9574   0.0006
```

한편 유의성을 검정하고자 할 때 sig옵션을 사용하면 된다. 다만 sig옵션은 pwcorr에만 유의성 검정옵션(sig)이 있다.

(2) 편상관계수분석

다른 상관계수의 추정방법으로 여타 변수들의 파급효과를 제거하고 추정하는 편상관계수(pcorr)는 다음과 같다.

```
. pcorr price mpg rep78
(obs=69)

Partial and semipartial correlations of price with

               Partial  Semipartial    Partial  Semipartial  Significance
   Variable |   Corr.       Corr.      Corr.^2     Corr.^2        Value
------------+-------------------------------------------------------------
        mpg |  -0.5009    -0.5009      0.2509      0.2509        0.0000
      rep78 |   0.2332     0.2075      0.0544      0.0431        0.0557
```

위 명령문에서 보는 바와 같이 pcorr의 3개의 변수로 추정을 하였으나 price를 기준으로 나머지 2개 변수는 편상관계수로 계산된다. 우선 가격(price)과 주행거리(mpg)의 편상관계수는 −0.50이다. 다만 sig값은 편상관계수가 0이라는 귀무가설에 대한 p값으로 p값(0.00)은 0.05보다 작기 때문에 5% 유의수준에서 편상관계수가 0이라는 가설을 기각할 수 있다.

따라서 가격과 주행거리가 유의미한 음의 편상관계수를 갖는다는 의미는 rep78을 고정시킨 상태에서 연비가 증가할수록 가격은 낮아지는 경향이 있다.

또한, rep78의 경우 pwcorr의 상관계수는 0.0066에서 pcorr의 상관계수가 0.2332로 변화되는 근본적인 이유는 편상관계수를 계산할 때는 두 변수 이외 다른 변수들이 미치는 영향을 배제시키기 때문이다.

2. 회귀분석

(1) 단순선형회귀분석

선형회귀분석방법은 단순회귀분석과 다중회귀분석이 있다. 독립변수가 종속변수에 미치는 영향을 분석하기 위한 모형으로 각각 하나씩의 변수를 가진 모형으로 다음과 같은 모형($y_i = \beta_0 + \beta_1 x_i + e_i$)이다.

여기서, β_0와 β_1은 모수이며 두 모수 간 선형관계를 측정할 수 있다. 또한 e_i는 y_i와 β_0와 β_1을 이은 직선상의 점과 오차를 나타난다. 근본적으로는 최소자승(Ordinary Least Square: OLS)의 추정방식이다.

사용된 예제데이터파일은 sysuse auto. dta이고, 회귀분석 전 변수에 관한 기초통계자료를 알아보는 명령어는 sum이며 다음과 같다.

```
. sum price mpg rep78

    Variable |       Obs        Mean    Std. Dev.       Min        Max
-------------+--------------------------------------------------------
       price |        74    6165.257    2949.496       3291      15906
         mpg |        74     21.2973    5.785503         12         41
       rep78 |        69    3.405797    .9899323          1          5
```

```
. reg price mpg

      Source |       SS       df       MS              Number of obs =      74
-------------+------------------------------           F(  1,    72) =   20.26
       Model |  139449474     1   139449474           Prob > F      =  0.0000
    Residual |  495615923    72  6883554.48           R-squared     =  0.2196
-------------+------------------------------           Adj R-squared =  0.2087
       Total |  635065396    73  8699525.97           Root MSE      =  2623.7

------------------------------------------------------------------------------
       price |      Coef.   Std. Err.      t    P>|t|     [95% Conf. Interval]
-------------+----------------------------------------------------------------
         mpg |  -238.8943   53.07669    -4.50   0.000    -344.7008   -133.0879
       _cons |   11253.06   1170.813     9.61   0.000     8919.088    13587.03
------------------------------------------------------------------------------
```

명령어 reg 다음에 price는 종속변수이고, 그 다음 mpg는 독립변수이다. stata에서는 맨 먼저 종속변수를 적고 그 다음 독립변수를 적는다. β_1인 mpg의 계수값(coef)은 -238.89이고, β_0는 cons coef로 11253.06이다.

이 분석결과에 의하면 연비가 1상승하면 가격은 238 감소한다고 해석한다. 또한 R-squared(21.96)는 모형 적합도를 의미하기도 하지만 모형의 설명력을 의미하기도 한다.

경우에 따라서 상수가 없는 모형을 추정하기 위해서는 nocons옵션을 사용하면 된다.

```
. reg price mpg, nocons

      Source |       SS       df       MS              Number of obs =      74
-------------+------------------------------           F(  1,    73) =  149.44
       Model |  2.3163e+09     1  2.3163e+09           Prob > F      =  0.0000
    Residual |  1.1315e+09    73  15500024.6           R-squared     =  0.6718
-------------+------------------------------           Adj R-squared =  0.6673
       Total |  3.4478e+09    74  46592355.7           Root MSE      =    3937

------------------------------------------------------------------------------
       price |      Coef.   Std. Err.      t    P>|t|     [95% Conf. Interval]
-------------+----------------------------------------------------------------
         mpg |   253.6302   20.74754    12.22   0.000     212.2804      294.98
------------------------------------------------------------------------------
```

(2) 다중선형회귀분석

다중선형회귀분석은 독립변수가 2개 이상인 경우 종속변수에 미치는 영향을 분석하기 위한 모형으로 다음과 같은 모형($y_i = \beta_0 + \beta_1 x_{1i} + \beta_2 x_{2i} + \cdots + e_i$)이다.

명령어 reg 다음에 price는 종속변수이고, 그 다음 weight, length는 각각 독립변수이며, 순차적으로 열거하면 된다. β_1인 mpg의 계수값(coef)는 4.699이고, β_2인 length의 계수값(coef)은 −97.96이고 β_0는 cons coef으로 10386이다.

이 분석결과에 의하면 무게가 상승할 때마다 가격이 4.69만큼 상승하고, 길이가 길수록 가격이 97.96만큼 감소한다고 해석한다. 다중회귀분석은 Adj. R-squared를 적용해야 하는데 32.92이다.

```
. reg price weight length

      Source |       SS       df       MS              Number of obs =      74
-------------+------------------------------           F(  2,    71) =   18.91
       Model |  220725280     2   110362640            Prob > F      =  0.0000
    Residual |  414340116    71  5835776.28            R-squared     =  0.3476
-------------+------------------------------           Adj R-squared =  0.3292
       Total |  635065396    73  8699525.97            Root MSE      =  2415.7

------------------------------------------------------------------------------
       price |      Coef.   Std. Err.      t    P>|t|     [95% Conf. Interval]
-------------+----------------------------------------------------------------
      weight |   4.699065   1.122339     4.19   0.000     2.461184    6.936946
      length |  -97.96031    39.1746    -2.50   0.015    -176.0722   -19.84838
       _cons |   10386.54   4308.159     2.41   0.019     1796.316    18976.76
------------------------------------------------------------------------------
```

그런데 문제는 변수들이 비율변수(%)가 아니기 때문에 독립변수의 %변화가 종속변수% 변화에 미치는 영향을 분석하는 데 한계가 있다. 다만 증감여부만을 알 수 있을 뿐이다. 이를 보완하기 위해 beta 옵션을 추가하면 추정이 가능하다(SPSS의 표준화에 동일). 차이점은 신뢰구간대신 베타(beta)값이 나와 있다.

```
. reg price weight length, beta

      Source |       SS           df       MS      Number of obs   =        74
-------------+----------------------------------   F(  2,     71)  =     18.91
       Model |   220725280         2   110362640   Prob > F        =    0.0000
    Residual |   414340116        71  5835776.28   R-squared       =    0.3476
-------------+----------------------------------   Adj R-squared   =    0.3292
       Total |   635065396        73  8699525.97   Root MSE        =    2415.7

------------------------------------------------------------------------------
       price |      Coef.   Std. Err.      t    P>|t|                     Beta
-------------+----------------------------------------------------------------
      weight |   4.699065   1.122339     4.19   0.000                 1.238206
      length |  -97.96031    39.1746    -2.50   0.015                -.7395222
       _cons |   10386.54   4308.159     2.41   0.019                        .
------------------------------------------------------------------------------
```

이해를 돕기 위해 SPSS의 예제데이터인 employee data를 활용하여 단순회귀분석과 다중회귀분석을 실행하는데 다중회귀분석을 실행해본 결과 제10장의 다중회귀분석과 정확히 일치한다.

먼저 분석하고자 하는 파일을 열어야 한다. file>open>해당파일(예: D파일\기타\employee_data_1.dta)을 클릭하면 다음과 같은 명령어가 생성된다.

Stata를 활용한 분석을 위해 employee_data.sav를 employee_data.dta_1 로 변환하였다.

use D:\기타\employee_data_1.dta

Stata에서는 명령어 다음에 종속변수, 독립변수 순으로 입력하면 된다. 회귀분석의 명령어는 reg이고, 맨 먼저 종속변수(salary)를 입력한 다음 독립변수 하나(educ)를 입력하여 분석하면 단순회귀분석이 된다.

```
. reg salary educ

      Source |       SS           df       MS      Number of obs   =       474
-------------+----------------------------------   F(  1,    472)  =    365.38
       Model |  6.0178e+10         1  6.0178e+10   Prob > F        =    0.0000
    Residual |  7.7738e+10       472   164699741   R-squared       =    0.4363
-------------+----------------------------------   Adj R-squared   =    0.4351
       Total |  1.3792e+11       473   291578214   Root MSE        =     12834

------------------------------------------------------------------------------
      salary |      Coef.   Std. Err.      t    P>|t|     [95% Conf. Interval]
-------------+----------------------------------------------------------------
        educ |   3909.907    204.547    19.11   0.000     3507.971    4311.842
       _cons |  -18331.18   2821.912    -6.50   0.000    -23876.24   -12786.11
------------------------------------------------------------------------------
```

마찬가지로 reg 명령어 다음에 종속변수(salary), 여러 개의 독립변수(educ, salbegin, jobtime, prevexp)를 지정하여 분석하면 다중회귀분석이 된다.

```
. reg salary educ salbegin jobtime prevexp

      Source |       SS       df       MS              Number of obs =     474
-------------+------------------------------           F(  4,   469) =  501.45
       Model |  1.1178e+11     4  2.7945e+10           Prob > F      =  0.0000
    Residual |  2.6137e+10   469  55728306.8           R-squared     =  0.8105
-------------+------------------------------           Adj R-squared =  0.8089
       Total |  1.3792e+11   473   291578214           Root MSE      =  7465.1

------------------------------------------------------------------------------
      salary |      Coef.   Std. Err.      t    P>|t|     [95% Conf. Interval]
-------------+----------------------------------------------------------------
        educ |   669.9136   165.5963     4.05   0.000     344.5111     995.316
    salbegin |   1.768427   .0587308    30.11   0.000     1.653019    1.883835
     jobtime |   161.4856   34.24644     4.72   0.000     94.19018    228.7811
     prevexp |  -17.30325   3.528391    -4.90   0.000    -24.23666   -10.36984
       _cons |  -16149.67    3255.47    -4.96   0.000    -22546.78   -9752.558
------------------------------------------------------------------------------
```

(3) 비선형회귀분석(2차모형)

선형회귀모형 중 설명변수의 제곱이 포함되어 있는 모형을 일반적으로 2차(quadratic)모형이라 부르며 다음과 같은 모형($y=\beta_0+\beta_1 x+\beta_2 x^2+e$)이다.

위 식은 설명변수와 종속변수 간 비선형이고 모수 간 비선형관계를 추정할 수 있는 기본모형이다.

이때 주의 깊게 살펴볼 내용은 설명변수(x)와 설명변수의 제곱변수(x^2) 간 관계를 살펴보아야 하는데 계수값이 바뀌는지가 중요하고 두 변수가 동일하게 통계적으로 유의미한 관계여야 한다. 즉, coef가 정(+)에서 부(−)로 바뀌든지 아니면 coef가 부(−)에서 정(+)으로 바뀌어야 비선형 관계가 있다고 할 수 있다.

아래 모형은 비선형모형을 분석하기 위한 가정이다. 또한 분석에 활용된 예제데이터파일은 auto.dta이다.

$$price=\beta_0+\beta_1 weight+\beta_2 weight^2+e$$

먼저 2차모형을 분석하기 위해 변수를 생성해야 하는데, 변수의 제곱(weight2)항이 필요하며 그 과정은 다음과 같다.

```
. gen weight2= weight^2

. reg price weight weight2

      Source |       SS       df       MS              Number of obs =      74
-------------+------------------------------           F(  2,    71) =   23.09
       Model |  250285462     2   125142731            Prob > F      =  0.0000
    Residual |  384779934    71  5419435.69            R-squared     =  0.3941
-------------+------------------------------           Adj R-squared =  0.3770
       Total |  635065396    73  8699525.97            Root MSE      =    2328

------------------------------------------------------------------------------
       price |      Coef.   Std. Err.      t    P>|t|     [95% Conf. Interval]
-------------+----------------------------------------------------------------
      weight |  -7.273097   2.691747    -2.70   0.009    -12.64029   -1.905906
     weight2 |   .0015142   .0004337     3.49   0.001     .0006494     .002379
       _cons |    13418.8   3997.822     3.36   0.001     5447.372    21390.23
------------------------------------------------------------------------------
```

위 분석결과를 보면 앞서 가정한 weight2의 추정계수(0.0015)가 양이면서 통계적으로 유의미하다. 또한 이미 설명한 바와 같이 weight의 추정계수는 음(−)이면서 통계적으로 유의미하다.

따라서 무게가 무거워질수록 가격이 떨어지다가 일정한 수준 이상이 되면 오히려 가격이 올라간다고 할 수 있다. 즉, 가격이 낮아지다가 올라가는 지점은 $-\hat{\beta}_1/2\hat{\beta}_2$으로 설명이 가능하며 다음과 같이 계산할 수 있다.

```
. di-_b[weight]/(2*_b[weight2])
2401.6552
```

위 결과에 의하면 단위가 lbs이기 때문에 평균적으로 2,401파운드가 되는 지점까지는 가격이 감소하다가 2,401파운드를 넘어서면 가격이 오히려 증가하는 것으로 나타났다. 위 결과에서 2차항의 효과를 한계효과라 할 수 있으며 이를 그래프로 도식이 가능한데 다음과 같은 과정이 필요하다. 이 모형은 일반적으로 U형과 역U형이라 부른다.

상단 메뉴에서 Graphics>Twoway graphs를 선택하면 〈그림 14-15〉와 같은 대화창이 나타난다. 이어 create를 적용하면 〈그림 14-16〉과 같이 plot 1대화창이 나타나면 그림종류는 Fit plots를 선택하고, 유형(selected type)은 Quadratic

••그림 14-15 그래프 생성 1

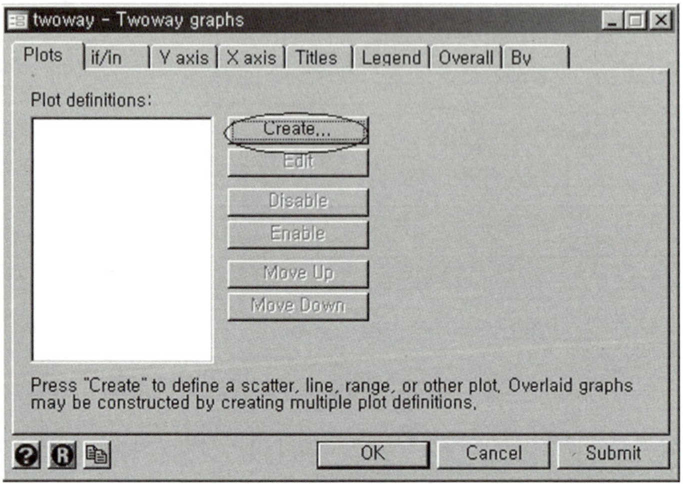

prediction을 선택한 다음 y변수에 price, x변수에 weight를 지정한다. 더불어 무게가 2,401일 때 한계효과가 있다는 것을 표시하기 위해 추가적인 작업이 필

••그림 14-16 그래프 생성 2

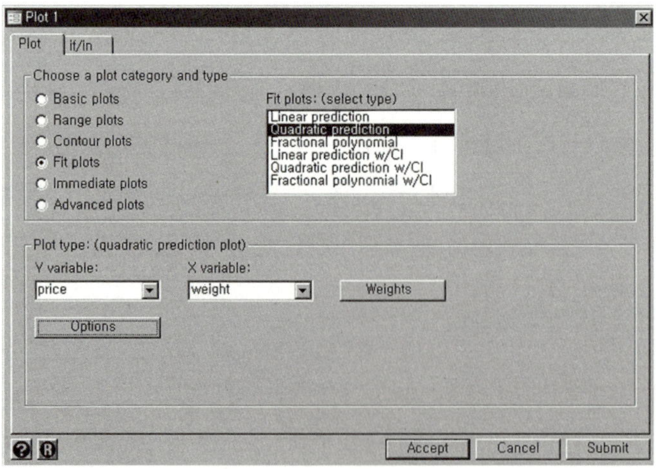

••그림 14-17 **그래프 생성 3**

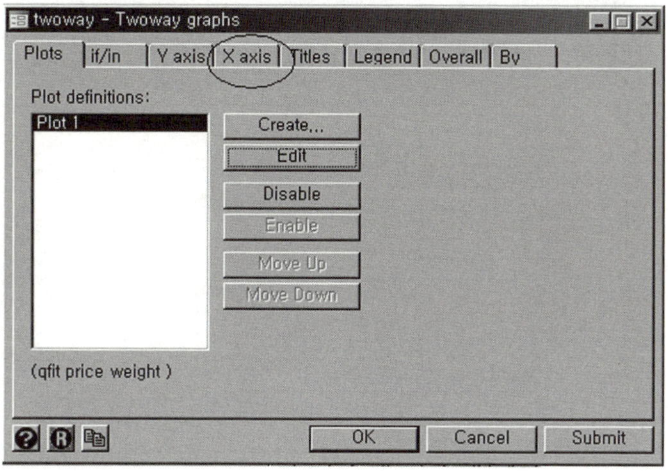

요하다.

〈그림 14-16〉의 대화창 우측 하단에 있는 Accept를 적용하면 〈그림 14-17〉과 같은 대화창이 나타난다.

세부적인 그래프의 형식을 결정하기 위한 옵션으로 X axis를 실행시킨 다음 Major tick/label properties와 Reference lines를 적용하면 된다. Major tick/label properties에는 custom rule에 지정하고 싶은 x축의 범주를 1760 2401 3500 4840으로 적용하고 Reference lines에는 한계효과지점인 2401을 적용하고 패턴은 long-dash를 적용하였다.

그 일련의 과정은 다음 3개의 그림을 보면 알 수 있다.

••그림 14-18 그래프 생성 4

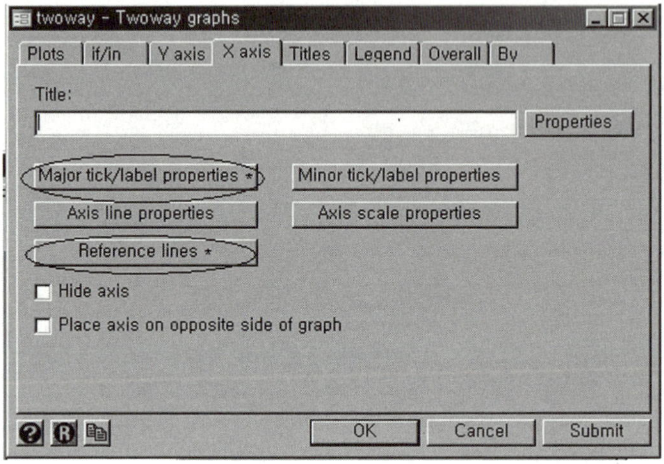

••그림 14-19 그래프 생성 5

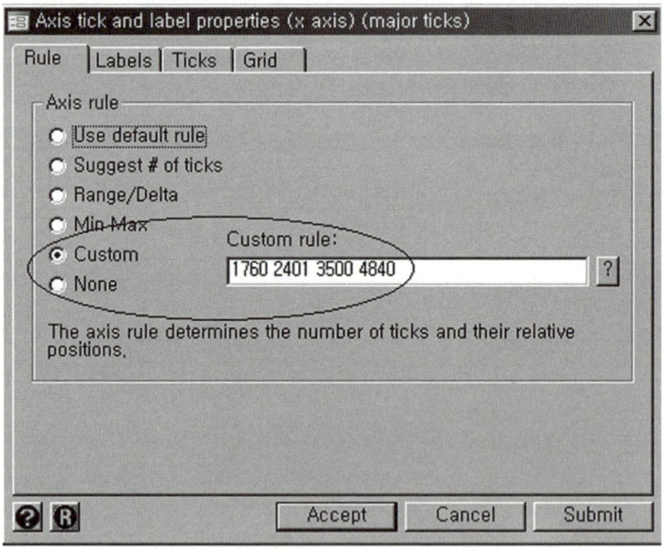

••그림 14-20 **그래프 생성 6**

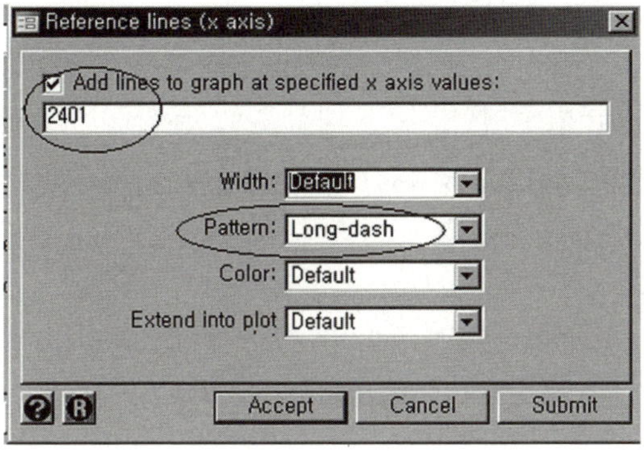

지금까지의 과정을 거치면 다음과 같은 그래프가 생성된다.

••그림 14-21 **비선형 그래프 (한계효과)**

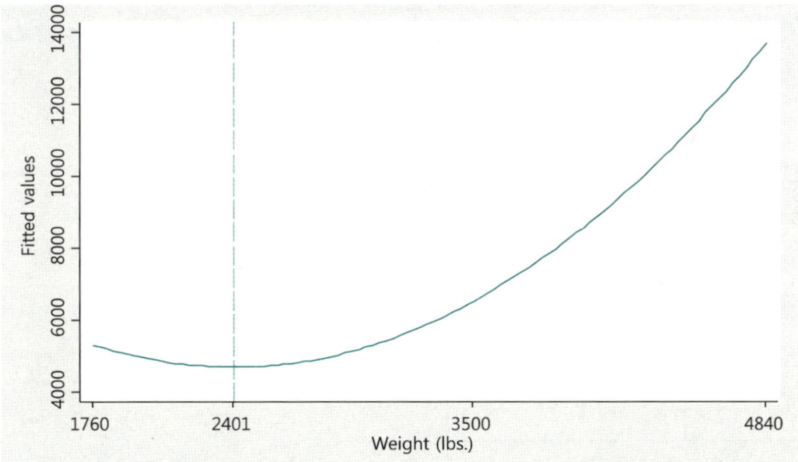

이렇듯 메뉴를 활용하면 아주 복잡한 과정이지만 아래와 같은 명령어를 적용하면 위와 동일한 결과를 도출할 수 있는데 명령어는 다음과 같다.

```
. twoway (qfit price weight),xline(2401,lpattern(longdash)) xlabel(1760 2401 3500 4840)
```

3. 교차표분석: χ^2 검정

카이제곱검정은 범주형 변수가 서로 통계적으로 관련이 있는지를 검정하는 방법을 말한다. 1개의 범주형 변수만 대상으로 분석하면 tab명령어를 2개의 범주형 변수를 사용하면 tab2(two-way)의 명령어를 사용하면 된다. 카이제곱검정을 위한 가정은 다음과 같다.

H_0: 인종(minority)에 따른 직종(jobcat) 차이는 없다.

H_1: 인종(minority)에 따른 직종(jobcat) 차이는 있다.

교차표분석을 위한 명령어는 tab이나 tab2인데, 본 예제는 tab명령어를 입력한 후 범주형 변수인 jobcat minority를 순서로 입력한 후 피어슨 카이제곱검정을 위해 옵션에 chi2를 입력하면 된다. 추가적으로 두 변수 간 기대빈도수를 제시하기 위해 exp를 지정하면 된다. 옵션으로 기대빈도수를 입력하면 아래 분석결과와 같이 빈도수 도표가 추가적으로 분석된다.

```
. tab jobcat minority, chi2 exp
```

Key
frequency *expected frequency*

employment category	minority classification no	yes	Total
clerical	276 283.4	87 79.6	363 363.0
custodial	14 21.1	13 5.9	27 27.0
manager	80 65.6	4 18.4	84 84.0
Total	370 370.0	104 104.0	474 474.0

```
Pearson chi2(2) =  26.1718   Pr = 0.000
```

검정결과, 피어슨 카이제곱 검정은 1% 유의수준에서 귀무가설을 기각한다. 따라서 인종에 따른 직종의 차이가 있다는 대립가설을 채택할 수 있다.

```
. tab jobcat minority, chi2 exp

+--------------------+
| Key                |
|--------------------|
|     frequency      |
| expected frequency |
+--------------------+

           |       minority
employment |    classification
  category |        no        yes |     Total
-----------+----------------------+----------
  clerical |       276         87 |       363 
           |     283.4       79.6 |     363.0 
-----------+----------------------+----------
 custodial |        14         13 |        27 
           |      21.1        5.9 |      27.0 
-----------+----------------------+----------
   manager |        80          4 |        84 
           |      65.6       18.4 |      84.0 
-----------+----------------------+----------
     Total |       370        104 |       474 
           |     370.0      104.0 |     474.0 

          Pearson chi2(2) =  26.1718   Pr = 0.000
```

4. 분산분석(ANOVA)

(1) 일원분산분석

분산분석은 평균값과 분산을 기초로 여러 집단을 비교하고 이들 집단 간 평균값의 차이가 있는지에 관한 가설검정을 하는 분석기법이다. 두 집단 간 연수변수의 비교는 t-test가 원칙이다. 설령 두 집단 이상이라도 하더라도 t-test가 안 되는 것은 아니다.

예컨대, A, B, C집단이 있다면 A와 B, B와 C, C와 A그룹으로 나누어 분석하면 된다. 즉, 분산분석은 집단이 3개 이상인 경우 집단 간 평균의 차이가 있는지 동시에 비교하는 검정방법으로 분산값의 비율을 이용하여 집단 간 평균값의 차이를 검정하는 분석방법이다.

이때 독립변수는 이산변수이며, 종속변수는 연속변수이다. 따라서 독립변수로 구분되는 각각의 집단에 속한 평균들이 통계적으로 유의미하게 차이가 있는지를 분석하는 방법이다.

분산분석(ANOVA)은 여러 그룹으로 구성된 관측치가 존재할 때 관측치의 분산 또는 총 제곱 합을 분석하여 오차에 의한 영향보다 더 큰 영향을 주는 요인의 존재여부를 찾아내는 분석방법이다. Stata프로그램에서는 요인변수가 하나일 때 일원분산분석이라 부르고 요인변수가 둘 이상일 때 다원분산분석(MANOVA)이라 부른다. 분석을 위해 활용된 데이터는 employee_data이며 일원분산분석만을 다룬다.

예제 데이터에 있는 그룹(class)은 3개 그룹으로 나누어져 있고, 이 그룹 간 현재급여의 차이가 있는지에 관한 여부를 분석하는 것이며 가설은 다음과 같다. 즉, 귀무가설(H_0)은 집단 간에 현재급여의 차이가 없다는 것이고, 연구가설(H_1)은 적어도 하나의 그룹은 현재급여의 차이가 있다는 것이다.

H_0: $\mu_1 = \mu_2 = \mu_3$

H_1: 적어도 하나의 μ_i는 다르다.

그림 14-22 일원분산분석 도출과정

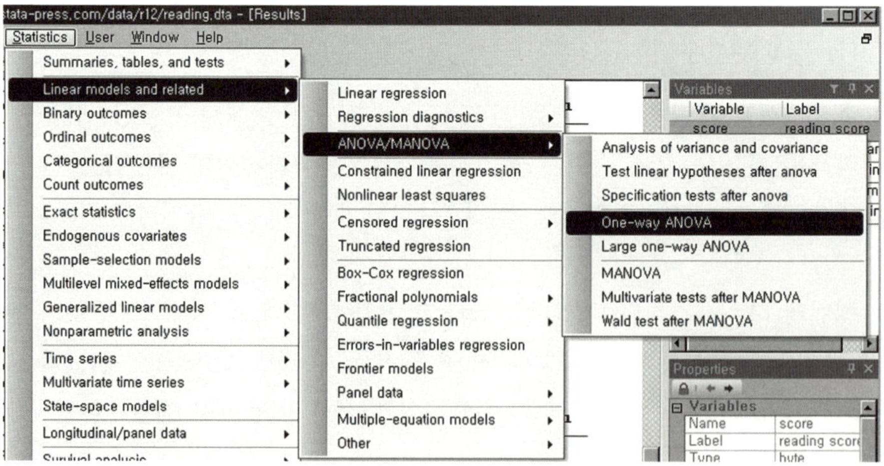

분산분석을 실행은 메뉴를 실행하던지 아니면 명령어창에서 직접 입력하는 방법이 있다. 우선 메뉴를 통해 실행하는 방법을 알아본다. 메뉴에서 Statistics > Liner models and related > ANOVA / MANOVA > One-way ANOVA를 선택하면 된다.

〈그림 14-23〉과 같은 대화창이 나타나면 종속변수에 salary를 요인변수에 jobcat를 입력한 후 OK를 클릭하면 oneway salary jobcat이 생성된다. 또 다른 방법으로는 command창에 oneway salary jobcat을 직접 입력하여도 동일한 결과가 도출된다.

•• 그림 14-23 일원분산분석 대화창

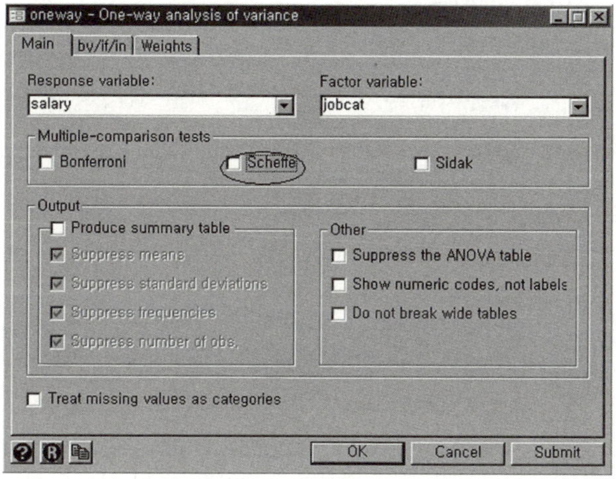


```
. oneway salary jobcat

                        Analysis of Variance
    Source              SS         df       MS            F     Prob > F
------------------------------------------------------------------------
Between groups      8.9438e+10      2   4.4719e+10    434.48     0.0000
 Within groups      4.8478e+10    471    102925714
------------------------------------------------------------------------
    Total           1.3792e+11    473    291578214

Bartlett's test for equal variances:  chi2(2) = 194.6489  Prob>chi2 = 0.000
```

ANOVA의 기본원리는 그룹 간 변동이 그룹 내 변동에 비해 크면 그룹 간의 차이를 발생시킨다고 볼 수 있어 귀무가설을 기각시키게 된다. 위 검정결과에서 Between groups MS값(8.9438e+10)은 그룹 간 평균변동이고, Within groups MS값(4.479e+10)은 그룹 내 평균변동으로 *F*통계량(434.48)은 Between groups MS/Within groups MS값으로 위 결과는 검정통계량의 *p*값(0.0000)은 0.01보다 작기 때문에 유의수준 1%에서 귀무가설(그룹 간 현재급여의 차이가 없다)을 기각한다. 따라서 그룹 간 현재급여의 차이가 있다고 할 수 있다.

(2) 사후분석(다중비교)

지금까지 분석한 결과로는 각 그룹 간의 평균의 차이가 있는가에 대한 판단만 할 수 있다. 그러나 구체적으로 어느 그룹 간의 평균의 차이가 있는지를 정확히 알 수 없다. 이를 위해 사후검정-다중비교를 분석하면 정확한 차이를 분석할 수 있다. 사후검정 다중비교는 사후검정 옵션을 실행하면 된다. 일반적으로 옵션으로 사용가능한 사후검정-다중비교(multiple comparison & post hoc test) 방법은 다음과 같다.

① Bonferroni: 기본적으로 *n*의 수로 alpha를 나눔
② Scheffe: 각 집단 간 *n*의 수가 다를 경우 흔히 사용
③ Turkey: 각 집단 간 *n*의 수가 같을 경우 흔히 사용
④ Turkey-Kramer: 변형된 Turky 방법으로 각 집단 간 *n*의 수가 다를 경우 사용
⑤ Dunn-Sidak: 흔히 사용되지 않음
⑥ Fisher's LDS: 흔히 사용되지 않음

사후검정 다중비교의 방법이 많지만 일반적으로 활용되는 Scheffe 방법과 tabulate옵션을 적용하여 각 그룹별 score변수의 평균을 표로 제시해 본다.

```
. oneway salary jobcat, scheffe tabulate

employment  |      Summary of current salary
  category  |        Mean   Std. Dev.       Freq.
------------+------------------------------------
  clerical  |    27838.54    7567.995         363
 custodial  |   30938.889   2114.6164          27
   manager  |   63977.798   18244.776          84
------------+------------------------------------
     Total  |   34419.568   17075.661         474

                        Analysis of Variance
    Source              SS         df      MS            F     Prob > F
------------------------------------------------------------------------
Between groups      8.9438e+10      2   4.4719e+10    434.48     0.0000
 Within groups      4.8478e+10    471    102925714
------------------------------------------------------------------------
    Total           1.3792e+11    473    291578214

Bartlett's test for equal variances:  chi2(2) = 194.6489  Prob>chi2 = 0.000

             Comparison of current salary by employment category
                                (Scheffe)
Row Mean-|
Col Mean |   clerical   custodia
---------+----------------------
custodia |    3100.35
         |      0.310
         |
 manager |    36139.3    33038.9
         |      0.000      0.000
```

위 분석결과에 의하면 각 그룹별 현재급여의 평균은 clerical 그룹이 가장 낮고, manager 그룹이 가장 높다. 특히, Scheffe 분석결과는 각 그룹 간 다중 *t*검정결과이며, 1% 유의수준에서 clerical그룹과 manager그룹의 평균, custodia 그룹과 manager그룹의 평균이 서로 다르다고 할 수 있다. 위 분석결과는 SPSS를 활용하여 분석한 〈표 12-2〉와 정확히 일치하는 것을 알 수 있다.

제 15 장 결론 및 새로운 모르도르를 향하여

지금까지 통계학의 기본개념을 학습하였다. 그것도 아주 쉬운 방법으로 기본 원리를 설명하였다. 이 책의 부제가 "Headstart"인 것처럼 통계적 분석 기법 뒤에 깔려 있는 원리를 "처음 깨우치는" 그런 계기를 제공해주고자 하였다.

기본 원리에 눈을 뜬 다음 단계는 미지의 세계 모르도르로 원정을 떠나는 것이다. 통계분석에 익숙해지는 것은 하루 아침에 이루어지는 일이 아니고, 한 차원 더 높은 분석기법들을 연마하여야 한다. 본 장에서는 여러분들이 통계분석을 더 배우게 되면 만나게 될 "괴물"들을 간략히 소개하고자 한다.

다만 그러기에 앞서, 우리가 지금까지 배운 것들을 요약해보자.

제 1 절 배운 내용의 요약

지금까지 신뢰구간추정법, t-검증법, 회귀분석, 교차표분석, 그리고 분산분석과 요인분석의 기본원리를 학습하였다.

그런데 눈썰미 있는 학생들은 이미 감지하였겠지만, 통계학적 분석 원리에는 일정한 절차와 과정이 있다.

1. 제1단계: 통계학적 Insight

이 부분이 가장 중요한데, 통계학의 "시계토끼"라고 할 만하다. 시계토끼란 배우 문근영이 출연한 "청담동 앨리스"에 나오는 일종의 안내자다. 즉, 원저작 "이상한 나라의 앨리스"에서 앨리스를 지하세계로 이끌어 간 것이 토끼였고, 청담동 앨리스에서 문근영을 청담동에 진입할 수 있게 도와준 안내자가 시계토끼였다.

통계학적 분석은 바로 통찰력(insight)에서 출발한다. 예를 들어, 회귀분석의 경우, 두 변수가 상관관계가 크다면, 그때 회귀직선의 기울기는 "0"이 아닌 값을 갖는다는 것이 바로 통찰력이다. 교차표분석에서는 기대값과 관찰값의 차이를 χ^2라고 한다면, 두 집단이 동일하다면 χ^2가 "0"에 가까울 것이고, 두 집단이 차이가 난다면 χ^2이 "0"이 아닐 것이라고 생각하는 것이 통찰력이다.

분산분석의 경우에는 만약 해당 표본집단들이 동일한 모집단에서 추출된 것이라면 집단 간 분산이 크지 않겠다. 그러나 만약, 해당 표본집단들이 서로 다른 모집단에서 추출된 것이라면 집단 간 분산이 커지겠구나 하는 통찰력이 분석의 출발점이다.

요인분석의 경우, 어떤 요인과 밀접한 관계가 있는 변수라면 요인적재값(factor loading, 방향이 다른 상관관계)이 높을 것이다. 따라서 해당 요인과 관련된 요인적재값이 높은 변수들을 골라내는 것이 요인분석의 핵심이 된다.

이처럼 분석의 출발점이 되는 Insight를 정확하게 이해하는 것이 통계학 헤드스타트의 주요 목적 중 하나이다.

2. 제2단계: 통계량의 고안

이상의 Insight를 구체적으로 실현하기 위하여 적절한 통계량을 구성하는 단계가 필요하다.

신뢰구간을 추정하기 위해서는 표본평균과 표준오차라는 통계량이 고안되었다. 회귀분석을 하기 위해서는, 회귀계수(회귀직선의 기울기)라는 통계량이 고안되었고, 교차표분석을 위해서는 χ^2값이, 그리고 분산분석을 위해서는 F-값이라는 통계량이 각각 고안되었다.

3. 제3단계: 분포의 도출

분석의 세 번째 단계는 분포의 도출이다. 우리는 지금까지 정규분포, t-분포, χ^2-분포, 그리고 F-분포를 배웠다. 이들 분포를 도출하는 절차도 일정한 과정을 거친다.

우선 모집단에서 무수히 많은 표본집단들을 추출한다. 그리고 표본집단별로 적합한 통계량들을 계산해낸다. 즉, 회귀분석을 위해서는 무수히 많은 회귀계수값을, 교차표분석을 위해서는 무수히 많은 χ^2값을, 그리고 분산분석을 위해서는 역시 무수히 많은 F-값을 계산한다.

그런 다음, 이런 통계량들을 작은 구간으로 나누어 도수분포표를 그리면, 해당 분포와 비슷한 모습이 도출된다. 여기서 구간을 더욱 잘게 나누면, 최종적으로 t-분포, χ^2-분포, 그리고 F-분포들이 도출된다.

4. 제4단계: 1개 표본에서 얻은 통계량으로 모수 추정 및 가설검증

분포의 도출을 위해서는 무수히 많은 표본집단을 조사하여야 한다. 그러나 현실적으로는 1개의 표본집단을 조사하는 것도 시간과 노력이 많이 든다. 따라서 효율성을 중요시하는 통계학에서는 무수히 많은 표본집단을 다 조사하는 것보다 단 1개의 표본집단에서 얻은 통계량을 이용하여 모집단의 특성, 즉 모수값을 알아맞히는 방법을 채택한다.

신뢰구간추정법은 정규분포(또는 이를 표준화한 t-분포)의 알려진 특성을 거꾸로 이용하여 모수(모평균)가 존재할 범위를 찾아낸다. t-검증 역시 정규분포(또는 t-분포)의 특성을 이용하여, 두 집단의 평균의 차이가 "0"인지 아닌지를 검증한다.

회귀분석의 경우, t-분포의 특성을 이용하여, 표본집단의 회귀계수를 통해 모집단의 회귀계수의 존재 범위를 찾아낸다. 만약 그 범위 안에 "0"이 포함된다면, 회귀계수는 "0"과 유의미하게 다르지 않다(not significantly different)고 판정한다. 즉, 독립변수와 종속변수 간에 상관관계가 없다고 판정한다.

교차표분석의 경우, 표본집단에서 계산된 χ^2-값이 "0"으로부터 현저히 멀리 떨어져 있는지 아닌지를 검증한다. 즉, 표본의 통계량 χ^2값이 χ^2-분포의 임계치 χ^2값보다 크다면, 이는 모집단에서도 두 집단이 유의미하게 차이가 난다고 판정한다.

분산분석의 경우도 마찬가지다. 표본집단에서 계산된 F-값이 F-분포 상의 임계치 F_c보다 크다면, 이는 모집단에서도 집단간 차이가 유의미하다고 본다.

5. 제5단계: 발견한 결과의 해석 및 응용

앞의 제4단계를 통해 가설검증이 이루어지고, 이를 통해 모집단의 특성이 파악된다. 제5단계를 이를 해석하고, 응용할 방법을 찾는 것이다.

예를 들어, 회귀분석을 통해, "고속도로 통행요금"이라는 독립변수와 "고속도로 통행속도"라는 종속변수 간에 유의미한 상관관계가 입증되었다면, 고속도로 통행속도를 일정 수준으로 높이기 위해서는 통행요금을 얼마만큼 인상해야 하는지 우리는 미리 알아볼 수 있게 된다.

이러한 해석과 응용을 위해서는 일정한 연습이 필요한데, 이를 위해 다양한 연습문제들을 부과하였다. 연습문제를 통해 단련된 내공은 향후 응용을 위한 자양분이 될 것이다.

제 2 절 앞으로 배워야 할 내용들

본 저서의 부제는 헤드스타트(headstart)이다. 따라서 다루는 내용도 통계학을 거의 처음 배우는 사람들을 대상으로 한 것이지 통계학의 완결판을 제시한 것이 아니다. 통계학은 헤드스타트 → 초급(입문) 통계학 → 중급 통계학 → 고급 통계학 → 특수 통계학 식으로 점차 수준을 높여 가면서 학습하도록 되어 있다. 더 고급 단계로 갈수록 새로운 분석기법들을 많이 다루게 되는데, 사실 흥미진진한 것들이 많다.

이 책에서 다루지는 않았지만, 향후 상급 과정에서 배우게 될 기법들을 간략히 소개하면 다음과 같다.

1. 회귀분석과 관련된 상급과정

(1) 회귀분석에 내재된 문제점의 해결

이 책에서 회귀분석은 만능인 것처럼 묘사되었지만, 사실 문제점도 많이 가지고 있다. 대표적인 문제점들로 지적되는 것은, 이분산성(heteroskedasticity), 다공선성(multi-collinearity), 그리고 자기회귀(auto-correlation) 등의 문제이다.

이 문제점들을 검출(detect)하고, 보정(correction)하는 기법들을 상급과정에서 배우게 된다.

(2) 시계열 회귀분석

이 책에서 소개한 회귀분석들은 대체로 횡단면자료(cross-section data)를 분석하는 데 유용한 기법이다. 그러나 자료의 특성이 횡단면자료가 아니라 시계열자료(time-series data)인 경우도 많다. 예를 들어, 연도별로 국내총생산(GDP) 자료와 국가연구개발(R&D) 투자비 자료가 있다면, 이것은 시계열 분석을 필요로 한다.

시계열 회귀분석은 자기회귀(autocorrelation) 등의 문제점들을 발생시키기 쉬운데, 이런 문제점을 보정하고 추정의 효율성을 높이는 다양한 기법들을 배워야 한다.

(3) 경로분석

단순회귀분석 또는 다중회귀분석은 독립변수(들)가 하나의 종속변수와 어떠한 상관관계를 갖고 있는가를 분석해준다. 그런데 현실세계에서 어떤 한 변수는 다른 변수로부터 영향을 받는 동시에 또 다른 변수에는 영향을 미친다. 그리고 한 변수가 다른 변수에 직접적으로 연관되기도 하지만 간접적으로 영향을 미치는 경우도 있다.

예를 들어, 교육의 경우, 교육은 직업에 영향을 미치는 중요한 변수이다. 그러나 교육은 가족소득의 변수이기도 하다. 즉, 가족소득은 교육에 영향을 미치고, 교육은 다시 직업 변수에 영향을 미치는 일종의 영향 체인(chain)을 이룬다. 이러한 변수들 간의 구조적인 영향관계를 분석해주는 것이 경로분석(path

••그림 15-1 경로분석의 전형적인 구조

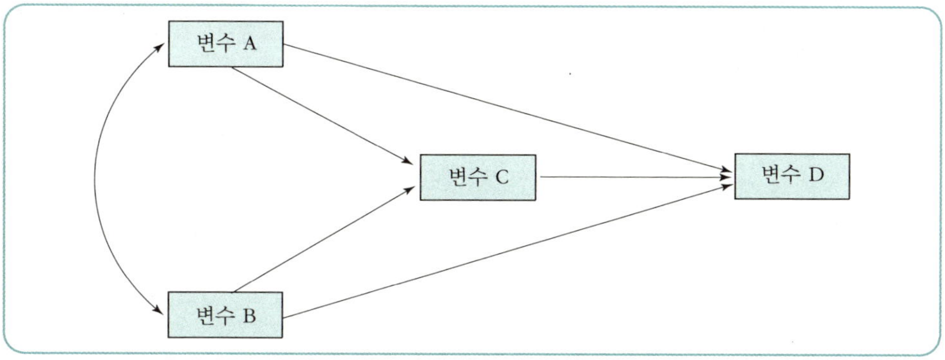

analysis)이다. 〈그림 15-1〉은 경로분석의 전형적인 구조를 보여준다. 변수 A는 변수 D에 직접적으로 영향을 미치기도 하는 한편, 변수 C를 통해 간접적으로 영향을 미치기도 한다. 변수 B도 변수 D에 대해 직접적인 영향과 간접적인 영향을 모두 가지고 있는 것으로 구조화되어 있다. 이 그림표에는 모두 여섯 개의 화살표가 있는데, 각 화살표마다 회귀분석을 실시하여, 각 화살표가 통계적으로 유의미한지 아닌지를 가리고, 만일 유의미하다면 그 강도가 어느 정도인가 밝혀낸다.

2. 교차표분석과 관련된 상급과정

본 저서에서 다루고 있는 교차표분석은 가장 간단한 형태의 교차표분석인 1요인 교차표분석이다. 그러나 현실적으로는 여러 요인이 영향을 미치는 다원교차표분석의 경우도 많은데, 이것 역시 상급과정의 학습대상이다.

3. 분산분석과 관련된 상급과정

이 책의 제13장에서는 가장 간단한 형태의 분산분석(ANOVA)을 설명하였다. 즉, 하나의 독립변수와 하나의 종속변수가 있는 경우의 일원변량(univariate)

분산분석이다. 그러나 현실세계에서는 하나의 종속변수에 영향을 미치는 요인들이 많기 때문에, 다양한 요인들이 한 변수에 미치는 영향력을 파악할 수 있어야 한다. 이때 사용하는 것이 다변량(multivariate) 분산분석이다. 단순회귀분석의 좀 더 복잡한 형태가 다중회귀분석이었던 것처럼, 다변량 분산분석도 일원변량 분산분석의 좀 더 복잡한 형태이다.

그리고 분산분석에는 사후분석과정이 있다. 이를 위해 "Duncan의 다중범위검정"이나 "Tukey의 잭크나이핑 기법" 등을 배워야 한다.

4. 요인분석과 관련된 상급과정

제13장에 언급한 적이 있듯이, 요인분석을 통해 새로운 변수들을 생성해낼 수 있다. 이들 새 변수들은 일종의 합성변수들(synthetic variables)로서, 이를 잘 활용하면 만족도지수, 사회불평등지수 등 각종의 지수를 만들어낼 수 있다.

5. 구조방정식 모형

LISREL(구조방정식모형) 분석은 스웨덴의 Joereskog와 Soerbom 교수가 개발한 기법이다. 쉽게 표현하자면 경로분석이 여러 개의 회귀분석들을 "개별적"으로 하나 하나 수행하여 변수 간의 관계를 구조화한다면, LISREL은 여러 개의 회귀분석을 한 번에 동시에 수행한다고 볼 수 있다. LISREL 분석을 이해하기 위해서는 다음에 소개하는 요인분석(factor analysis)을 먼저 배워야 한다. 〈그림 15-2〉는 LISREL 분석의 전형적인 모습을 나타내는데, LISREL의 독특한 특징 중 하나는 관측된 변수뿐 아니라 잠재변인(latent variable)까지 측정할 수 있다는 것이다. 즉, 다수의 변수가 구성하고 있는 잠재적인 개념구성에 대한 분석이 가능하다는 점이다.

요즈음은 다소 복잡한 LISREL보다는 이와 유사하면서도 사용이 편리한 AMOS를 이용하여 구조방정식 분석을 하는 경우가 많다.

•• 그림 15-2 LISREL 분석의 전형적인 구조도

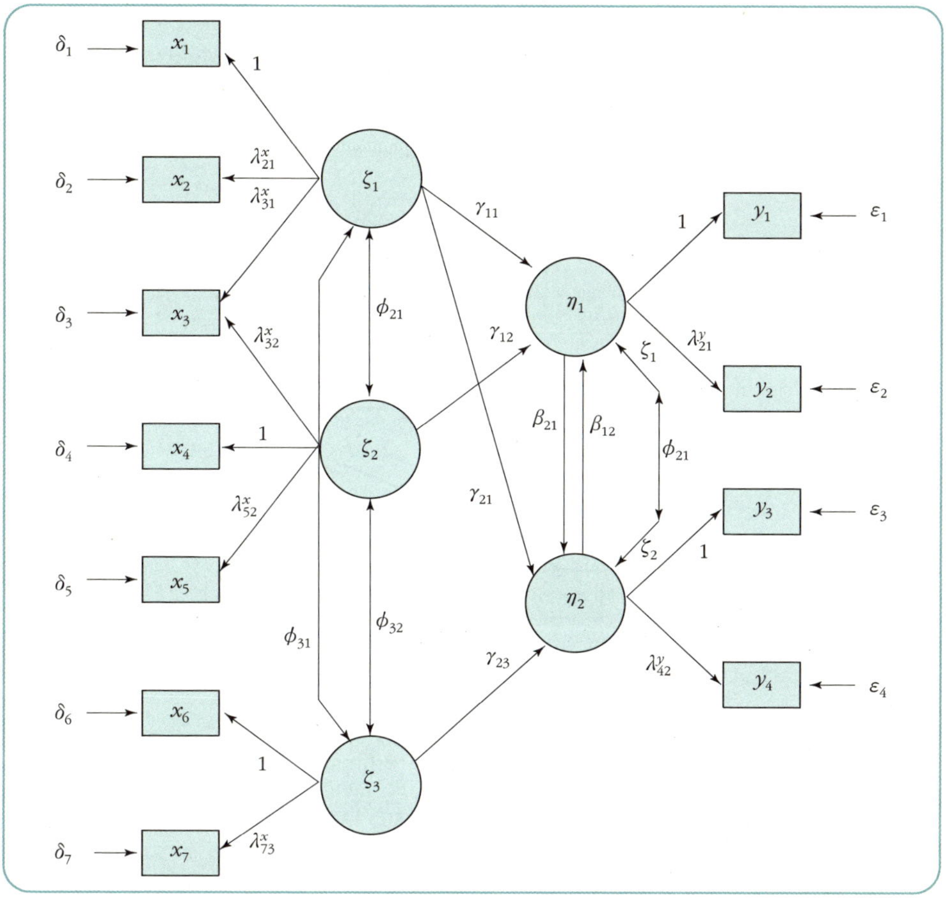

* Stata_SEM(구조방정식)

최근 개발된 Stata 12.0버전은 SEM(구조방정식)분석이 가능하다. Stata 12.0 버전은 기존에 구조방정식 분석에 활용되던 'AMOS'와 'LISREL' 등의 방식에 비해 아주 편리하게 SEM을 분석할 수 있다.

구조방정식 분석은 두 가지 방법이 있는데 연구자의 편의에 따라 선택할 수 있다. 우선 명령어(sem)를 입력하여 추정한 후 '다이아그램'을 그리는 방법이 있다. 또 다른 방법은 '다이아그램'을 그린 후 추정하는 것이다. 후자의 추정방법

•• 그림 15-3 Stata를 활용한 SEM 모형추정

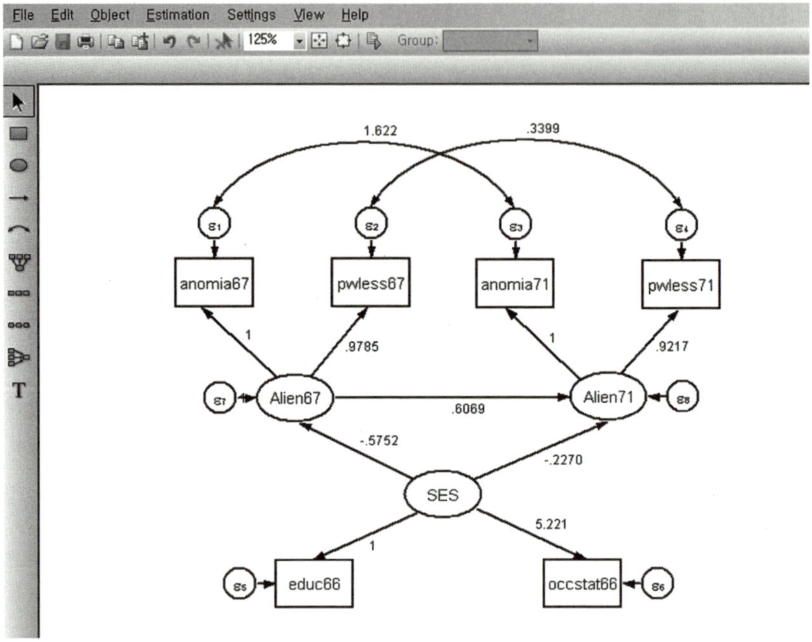

은 '다이아그램'을 그린 후 아래에 있는 추정(estimate) 아이콘을 클릭하면 전자의 방법에서 명령어(sem)입력한 것과 동일한 분석을 병행한다(∵ 후자가 편리함).

또한 모형의 추정은 간단한 명령어를 활용하면 된다. 모형의 적합도를 알아보기 위한 수정지수는 [estat mindices], 직·간접적 효과추정은 [estat teffect], 모형의 적합도 검정은 [estat gof]를 수행하면 된다.

〈그림 15-3〉은 Stata를 활용한 구조방정식 분석결과인데, LISREL에서 이미 설명한 바와 같은 맥락에서 이해하면 된다.

6. 각종 비모수적 검증

변수들 간에 관계가 있는가 없는가를 검증하기 위하여 비모수적 검증(nonparametric tests)이라는 독특한 분석방법들이 많이 사용되고 있다. 예를 들어

사람들의 키(身長)를 측정한다고 하면, 모집단의 키가 모수값이 된다. 그러나 사람들을 키가 큰 순서대로 일렬로 세우고, 그 번호를 숫자로 표현하면 그것은 모수값이 아니다.

대부분의 비모수적 검증방법들은 이런 순서(rank) 등을 변수로 삼는 경우가 많다(Berk and Carey, 2000: p.236). 그러나 비모수적 검증방법들은 책 한 권으로도 부족할 정도로 그 종류도 다양하고, 적용 사례도 많다.

제 3 절 분석 이후의 작업

1. 분석결과의 해석과 응용

통계분석의 모르도르에는 위에 언급한 분석기법들 이외에도 수많은 첨단 괴물(기법)들이 있다. 단순한 전통적인 기법보다 복잡한 첨단 기법을 적용하면 약간의 장점을 취할 수 있다. 그러나 장점이 조금 늘어나는 것에 비하여 복잡성을 훨씬 더 크게 늘어난다. 따라서 어떤 수준의 통계분석 기법을 적용할 것인가 하는 문제는 분석의 대상과 문제해결의 성격에 따라 좌우된다.

그런데 통계분석 사례들을 보면 기계적인 분석에 그치는 경우가 많다. 통계분석을 하는 이유는 (사회)현상에 대한 설명을 하기 위한 것 또는 더 좋은 (사회)현상을 만들어가기 위한 것인데, 이런 궁극적인 목적이 잘 발휘가 안 되는 경우가 많다. 거기에는 몇 가지 이유가 있어 보인다.

첫째로, 통계분석은 변수들 간의 관계를 매우 보수적인 관점에서 판단한 후에 그 바탕 위에 설명을 시도한다. 여기서 보수적이라 함은 통계학적 검증 논리가 Type II 오류를 저지르지 않도록 구성되어 있다. 즉, 어떤 현상을 새로운 관점에서 설명하는 것을 지향한다기보다는 설명에 있어서 실수를 하지 않는 데 더 많은 역점을 둔다. 그 결과 통계분석의 결과가, 이미 다 알고 있는 상식의 수준을 넘지 못하는 경우가 대부분이다. 즉, 통계분석을 하지 않아도 이미 알고 있는 (보다 정확하게는 "알고 있다고 생각하는") 범위를 넘지 않는 경우가 대부분이라는 말이다.

둘째로, 통계분석의 결과를 이용해서 forcasting, simulation, policy design 등을 할 수 있다. 즉, 과거의 자료에 기초해서 분석한 결과에 기초해서 미래의 상황을 개선하는 방안을 모색하는 것이다. 그러나 미래 상황은 결정론적으로 예측할 수 없는 것이다. 따라서 미래에 관한 판단을 하기 위해서는 상상력과 통찰력이 필수적으로 필요하다. 통계학적인 분석을 가지고, 의미 있는 미래를 만들어가기 위해서는 분석기법뿐 아니라 상상력과 통찰력을 갖추어야 한다.

2. 프레젠테이션

최근 안철수연구소의 안철수 사장은 미래에 필요한 인재의 특징 중 하나로 커뮤니케이션 능력을 손꼽았다. 이런 능력이 통계분석에도 꼭 필요하다. 왜냐하면 분석한 결과를 다른 사람들에게 잘 전달할 수 있어야 고생해서 분석한 의의가 살기 때문이다. 요즘 프레젠테이션은 커뮤니케이션의 중요한 기법으로 등장하고 있다. 프레젠테이션 기법을 가르쳐주는 학원까지 생길 정도이다.

3. 통계학 반지 원정대

결론적으로 통계학적 분석을 잘 하기 위해서는 기법 자체를 학습하는 것이 필수적이긴 하지만, 그것에 더하여 상상력과 통찰력이 필요하고, 프레젠테이션 기법도 훌륭하여야 한다.

저자가 미국에서 유학하던 시절 통계분석에 뛰어난 능력을 보이는 미국 친구가 한 명 있었다. 하루는 내가 "어떻게 그렇게 통계 분석을 잘 하느냐, 학부에서 전공은 무엇이었느냐" 하고 물은 적이 있다. 수학 전공 등의 답을 기대했었는데, 놀랍게도 "그리스 로마 신화를 전공했다"고 한다. "논리를 차근차근 따라가다 보니 저절로 통계분석을 잘 하게 되었다"는 것이 그의 답변이었다.

독자 여러분은 이 책에서는 통계학적 분석과 첫 만남을 가졌다. 이 만남이 좋게 느껴졌다면, 앞으로 통계학의 모르도르로 원정여행을 떠나기 바란다. 그 여행은 상상력과 통찰력을 필요로 하는 매우 특별한 여행이 될 것이다. 그리고 일단 여행을 떠나고 나면, 의외로 많은 사람들이 원정대에 포함되어 있음을 알게 될 것이다. 그들은 지식 사회의 첨병들이다.

이 책은 여러분들을 새로운 모르도르로 이끄는 시계토끼다.

부록 국가자격시험(사회조사분석사(필기 · 실기시험))

1. 개요

사회조사분석사란 다양한 사회정보의 수집 · 분석 · 활용을 담당하는 새로운 직종으로 기업, 정당, 지방자치단체, 중앙정부 등 각종 단체의 시장조사 및 여론조사 등에 대한 계획을 수립하고 조사를 수행하며 그 결과를 분석, 보고서를 작성하는 전문가이다.

지식 사회조사를 완벽하게 끝내기 위해서는 '사회조사방법론'은 물론이고 자료분석을 위한 '통계지식', 통계분석을 위한 '통계패키지프로그램' 이용법 등을 알아야 한다. 또, 부가적으로 알아야 할 분야는 마케팅관리론이나 소비자행동론, 기획론 등의 주변관련분야로 이는 사회조사의 많은 부분이 기업과 소비자를 중심으로 발생하기 때문이다. 사회조사분석사는 보다 정밀한 조사업무를 수행하기 위해 관련분야를 보다 폭넓게 경험하는 것이 중요하다.

2. 수행직무

기업, 정당, 정부 등 각종단체에 시장조사 및 여론조사 등에 대한 계획을 수립하여 조사를 수행하고 그 결과를 통계처리 및 분석보고서를 작성하는 업무 등을 수행한다.

3. 실시기관 홈페이지

http://www.q-net.or.kr

4. 실시기관명

한국산업인력공단

5. 진로 및 전망

각종연구소, 연구기관, 국회, 정당, 통계청, 행정부, 지방자치단체, 용역회사, 기업체, 사회단체 등의 조사업무를 담당한 부서 특히, 향후 지방자치단체에서의 수요가 클 것으로 전망됨.

6. 우대현황

순번	법령명	조문내역	활용내용
1	경찰공무원임용령	제16조 특별채용의 요건	특별채용의 자격
2	고등학교 졸업학력 검정고시 규칙	제12조 과목면제	고시합격자로 가늠 또는 과목면제
3	공무원임용시험령	제27조 특별채용시험의 응시자격 등(별표7, 8)	특별채용시험에 응시
4	공무원임용시험령	제31조 채용시험의 특전(별표10, 12)	6급 이하 공무원 및 기능직공무원 채용시험 가산대상 자격증
5	공직자윤리법 시행령	제34조 취업승인	관할 공직자윤리위원회가 취업승인을 하는 경우
6	공직자윤리법의 시행에 관한 대법원규칙	제37조 취업승인	퇴직공직자의 취업승인 요건
7	공직자윤리법의 시행에 관한 헌법재판소규칙	제20조 취업승인	퇴직공직자의 취업승인 요건
8	교원자격검정령 시행규칙	제9조 무시험검정의 신청	실기교사무시험검정인 때에는 국가기술자격증 사본(해당과목에 한한다)을 첨부하여야 무시험자격
9	교육감 소속 지방공무원 평정규칙	제23조 자격증 등의 가점	5급 이하 공무원, 연구사 · 지도사 및 기능직공무원이 자격증을 소지한 경우 점수 가점평정
10	국가공무원법	제36조의2 채용시험의 가점	채용시험의 가점

11	국가기술자격법	제14조 국가기술자격 취득자에 대한 우대	국가기술자격 취득자를 우대
12	국가기술자격법 시행규칙	제21조 시험위원의 자격 등(별표16)	시험위원의 자격
13	국가기술자격법 시행규칙	제3조 응시자격(별표3, 4)	서비스분야 응시자격
14	국가기술자격법 시행령	제27조 국가기술자격취득자의 취업 등에 대한 우대	채용 · 보수 및 승진 등에 있어 해당 직무분야의 국가기술자격 취득자를 우대
15	국가를 당사자로 하는 계약에 관한 법률 시행규칙	제7조 원가계산을 할 때 단위당 가격의 기준	가격을 적용함에 있어 해당 노임단가에 그 노임단가의 100분의 15 이하에 해당하는 금액을 가산
16	국회인사규칙	제20조 특별채용의 요건	동종직무에 관한 자격증소지자를 특별채용하는 경우
17	군무원인사법 시행규칙	제16조 시험과목의 일부 면제 등	국가에서 실시한 각종 자격 · 면허시험에 합격한 사람의 자격이 임용예정 직급과 관련이 있는 경우에는 그 자격 · 면허시험에 이미 응시한 시험과목에 대한 시험은 면제
18	군무원인사법 시행규칙	제27조 가산점(별표4)	승진후보자 명부작성시 자격증 및 면허증 소지자 가산
19	군무원인사법 시행령	제10조 특별채용 요건 (별표4)	특별채용시험에 의하여 신규채용할 수 있는 자격
20	군인사법 시행규칙	제14조 부사관의 임용	부사관의 자격
21	근로자직업능력 개발법 시행령	제28조 직업능력개발훈련교사의 자격 취득(별표1)	직업능력개발훈련교사의자격
22	근로자직업능력 개발법 시행령	제38조 다기능기술자과정의 학생선발방법	정원 내 특별전형대상자
23	근로자직업능력 개발법 시행령	제44조 교원 등의 임용	교원을 임용할 때 자격증 소지자 우대
24	기능장려법 시행령	제3조 영업의 우선적 인·허가 등	영업의 우선적 인·허가 등
25	독학에 의한 학위취득에 관한 법률 시행령	제9조 시험과목면제 대상	시험과목의 전부 또는 일부를 면제받을 수 있는 자
26	병역법	제53조 전시근로소집 대상 등	전시근로소집 대상
27	병역법 시행령	제83조 전문연구요원 및 산업기능요원이 종사할 해당 분야 등	분야에 종사해야 할 전문연구요원 및 산업기능요원
28	비상대비자원 관리법	제2조 대상자원의 범위	대상자원의 범위
29	선박직원법 시행령	제11조 시험과목	필기시험의 해당 과목을 면제
30	장애인 등에 대한 특수교육법 시행령	제17조 전문인력의 자격 기준 등	자격이 있는 진로 및 직업교육을 담당하는 전문인력

31	중소기업인력지원 특별법	제28조 근로자의 창업지원 등	당해 직종과 관련된 분야에서 신기술에 기반한 창업을 하고자 하는 경우 지원
32	지방공무원 임용령	제17조 특별임용의 요건	특별임용 하려는 경우
33	지방공무원 임용령	제55조의3 자격증 소지자에 대한 신규임용시험의 특전	6급 이하 공무원 및 기능직공무원 신규임용시험 시 필기시험 점수 가산
34	지방공무원 평정규칙	제23조 자격증 등의 가점	5급 이하 공무원, 연구사 · 지도사 및 기능직공무원이 자격증을 소지한 경우 점수 가점 평정
35	지방공무원법	제34조의2 신규임용시험의 가점	공무원 신규임용시험시 점수 가산
36	지방자치단체를 당사자로 하는 계약에 관한 법률	제57조 주민참여감독자의 자격	주민대표자의 추천을 받을 수 있는 사람의 자격기준
37	지방자치단체를 당사자로 하는 계약에 관한 법률 시행규칙	제7조 원가계산을 할 때 단위당 가격의 기준	지방자치단체의 장 또는 계약담당자는 가격을 적용함에 있어 당해 노임단가에 동 노임단가의 100분의 15 이하에 해당하는 금액을 가산
38	지방자치단체를 당사자로 하는 계약에 관한 법률 시행령	제106조 계약심의위원회의 구성	계약심의위원회의 위원
39	지역균형개발 및 지방중소기업 육성에 관한 법률 시행령	제59조 인력의 지역정착지원	인력의 지역정착지원
40	헌법재판소 공무원 수당규칙	제6조 특수업무수당(별표2)	특수업무수당지급

출제기준(필기)

직무 분야	경영 · 회계 · 사무	중직무 분야	경영	자격 종목	사회조사분석사 2급	적용 기간	2013. 1. 1 ~ 2017. 12. 31
• 직무내용 : 기업, 정당, 정부 등 각종단체에 시장조사 및 여론조사 등에 대한 계획을 수립하여 조사를 수행하고 그 결과를 통계처리 및 분석보고서를 작성하는 직무							
필기검정 방법	객관식	문제수	100	시험시간	2시간 30분		

필기 과목명	문제수	주요항목	세부항목	세세항목
조사방법론 I	30	1. 과학적 연구의 제개념	1. 과학적 연구의 의미	1. 과학적 연구의 의미 2. 과학적 연구의 논리체계
			2. 과학적 연구의 목적과 유형	1. 과학적 연구의 목적과 접근방법 2. 과학적 연구의 유형
			3. 과학적 연구의 절차와 계획	1. 과학적 연구의 절차 2. 과학적 연구의 분석단위
			4. 연구문제 및 가설	1. 연구문제의 의미와 유형 2. 이론 및 가설의 개념
		2. 조사설계의 이해	1. 설명적 조사 설계	1. 설명적 조사설계의 기본원리
			2. 기술적 조사 설계	1 기술적 조사설계의 개념 2. 횡단면적 조사설계의 개념과 유형 3. 내용분석의 의미
			3. 질적 연구의 조사설계	1. 질적 연구의 개념과 목적 2. 행위연구 설계의 의미 3. 사례연구 설계의 의미

		3. 자료수집 방법	1. 자료의 종류와 수집방법의 분류	1. 자료의 종류 2. 자료수집방법의 분류
			2. 질문지법의 이해	1. 질문지법의 의의 2. 질문지 작성 3. 질문지 적용방법
			3. 관찰법의 이해	1. 관찰법의 이해 2. 관찰법의 유형 3. 관찰법의 장·단점
			4. 면접법의 이해	1. 면접법의 의미 2. 면접법의 종류 3. 집단면접 및 심층면접의 개념
조사방법론 Ⅱ	30	1. 개념과 측정	1. 개념, 구성개념, 개념적 정의	1. 개념 및 구성개념 2. 개념적 정의
			2. 변수와 조작적 정의	1. 변수의 개념 및 종류 2. 개념적, 조작적 정의
			3. 변수의 측정	1. 측정의 개념 2. 측정의 수준과 척도
			4. 측정도구와 척도의 구성	1. 측정도구 및 척도의 의미 2. 척도구성방법 3. 척도분석의 방법
			5. 지수(index)의 의미	1. 지수(index)의 의미와 작성방법 2. 사회지표의 종류
		2. 측정의 타당성과 신뢰성	1. 측정오차의 의미	1. 측정오차의 개념 2. 측정오차의 종류
			2. 타당성의 의미	1. 타당성의 개념 2. 타당성의 종류
			3. 신뢰성의 의미	1. 신뢰성의 개념 2. 신뢰성 추정방법 3. 신뢰성 제고방안

		3. 표본추출의 설계	1. 표본추출의 의미	1. 표본추출의 기초개념 2. 표본추출의 이점
			2. 표본추출의 설계	1. 표본추출설계의 의의 2. 확률표본추출방법 3. 비확률표본추출방법
			3. 표본추출오차와 표본크기의 결정	1. 표본추출오차와 비표본추출오차의 개념 2. 표본추출오차의 크기 및 적정 표본크기의 결정
사회통계	40	1. 기초통계량	1. 중심경향측정치	1. 평균, 중앙값, 최빈값
			2. 산포의 정도	1. 범위, 평균편차, 분산, 표준편차
			3. 비대칭도	1. 피어슨의 비대칭도 2. 분포의 모양과 평균, 분산, 비대칭도
		2. 확률이론 및 확률분포	1. 확률이론의 의미	1. 사건과 확률법칙
			2. 확률분포의 의미	1. 확률변수와 확률분포 2. 이산확률변수와 연속확률변수 3. 확률분포의 기댓값과 분산
			3. 이산확률분포의 의미	1. 이항분포의 개념
			4. 연속확률분포의 의미	1. 정규분포의 의미 2. 표준정규분포
			5. 표본분포의 의미	1. 평균의 표본분포 2. 비율의 표본분포
		3. 추정	1. 점추정	1. 모평균의 추정 2. 모비율의 추정 3. 모분산의 추정
			2. 구간추정	1. 모평균의 구간추정 2. 모비율의 구간추정 3. 모분산의 구간추정

				4. 두 모집단의 평균차의 추정 5. 대응모집단의 평균차의 추정 6. 표본크기의 결정
		4. 가설검정	1. 가설검정의 기초	1. 가설검정의 개념 2. 가설검정의 오류
			2. 단일모집단의 가설검정	1. 모평균의 가설검정 2. 모비율의 가설검정
			3. 두 모집단의 가설검정	1. 두 모집단평균의 가설검정 2. 대응모집단의 평균차의 가설검정 3. 두 모집단비율의 가설검정
		5. 분산분석	1. 분산분석의 개념	1. 분산분석의 기본가정
			2. 일원분산분석	1. 일원분산분석의 의의 2. 일원분산분석의 전개과정
			3. 교차분석	1. 교차분석의 의의
		6. 회귀분석	1. 회귀분석의 개념	1. 회귀모형 2. 회귀식
			2. 단순회귀분석	1. 단순회귀식의 적합도 추정 2. 적합도 측정방법 3. 단순회귀분석의 검정
			3. 중회귀분석	1. 중회귀식 2. 중회귀식의 적합도 검정 3. 중회귀분석의 검정 4. 변수의 선택방법
			4. 상관분석	1. 상관계수의 의미 2. 상관계수의 검정

출제기준(실기)

<table>
<tr><td>직무
분야</td><td>경영 · 회계 ·
사무</td><td>중직무
분야</td><td>경영</td><td>자격
종목</td><td>사회조사분석사
2급</td><td>적용
기간</td><td>2013. 1. 1 ~
2017. 12. 31</td></tr>
<tr><td colspan="8">• 직무내용 : 기업, 정당, 정부 등 각종단체에 시장조사 및 여론조사 등에 대한 계획을 수립하여 조사를 수행하고 그 결과를 통계처리 및 분석보고서를 작성하는 직무
• 수행준거 : 1. 각종 자료수집방법을 통해 자료를 수집할 수 있다.
2. 질문지를 작성할 수 있다.
3. 표본을 설계할 수 있다.
4. 통계프로그램을 활용하여 통계처리 및 그 결과를 해석할 수 있다.</td></tr>
<tr><td>실기검정
방법</td><td colspan="2">복합형</td><td colspan="2">시험시간</td><td colspan="3">4시간 정도
(필답형 2시간, 작업형 2시간 정도)</td></tr>
</table>

실기과목명	주요항목	세부항목	세세항목
사회조사분석실무 (설문작성, 단순 통계처리 및 분석)	1. 과학적 연구방법	1. 자료 수집하기	1. 자료수집방법을 결정할 수 있다. 2. 자료를 수집할 수 있다.
		2. 질문지 작성하기	1. 질문지를 작성할 수 있다. 2. 사전검사를 할 수 있다. 3. 측정의 수준을 결정할 수 있다. 4. 척도를 구성할 수 있다.
		3. 표본 추출하기	1. 표본을 설계할 수 있다. 2. 표본추출방법을 결정할 수 있다. 3. 적정 표본을 선정할 수 있다.
	2. 통계처리 및 해석	1. 기술통계 분석하기	1. 평균, 중앙값, 최빈값, 범위, 평균편차, 분산, 표준편차를 구할 수 있다.
		2. 분산분석하기	1. 일원분산분석을 할 수 있다. 2. 분석결과를 해석할 수 있다. 3. 교차분석을 할 수 있다.

		3. 추정 및 가설검정하기	1. 점추정 및 신뢰구간을 추정할 수 있다. 2. 가설검정을 할 수 있다.
		4. 회귀분석하기	1. 회귀식을 구할 수 있다. 2. 회귀분석을 할 수 있다. 3. 분석결과를 해석할 수 있다.
		5. 상관분석하기	1. 상관분석을 할 수 있다. 2. 분석결과를 해석할 수 있다.

참고문헌

김석우 외. 2000. 사회과학 연구를 위한 SPSS Win 10.0 활용의 실제. 서울: 교육과학사

김종덕, 김학범 역. 1984. 사회조사의 기초. 서울: 세영사. (원저: Lin, Nan. Foundations of Social Research).

배득종, 김판석, 김영미. 1999. Target-Base 관리직 여성공무원 양성방안. 한국행정학보.

원태연 · 정성원. 2010. 통계조사분석. 서울: 한나래 출판사.

윤기중. 1992 · 1983. 통계학(제2전정판). 서울: 법문사.

정성호. 2013. STATA를 활용한 사회과학 통계. 서울: 박영사.

채서일. 1992. 사회과학 조사방법론. 서울: 학현사.

Berk and Carey. 2000. Data Analysis with Microsoft Excel. Duxbury.

Mirer, T. 1988. Economic Statistics and Econometrics. Third Edition. Prentice Hall, Englewood Cliffs, NJ.

찾아보기

공저자약력

배득종
연세대학교 글로벌행정학과 교수
dbae@yonsei.ac.kr

정성호
강원대학교 행정학과 연구교수
jazzsh@yonsei.ac.kr

제 2 판
통계학 헤드스타트

초판발행 2005년 2월 15일
제 2 판인쇄 2013년 8월 15일
제 2 판발행 2013년 8월 20일

지은이 배득종 · 정성호
펴낸이 안종만

편 집 우석진 · 전채린
기획/마케팅 최봉준
표지디자인 김지은
제 작 우인도 · 고철민

펴낸곳 (주) 박영사
서울특별시 종로구 평동 13-31번지
등록 1959. 3. 11. 제300-1959-1호(倫)
전 화 02)733-6771
f a x 02)736-4818
e-mail pys@pybook.co.kr
homepage www.pybook.co.kr
ISBN 979-11-303-0004-7 93310

정 가 20,000원